Christian Schlieder

Autodesk® Inventor® 2018
Einsteiger-Tutorial

Viele praktische Übungen am
Konstruktionsobjekt HYBRIDJACHT

Christian Schlieder

Autodesk® Inventor® 2018
Einsteiger-Tutorial

Viele praktische Übungen am
Konstruktionsobjekt HYBRIDJACHT

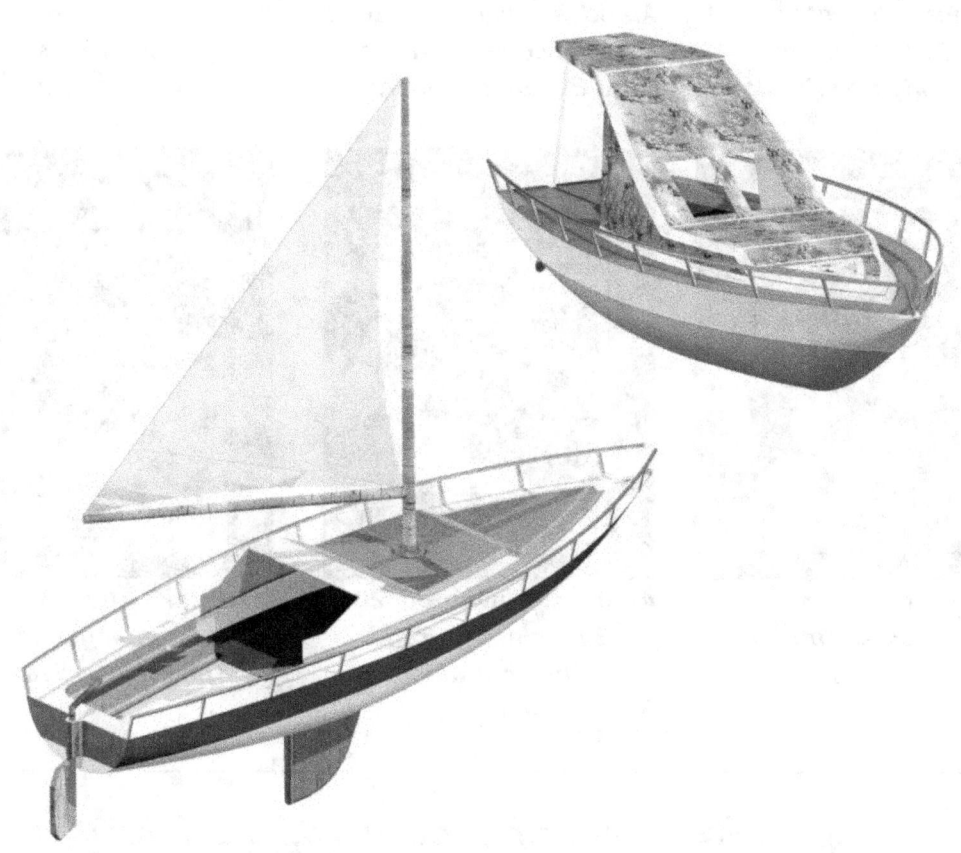

Weiterführende Literatur

Autodesk® Inventor® 2018
Grundlagen in
Theorie und Praxis

Autodesk® Inventor® 2018
Dynamische Simulation
und Belastungsanalyse

Autodesk® Inventor® 2018
Aufbaukurs
Konstruktion

Autodesk® Inventor® 2018
Einsteiger-Tutorial
Hybridjacht

Autodesk® Inventor® 2018
Einsteiger-Tutorial
Hubschrauber

Autodesk® AutoCAD® 2018
Grundlagen in
Theorie und Praxis

http://www.cad-trainings.de/html/Literatur.html

Alle im Buch enthaltenen Informationen wurden nach bestem Wissen und Gewissen geprüft.

Da Fehler nicht ausgeschlossen werden können, übernehmen Autor und Verlag weder Verantwortungen, Verpflichtungen oder Garantien jeglicher Art, noch Haftung für die Benutzung der bereitgestellten Informationen. Autor und Verlag übernehmen keine Gewähr dafür, dass die beschriebenen Vorgehensweisen oder Verfahren frei von Rechten Dritter sind.

Das Werk ist urheberrechtlich geschützt. Übersetzung, Nachdruck, Vervielfältigung, sonstige Verarbeitung des Buches oder von Teilen daraus sind ohne Genehmigung des Autors nicht erlaubt.

Autodesk® Inventor® 2018 ist ein eingetragenes Markenzeichen von Autodesk, Inc. und/oder seiner Tochtergesellschaften und/oder der Tochterunternehmen in den USA und anderen Ländern.

© 2017 Christian Schlieder

ISBN

978-3-7448-9358-9

IMPRESSUM

Dipl.- Ing. Christian Schlieder
www.cad-trainings.de
Fax: +49 (0) 3212 - 1122290

HERSTELLUNG UND VERLAG

BoD - Books on Demand, Norderstedt
www.BoD.de

INHALTSVERZEICHNIS

1 Grundlegendes zum Buch 7
    1.1 Zielgruppe und Aufbau des Buches 7
    1.2 Erzeugen des Projektordners 7

2 Installation von Autodesk® Inventor® 2018 8
    2.1 Systemanforderungen 8
    2.2 Anforderungen an das Betriebssystem 9
    2.3 Download des Programms 9
    2.4 Installationsvoraussetzungen 10
    2.5 Installation von Autodesk® Inventor® 2018 11
    2.6 Aktivierung von Autodesk® Inventor® 2018 11

3 Programmaufbau und Programmoberfläche 13
    3.1 Programmaufbau 13
    3.2 Hauptmenü 14
    3.3 Schnellzugriff-Werkzeuge 15
    3.4 Multifunktionsleiste 15
    3.5 Browser 16
    3.6 Arbeitsbereich 17
        3.6.1 Startbildschirm 17

4 Die ersten Schritte 18
    4.1 Programmhilfe und neue Funktionen 18
    4.2 Videos und Lernprogramme 19
    4.3 Zusatzmodule (empfohlene Einstellungen) 20
    4.4 Anwendungsoptionen (empfohlene Einstellungen) 21

5 Erstellen eines Einzelbenutzerprojekts 31

6 Basisrumpf 33

6.1	Bauteil „Rumpf_Speedboot" erstellen	34
6.2	Ebenen mit Versatz erzeugen	35
6.3	XY-Ebene sichtbar machen	36
6.4	2D-Skizze auf 4. Arbeitsebene erzeugen	37
6.5	Achsen projizieren und als Konstruktionsobjekte definieren	37
6.6	Zeichnen der ersten Linien mittels dynamischer Werteeingabe	38
6.7	2D-Skizze auf 3. Arbeitsebene erzeugen	39
6.8	1. Skizze ausblenden, Hauptachsen projizieren	40
6.9	Linienkonturen zeichnen, bemaßen und abhängig machen	40
6.10	2D-Skizze auf 2. Arbeitsebene erzeugen	42
6.11	2D-Skizze auf 1. Arbeitsebene erzeugen	43
6.12	2D-Skizze auf XY-Ebene erzeugen	44
6.13	2D-Skizzen einblenden, Ebenen ausblenden	45
6.14	Volumenkörper als Erhebung erzeugen	45
6.15	Volumenkörper abrunden (variable Rundung)	46
6.16	Volumenkörper spiegeln	48

7 Aufbauten (Speedboot) 49

7.1	2D-Skizze für Basiskörper zeichnen	50
7.2	Basiskörper extrudieren	51
7.3	2D-Skizze für Differenzkörper zeichnen	52
7.4	Differenzkörper extrudieren	53
7.5	Aufbauten abrunden (konstante Rundung)	53
7.6	Trennebene erzeugen	54
7.7	Volumenkörper in zwei Hälften teilen	54
7.8	Kopie der Datei als „Rumpf_Segelboot" speichern	55
7.9	Aufbauten mit einer Wandstärke versehen	55
7.10	Ebene für neue 2D-Skizze erzeugen	56

	7.11	2D-Skizze für Lüftungsöffnungen zeichnen	56
	7.12	Lüftungsöffnung einfügen	59
	7.13	Bugspitze mit einer Kugel versehen	60
	7.14	Ebene für neue 2D-Skizze erzeugen	61
	7.15	2D-Skizze für Dachverstrebung zeichnen	61
	7.16	Dachverstrebung als Rippe erzeugen	62
	7.17	Dachverstrebung spiegeln	63
	7.18	2D-Skizze für Fensteraussparungen erzeugen	64
	7.19	Fensteraussparungen extrudieren	65
	7.20	Farben zuweisen	65
	7.21	Ebenen ausblenden, Datei speichern	66
8	**Aufbauten (Segelboot)**		**67**
	8.1	Bauteil „Rumpf_Segelboot" öffnen	68
	8.2	Bugspitze mit einer Kugel versehen	68
	8.3	2D-Skizze für Materialschnitt zeichnen	69
	8.4	Materialschnitt erzeugen	70
	8.5	2D-Skizze für Sitzecke zeichnen	71
	8.6	Bodenbereich der Sitzecke extrudieren	72
	8.7	2D-Skizze reaktivieren, Sitzbereich extrudieren	73
	8.8	Verschieben einer Fläche	74
	8.9	Aufbauten mit Wandstärke versehen	74
	8.10	Sitzbereich abrunden	75
	8.11	2D-Skizze für Ruderhalterung zeichnen	76
	8.12	Ruderhalterung extrudieren	78
	8.13	Ruderhalterung abrunden	78
	8.14	2D-Skizze für das Schwert zeichnen	79
	8.15	Schwert extrudieren	80
	8.16	Schwert abrunden	80

8.17	2D-Skizze für die Masthalterung zeichnen	81
8.18	Masthalterung als Drehobjekt erzeugen	83
8.19	Farben zuweisen, Datei speichern und schließen	83

9 Ruder und Pinne   84

9.1	Bauteil „Ruder" erstellen	85
9.2	Basisskizze des Ruders zeichnen	86
9.3	Ruder extrudieren	87
9.4	Pinne als Quader erzeugen	87
9.5	Ruderblatt fasen	88
9.6	Pinne abrunden	89
9.7	Pinne mit Gewinde versehen	89
9.8	Ruderblatt abrunden	90
9.9	Farben zuweisen, Datei speichern und schließen	90

10 Schiffsschraube   91

10.1	Bauteil „Schiffsschraube" erstellen	92
10.2	Ebenen mit Versatz erzeugen	93
10.3	Erste 2D-Skizze zeichnen	94
10.4	Zweite 2D-Skizze zeichnen	95
10.5	Dritte 2D-Skizze zeichnen	96
10.6	Flügel der Schiffsschraube als Erhebung erzeugen	97
10.7	Flügel polar anordnen	98
10.8	Zentralen Kugelkopf erzeugen	99
10.9	Antriebswelle mittels Zylinder erzeugen	100
10.10	Farben zuweisen, Datei speichern und schließen	100

11 Mast, Baum und Segel   101

11.1	Bauteil „Mast_Baum_Segel" erstellen	102
11.2	Basisskizze des Masts zeichnen	103
11.3	Mast extrudieren	104

11.4	Basisskizze des Baums zeichnen	104
11.5	Verjüngten Mastbaum extrudieren	105
11.6	Basisskizze des Segels zeichnen	106
11.7	Segel als Flächenelement (Umgrenzungsfläche) erzeugen	108
11.8	Farben zuweisen, Datei speichern und schließen	108
12	**Baugruppe „BG_Speedboot"**	**109**
12.1	Baugruppe „BG_Speedboot" erzeugen	110
12.2	Bauteile platzieren	111
12.3	„Rumpf_Speedboot" innerhalb der Baugruppe bearbeiten	112
12.4	Bohrung für Antriebswelle in den Rumpf einbringen	112
12.5	Bohrung für Antriebswelle spiegeln	113
12.6	Ausrichtung der Schiffsschraube optimieren	114
12.7	Antriebswelle in Bohrung platzieren	114
12.8	Schiffsschraube spiegeln	116
12.9	Bauteil „Reling.ipt" aus der Baugruppe heraus erstellen	117
12.10	Erste 2D-Skizze zeichnen	118
12.11	Zweite 2D-Skizze zeichnen	119
12.12	Sweepen der Strebe	120
12.13	3D-Skizze für Anordnung erstellen	121
12.14	Strebe entlang der Rumpfkante anordnen	121
12.15	2D-Skizze für Handgriff zeichnen, 3D-Skizze reaktivieren	122
12.16	Handgriff sweepen	123
12.17	Reling spiegeln	124
12.18	Farben zuweisen, Datei speichern	125
13	**Baugruppe „BG_Segelboot"**	**126**
13.1	Baugruppe als „BG_Segelboot" speichern	127
13.2	Schiffsschrauben aus Baugruppe entfernen	127
13.3	Reling-Höhe bearbeiten	127

	13.4	„Rumpf_Speedboot" durch „Rumpf_Segelboot" ersetzen	128
	13.5	Bauteil „Mast_Baum_Segel" und „Ruder" platzieren	129
	13.6	Mast platzieren	129
	13.7	Ruder am Heck befestigen	130
	13.8	Baugruppe sichern	131
14	**Rendern der Baugruppe**		**132**
15	**Schlusswort**		**133**
16	**Auszug aus dem Inventor-Grundlagenbuch**		**134**
17	**Index**		**135**

1 Grundlegendes zum Buch

1.1 Zielgruppe und Aufbau des Buches

Dieses Übungsbuch für **Autodesk® Inventor® 2018** richtet sich an alle interessierten Personen, die den Umgang mit dieser Software von Grund auf erlernen möchten.

Viele wichtige Befehle des Programms werden erläutert und in kleinen Schritten praktisch gefestigt. Als Übungsbeispiel dient eine Hybridjacht, deren Bauteile schrittweise erzeugt und später in zwei Hauptbaugruppen miteinander verbunden werden.

1.2 Erzeugen des Projektordners

Bevor Sie mit der Umsetzung des Projekts beginnen, sollten die folgenden Arbeiten erledigt werden:

Erzeugen eines neuen Projektordners

Erstellen Sie auf Ihrem PC an geeigneter Stelle einen neuen Ordner:

> *Inventor-2018-Hybridjacht*

Dieser Ordner soll als Speicherort dienen.

2 Installation von Autodesk® Inventor® 2018

2.1 Systemanforderungen

Die folgenden von Autodesk® empfohlenen Systemanforderungen gelten für Bauteile und Baugruppen mit weniger als 1000 Bauteilen:

Betriebssystem	64-Bit-Version von Microsoft® Windows® 10 64-Bit-Version von Microsoft Windows 8.1 mit Update KB2919355 64-Bit-Version von Microsoft Windows 7 SP1
CPU-Typ	Mindestens: 64-Bit Intel oder AMD, 2 GHz oder schneller Empfohlen: Intel® Xeon® E3 oder Core i7 3,0 GHz oder höher
Arbeitsspeicher	Mindestens: 8 GB RAM Empfohlen: 20 GB Ram oder mehr
Festplatte	Installationsprogramm sowie vollständige Installation: 40 GB
Grafikkarte	Mindestens: Microsoft Direct3D 10®-fähige Grafikkarte oder höher Empfohlen: Microsoft Direct3D 11®-fähige Grafikkarte oder höher Empfohlene Skalierung: 100 %, 125 %, 150 % oder 200 %
Sonstiges	DVD-ROM, Internetverbindung für Autodesk® 360-Funktionalität, Internet-Downloads und Zugriff auf Subscription Aware, Microsoft Internet Explorer® 11 oder gleichwertig, Vollständige lokale Installation von Microsoft® Excel 2010, 2013 oder 2016 für iFeatures, iParts, iAssemblies, Thread-bezogene Befehle, Erstellung von Abständen/Gewindebohrungen, globale Stücklisten, Bauteillisten, Revisionstabellen, tabellenbasierte Konstruktionen und Studio-Animationen von Positionsdarstellungen. Excel Starter®, Online Office 365® und OpenOffice® werden nicht unterstützt. Die 64-Bit-Version von Microsoft Office ist erforderlich für den Export in Access 2007-, dBase IV-, Text- und CSV-Formate. Microsoft .NET Framework 4.6 oder höher. Virtualisierung unterstützt auf Citrix® XenApp ™ 7,6; Citrix XenDesktop ™ 7,6 (erfordert Inventor Netzwerklizenzierung).

2.2 Anforderungen an das Betriebssystem

Die Installation von Autodesk® Inventor® 2018 erfordert ein Windows® Betriebssystem. Nutzer eines Apple® Betriebssystems, können das Programm mithilfe von Boot Camp® oder Parallels Desktop® unter Beachtung der folgenden Systemvoraussetzungen installieren:

Betriebssystem	Mindestens: Mac OS™ X 10.10.x
	Empfohlen: Mac OS™ X 10. 12.x
CPU-Typ	Mindestens: Intel® Core 2 Duo (3 GHz oder höher)
Arbeitsspeicher	Mindestens: 8 GB RAM
	Empfohlen: 16 GB Ram oder mehr
Partitionsgröße	Mindestens: 200 GB freier Festplattenspeicher
Partitionsgröße	Empfohlen: 500 GB freier Festplattenspeicher oder mehr
Betriebssystem	64-Bit-Version von Microsoft Windows 10
	64-Bit-Version von Microsoft Windows 8.1 mit Update KB2919355
	64-Bit-Version von Microsoft Windows 7 SP1

2.3 Download des Programms

Sollten Sie die Software nicht bereits besitzen, haben Sie die folgenden Möglichkeiten, Autodesk®-Produkte unter den folgenden Links herunterzuladen:

Autodesk® Store	Wenn Sie die Programmversion kaufen möchten: ➢ http://www.autodesk.com/store/storeselect.htm
Autodesk®-Konto	Als Subscription-Kunde bei Ihrem Autodesk® Konto: ➢ https://accounts.autodesk.com/
Education Community	Als Mitglied der Education Community: ➢ http://www.autodesk.com/education/free-software/all
Kostenlose Testversionen	Als kostenlose Testversion mit 30 Tagen Laufzeit: ➢ http://www.autodesk.com/free-trials

Unter dem folgenden Link finden Sie weitere Informationen zu kostenlosen Programmversionen von Autodesk® für Studenten und Lehrkräfte:

➢ *http://help.autodesk.com/view/INVNTOR/2018/DEU/?guid=GUID-32F591DA-32BF-42F2-8FAC-DF215412D1C3*

2.4 Installationsvoraussetzungen

Zugriffsrechte

Sie müssen über lokale Benutzer-Administratorrechte verfügen.

> *Systemsteuerung > Benutzerkonten > Benutzerkonten verwalten*

System-Updates/ Antivirenprogramm

Vor der Installation von Autodesk® Inventor® 2018 sollten eventuell noch ausstehende Updates von Windows® durchgeführt werden. Starten Sie den Rechner danach neu. Antivirenprogramme müssen während der Installation eventuell vorübergehend deaktiviert werden.

Language Packs

Prüfen Sie vor der Installation von Autodesk® Inventor® 2018, ob die heruntergeladene Programmversion in der richtigen Sprache vorhanden ist. Eventuell muss vorab ein Sprachpaket heruntergeladen und installiert werden.

Seriennummer/ Produktschlüssel

Vor der Installation sollten Seriennummer und Produktschlüssel in Erfahrung gebracht werden. Diese werden bereits während der Installation benötigt (Ausnahme: kostenlose 30-Tage-Testversion). Weitere Informationen zum Thema finden Sie unter dem Link:

> *https://knowledge.autodesk.com/de/customer-service/download-install/activate/find-serial-number-product-key/sn-education-community/serial-number-educational-institutions*

Beenden anderer Programme

Beenden Sie alle anderen Programme vor der Installation von Autodesk® Inventor® 2018.

2.5 Installation von Autodesk® Inventor® 2018

Stellen Sie vor der Installation von Autodesk® Inventor® 2018 sicher, dass alle Teile des Programms vollständig vorhanden sind. Wurden diese vollständig heruntergeladen (Schritt entfällt, wenn die Software auf DVD vorhanden ist), kann mit der Installation begonnen werden. Sollte das Installationsprogramm noch nicht geöffnet sein, starten Sie dieses. Sie finden es für gewöhnlich im Pfad:

> ***C:\Autodesk\Inventor_2018_...\Setup.exe***

Nachdem Sie die Lizenzvereinbarung gelesen und akzeptiert haben, muss im Dropdown-Menü mit den Produktsprachen einer der folgenden Schritte durchgeführt werden:

1) Wählen Sie eine Sprache aus.
2) Wählen Sie unter Lizenztyp die Option **Einzelplatz**.
3) Geben Sie Seriennummer und Produktschlüssel ein (falls erforderlich).
4) Bestimmen Sie den Installationspfad (dieser Pfad darf maximal 260 Zeichen lang sein).
5) Übernehmen Sie die vorgegebene Konfiguration oder passen Sie die Installation an (weitere Informationen zur Konfiguration finden Sie in der Produktdokumentation).
6) Klicken Sie auf **Installieren**.
7) Nach der Installation: Klicken Sie auf **Fertigstellen**.

2.6 Aktivierung von Autodesk® Inventor® 2018

Online aktivieren und registrieren

Sobald Autodesk® Inventor® 2018 das erste Mal gestartet wurden, startet auch automatisch der Aktivierungsvorgang. Sollte der PC über eine bestehende Internetverbindung verfügen, führen Sie die folgenden Schritte aus:

1) Achten Sie darauf, dass Ihre Firewall den Datenaustausch zwischen Autodesk® Inventor® 2018 und dem Server von Autodesk® nicht unterbricht.
2) Starten Sie Autodesk® Inventor® 2018.
3) Stimmen Sie den Datenschutzrichtlinien zu.
4) Klicken Sie auf **Aktivieren**.
5) Geben Sie den Produktschlüssel ein, wenn Sie dazu aufgefordert werden sollten. Melden Sie sich an und registrieren Sie das Produkt.

Autodesk® überprüft jetzt die Berechtigungsinformationen, wie z. B. Ihre Seriennummer. Wenn Sie die Aktivierungsaufforderung sehen und keine Verbindung mit dem Internet herstellen können, ist die Aktivierung manuell vorzunehmen.

Manuelles Aktivieren und Registrieren (offline)

Sollte der PC über keine bestehende Internetverbindung verfügen, führen Sie die folgenden Schritte aus:

1) Starten Sie Autodesk® Inventor® 2018.
2) Stimmen Sie den Datenschutzrichtlinien zu.
3) Klicken Sie auf **Aktivieren**.
4) Wählen Sie Aktivierungscode **Mit einer Offlinemethode anfordern**.
5) Klicken Sie auf **Weiter**.
6) Notieren Sie die Aktivierungsinformationen, die auf dem Bildschirm angezeigt werden, einschließlich der URL.
7) Starten Sie ein Gerät mit einer bestehenden Internetverbindung.
8) Öffnen Sie die URL aus Punkt (6). Melden Sie sich an und registrieren Sie das Produkt.
9) Notieren Sie den Aktivierungscode.
10) Starten Sie Autodesk® Inventor® 2018.
11) Klicken Sie auf **Aktivieren**.
12) Wählen Sie die Option **Ich habe einen Aktivierungscode von Autodesk**.
13) Kopieren Sie den Aktivierungscode, und fügen Sie ihn in das erste Feld ein, um automatisch die anderen Felder auszufüllen.
14) Klicken Sie auf **Weiter**.

Weitere Informationen zu Installation und Aktivierung erhalten Sie unter dem folgenden Link:

> *https://knowledge.autodesk.com/customer-service/download-install*

3 Programmaufbau und Programmoberfläche

3.1 Programmaufbau

Nach dem Start von Autodesk® Inventor® 2018 öffnet sich das Programm mit der folgenden **Benutzeroberfläche**:

1) Hauptmenü
2) Schnellzugriff-Werkzeuge
3) Multifunktionsleiste
4) InfoCenter
5) Neue Dateien erstellen
6) Projektverwaltung
7) Zuletzt verwend. Dokumente

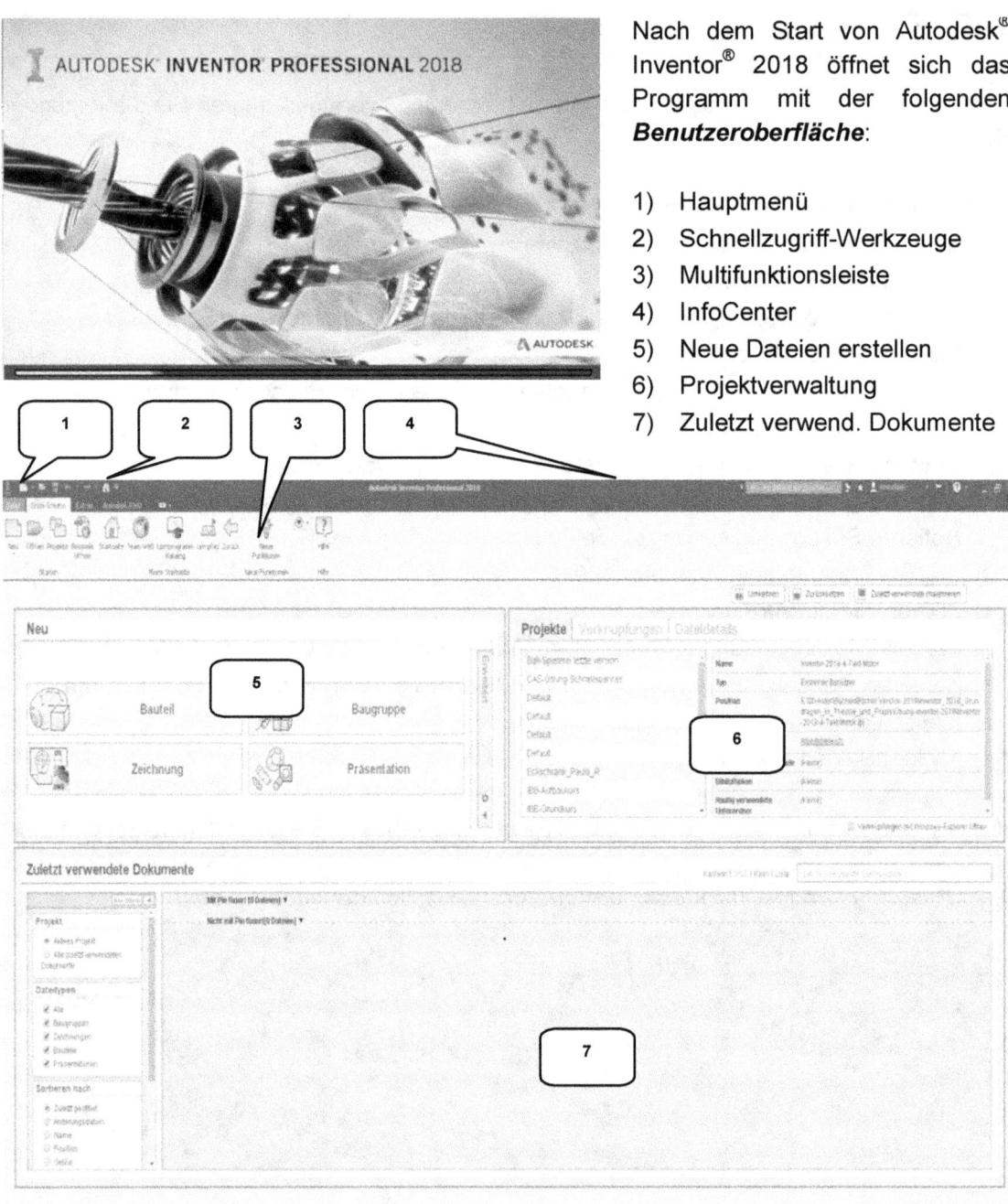

3.2 Hauptmenü

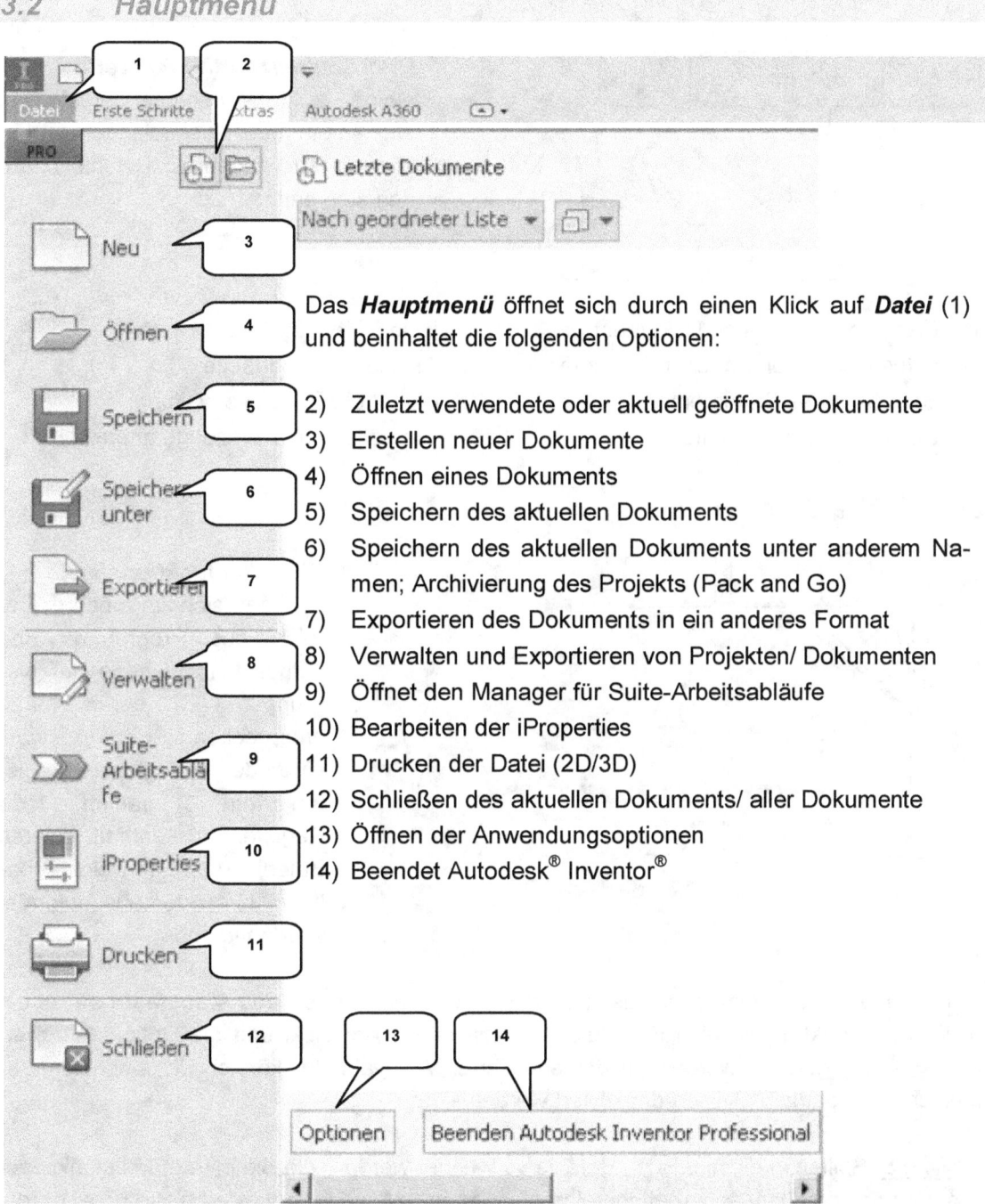

Das **Hauptmenü** öffnet sich durch einen Klick auf **Datei** (1) und beinhaltet die folgenden Optionen:

2) Zuletzt verwendete oder aktuell geöffnete Dokumente
3) Erstellen neuer Dokumente
4) Öffnen eines Dokuments
5) Speichern des aktuellen Dokuments
6) Speichern des aktuellen Dokuments unter anderem Namen; Archivierung des Projekts (Pack and Go)
7) Exportieren des Dokuments in ein anderes Format
8) Verwalten und Exportieren von Projekten/ Dokumenten
9) Öffnet den Manager für Suite-Arbeitsabläufe
10) Bearbeiten der iProperties
11) Drucken der Datei (2D/3D)
12) Schließen des aktuellen Dokuments/ aller Dokumente
13) Öffnen der Anwendungsoptionen
14) Beendet Autodesk® Inventor®

HINWEIS: Die jeweiligen Befehle können mit einem Klick der linken Maustaste auf die nebenstehenden Dreiecke noch erweitert werden.

- Programmaufbau und Programmoberfläche -

3.3 Schnellzugriff-Werkzeuge

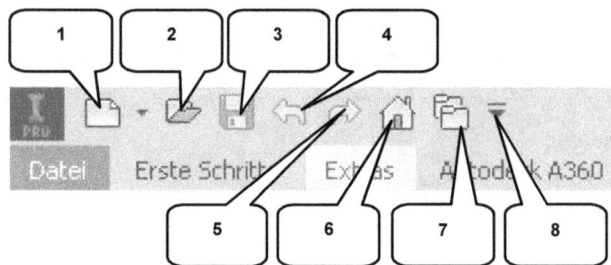

Die **Schnellzugriff-Werkzeuge** sind einige häufig verwendete Befehle, die einzeln ein- oder ausgeblendet werden können. Die folgenden Befehle befinden sich darin:

1) Erstellen eines neuen Dokuments
2) Öffnen eines vorhandenen Dokuments
3) Speichern des Dokuments
4) Einen Arbeitsschritt zurück

5) Einen Arbeitsschritt vorwärts
6) Aktiviert die Startseite
7) Öffnet die Projektverwaltung
8) Schnellzugriff-Werkzeuge anpassen

3.4 Multifunktionsleiste

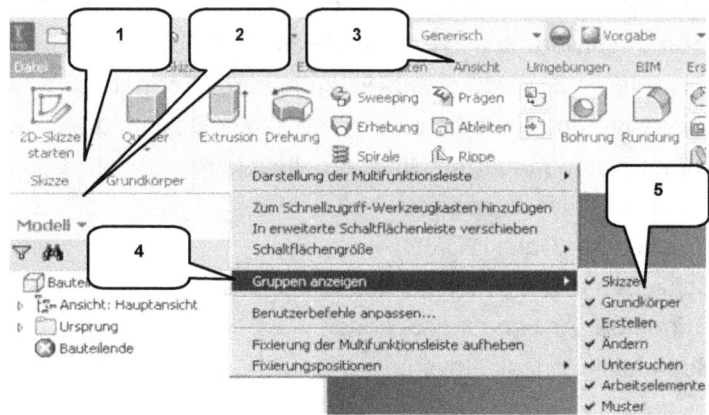

Die **Multifunktionsleiste** (1) befindet sich im oberen Bereich des Programms und enthält verschiedene Befehlsgruppen (2), deren Inhalt entsprechend der Auswahl einer der verfügbaren Registerkarten (3) variiert. Jede Registerkarte enthält diverse Befehlsgruppen, welche beliebig ein- oder ausgeblendet werden können.

Um Befehlsgruppen ein- oder auszublenden, muss mit der **rechten Maustaste** auf einen beliebigen Punkt im Bereich der Multifunktionsleiste (1) geklickt und die Option **Gruppen anzeigen** (4) gewählt werden. In der erweiterten Auswahl (5), können die einzelnen Befehlsgruppen danach aktiviert/deaktiviert werden.

HINWEIS: Sollten in diesem Buch Befehle verwendet werden, die Sie in Ihrer Multifunktionsleiste im entsprechenden Arbeitsbereich nicht finden können, kontrollieren Sie bitte, ob die entsprechende Befehlsgruppe aktiviert ist.

3.5 Browser

Der **Browser** (1) spiegelt den grundlegenden Aufbau eines Objekts wieder der je Arbeitsbereich inhaltlich variiert.

> **_Bauteil-Browser_**

Im **Bauteil-Browser** befinden sich z. B. der Ordner **Volumenkörper** (2) (listet die einzelnen Volumenkörper eines Bauteils auf), der Ordner **Ansicht** (3) (beinhaltet die Ansichten eines Bauteils) sowie der Ordner **Ursprung** (4) (listet die Hauptachsen und -ebenen des Bauteils auf). Weiterhin werden alle bereits am Bauteil vorgenommenen **Arbeitsschritte** (5) chronologisch aufgelistet und können hier bearbeitet werden.

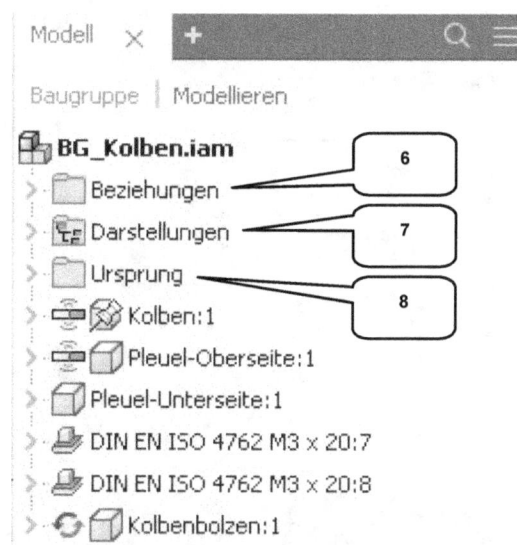

> **_Baugruppen-Browser_**

Im **Baugruppen-Browser** befinden sich der Ordner **Beziehungen** (6) (mit allen in der Baugruppe besetzten Verbindungen/ Abhängigkeiten), der Ordner **Darstellungen** (7) (mit den Ansichten, Positionen und Detailgenauigkeiten der Baugruppe) und der Ordner **Ursprung** (8). Natürlich werden auch alle in der Baugruppe vorhandenen Komponenten (Bauteile/ Normteile) aufgelistet.

> **_Präsentations-Browser_**

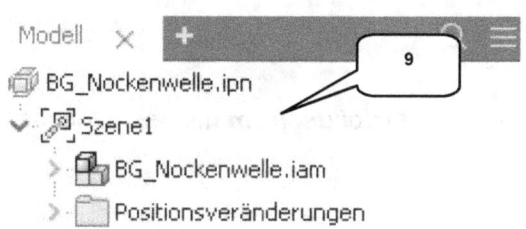

Der **Präsentations-Browser** enthält den Ordner **Szene** (9). Darin werden die Präsentationsdrehbücher der animierten Baugruppen und die zugehörigen Pfade abgelegt.

- Programmaufbau und Programmoberfläche -

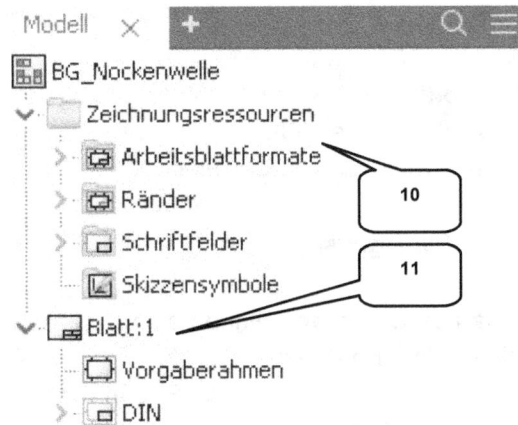

➢ Zeichnungs-Browser

Im **Zeichnungs-Browser** gibt es den Ordner **Zeichnungsressourcen** (10) (mit allen vordefinierten Arbeitsblattformaten, Rändern, Schriftfeldern und Symbolen) und je Zeichnung einen Ordner **Blatt** (11). Jedes Zeichnungsblatt beinhaltet die dem Blatt zugeordneten Arbeitsblattformate, Ränder, Schriftfelder und Symbole sowie dargestellten Ansichten mit den darin abgebildeten Komponenten.

3.6 Arbeitsbereich
3.6.1 Startbildschirm

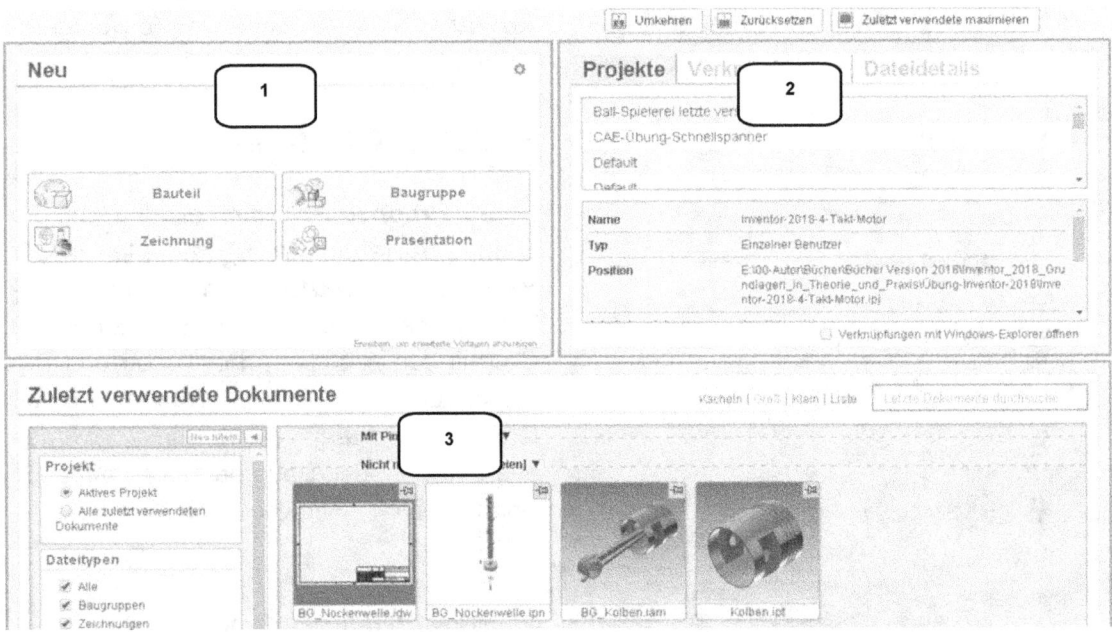

Nach dem Start des Programms wird dem Benutzer ein **Startbildschirm** mit den folgenden Inhalten angeboten:

1) Erstellen eines neuen Dokuments
2) Projektverwaltung
3) Öffnen eines bereits vorhandenen Dokuments

4 Die ersten Schritte

4.1 Programmhilfe und neue Funktionen

Im Register *Erste Schritte* (Befehlsgruppe *Hilfe*) befindet sich der Befehl *Hilfe* (1). Ein Klick darauf öffnet im Arbeitsbereich die Online-Hilfe, sofern ein Internetzugang vorhanden ist (ggf. müssen die Einstellungen der Firewall des PCs bearbeitet werden).

Hier können Sie entweder in der *Inhaltsübersicht* (2) aus einem der angebotenen Themengebiete auswählen, oder bestimmte Befehle oder Begriffe *suchen* (3). Im *Ausgabebereich* (4) werden die Ergebnisse dann angezeigt.

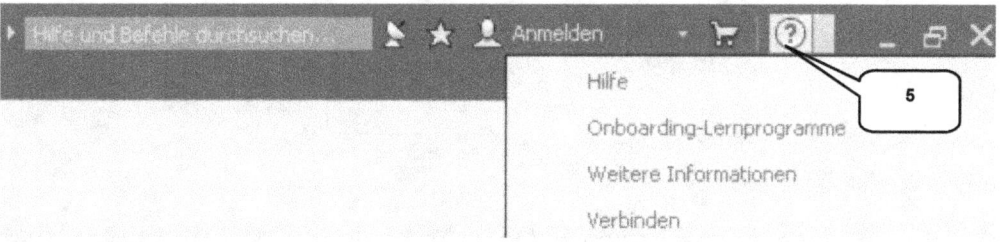

HINWEIS: Alternativ kann die Programmhilfe auch durch den Befehl *Hilfe* (5) in der oberen Programmleiste gestartet werden.

- Die ersten Schritte -

4.2 Videos und Lernprogramme

Startet man den Befehl ⛳ Lernpfad (1), so öffnet sich eine interaktive Lernumgebung (2) in der schrittweise der Umgang mit der Software erlernt und mit diversen Übungen gefestigt werden kann.

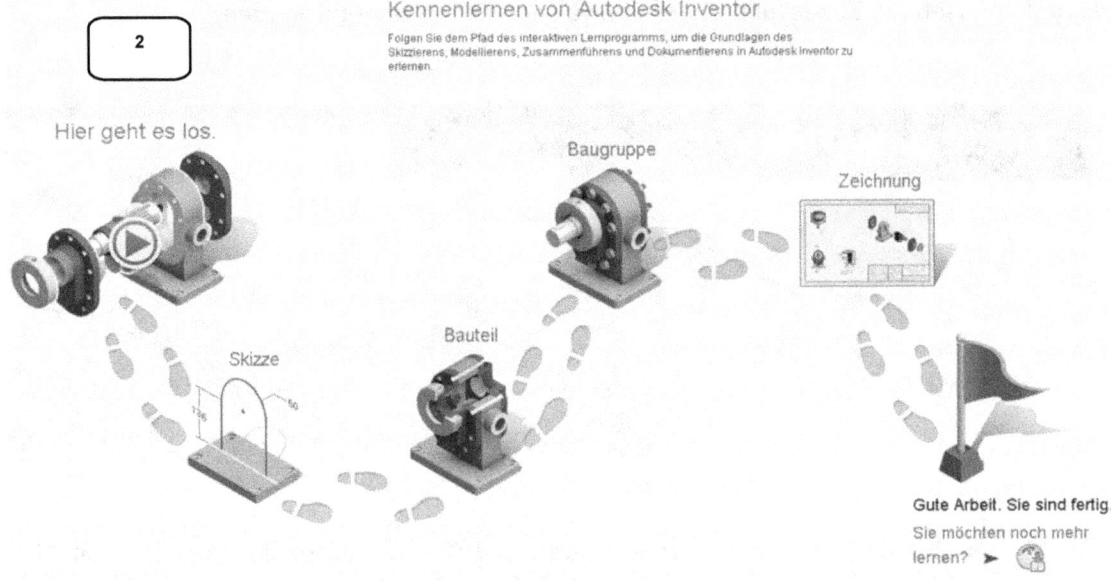

Mit dem Befehl 🌐 Lernprogramm Katalog (3) öffnet sich im Arbeitsbereich eine Übersicht weiterer Lernprogramme (4).

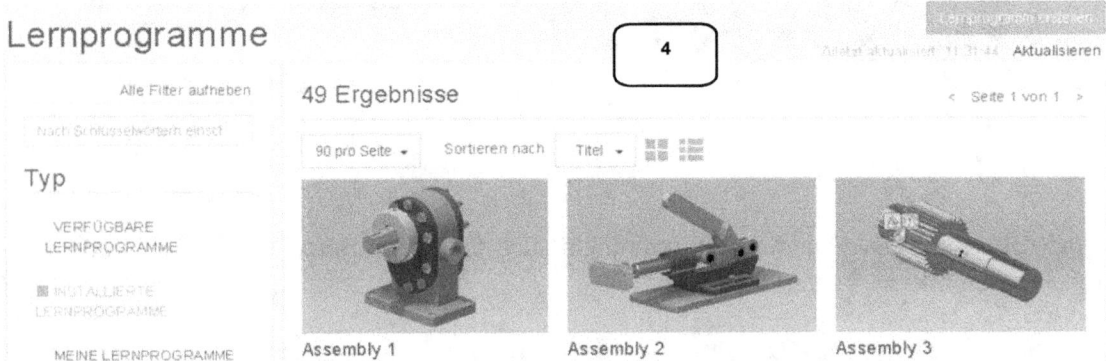

4.3 Zusatzmodule (empfohlene Einstellungen)

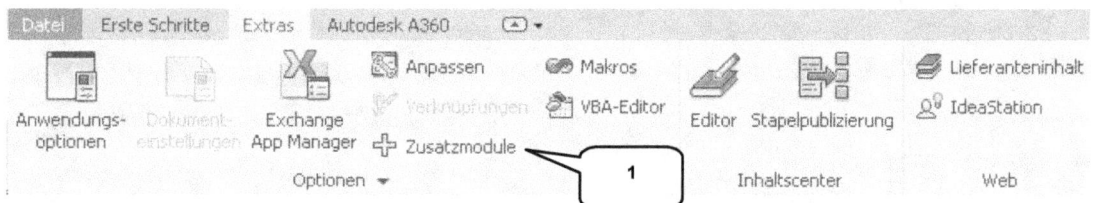

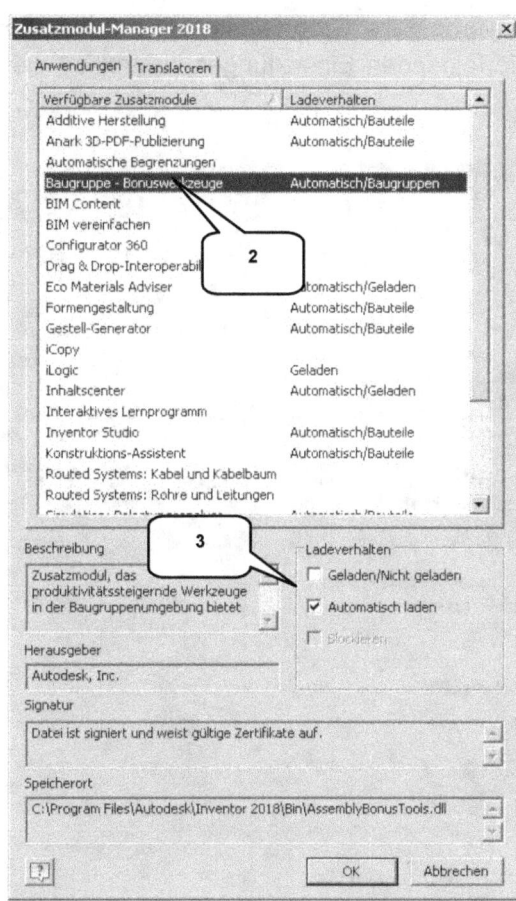

In der Befehlsgruppe *Optionen* (Register *Extras*) befindet sich der Befehl ⊕ Zusatzmodule (1) welcher den *Zusatzmodul-Manager* öffnet. Damit können die automatisch beim Programmstart zusätzlich zu den Standardeinstellungen zu aktivierenden Programm-Module festgelegt werden.

Um ein Modul automatisch laden zu lassen, muss dieses in der *Liste* (2) aktiviert werden, um anschließend die beiden Haken im Bereich *Ladeverhalten* (3) zu setzen. Andernfalls sind die Haken zu entfernen.

Die Aktivierung der folgenden Module wird empfohlen:

- Additive Herstellung
- Automatische Begrenzungen
- Baugruppe - Bonuswerkzeuge
- BIM-Austausch
- BIM-Vereinfachen
- Gestell-Generator
- iCopy
- iLogic
- Inhaltscenter
- Inventor Studio
- Konstruktions-Assistent
- Simulation: Belastungsanalyse
- Simulation: Dynamische Simulation
- Simulation: Gestellanalyse

HINWEIS: Je nach Programversion (Inventor® 2018 oder Inventor® Professional 2018) können einige der Module unter Umständen nicht verwendet werden. Bitte beachten Sie, dass eine generelle Aktivierung aller Module die Leistungsfähigkeit Ihres PCs negativ beeinträchtigen kann.

- Die ersten Schritte -

4.4 Anwendungsoptionen (empfohlene Einstellungen)

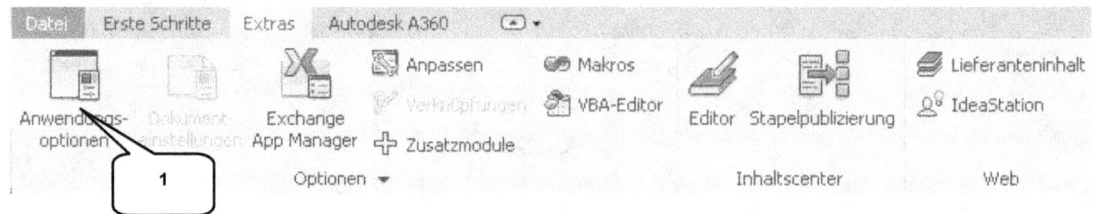

Mit dem Befehl **Anwendungsoptionen** (1) werden die Grundeinstellungen des Programms festgelegt. Er sollte jetzt geöffnet und die folgenden Einstellungen kontrolliert werden:

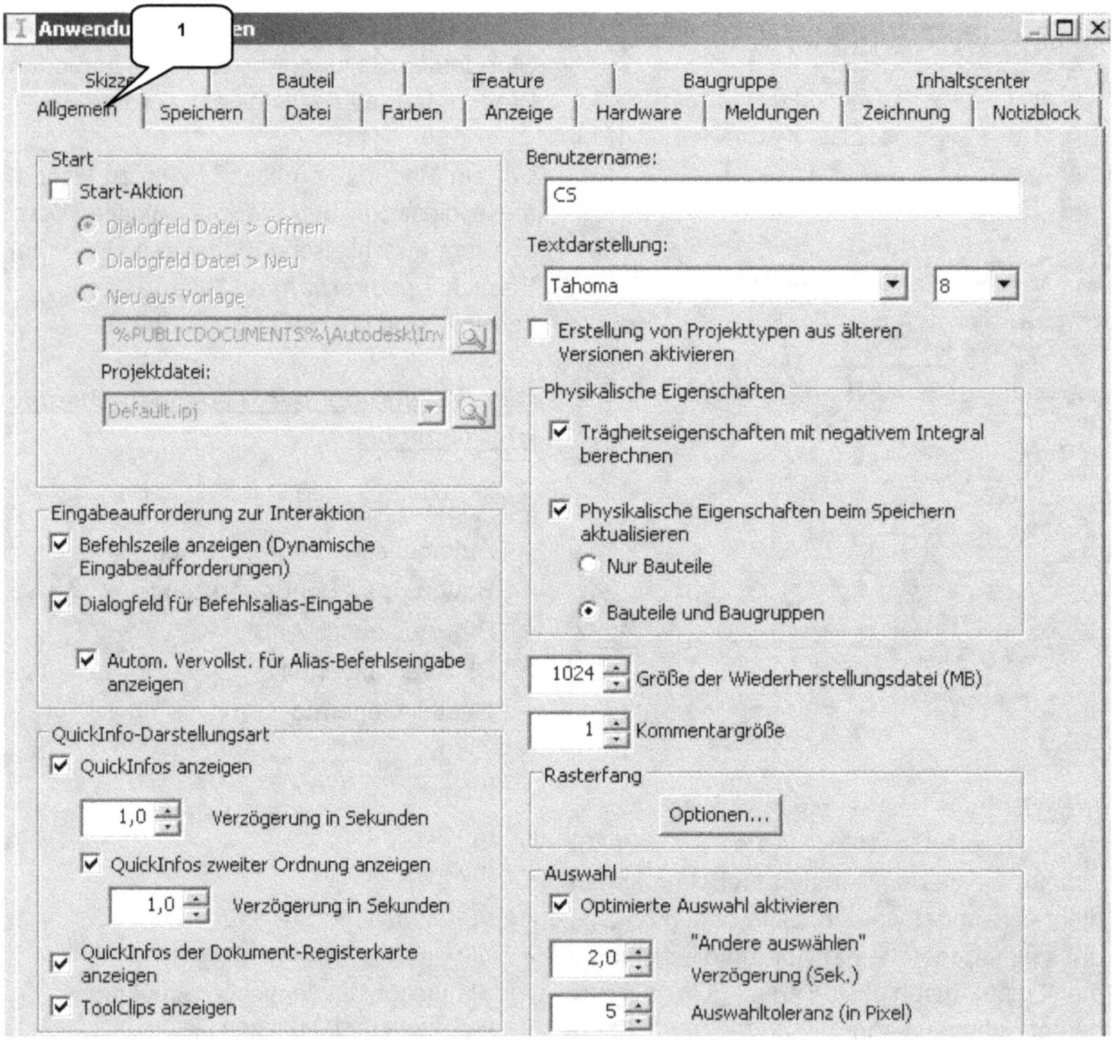

- Die ersten Schritte -

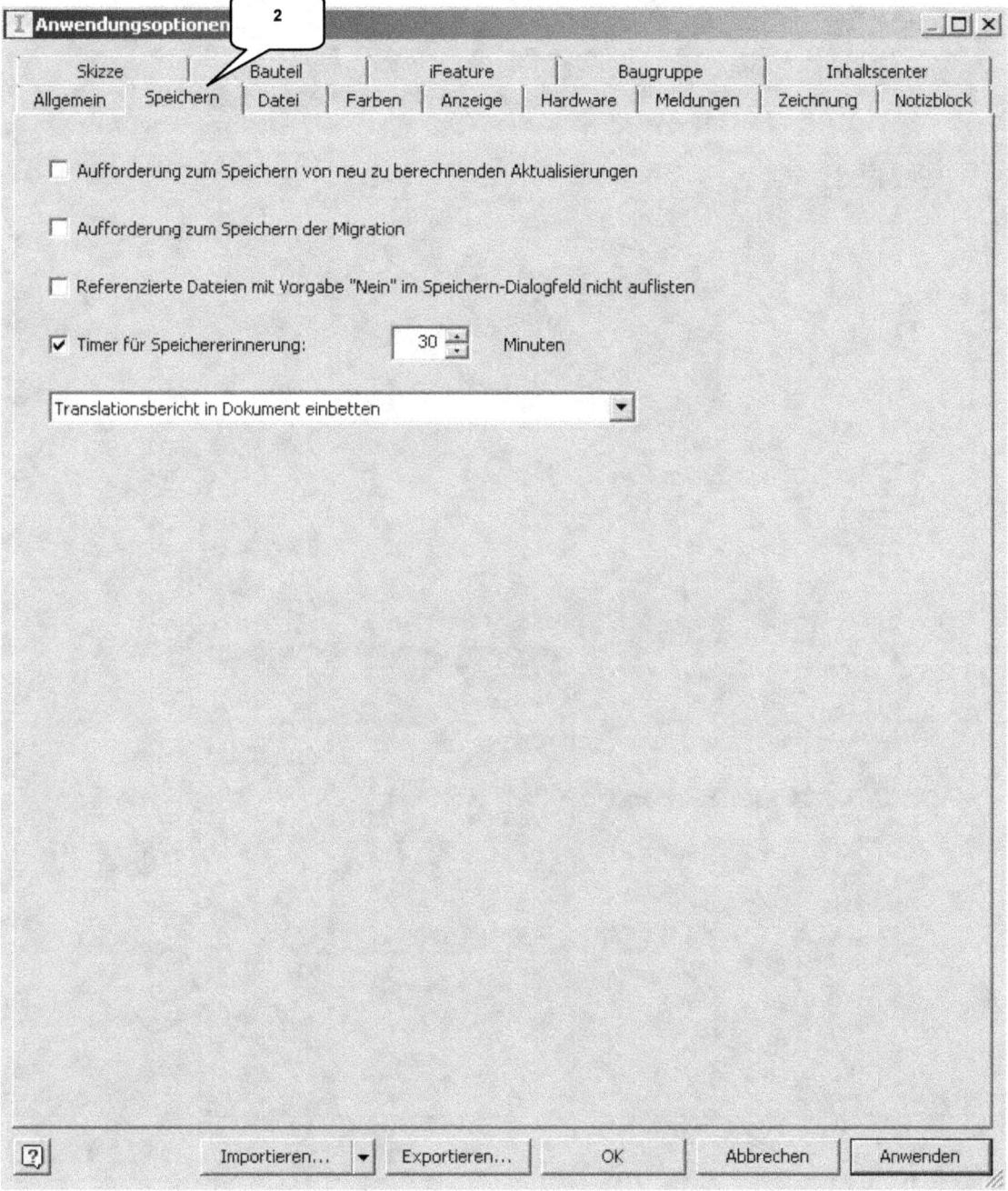

- Die ersten Schritte -

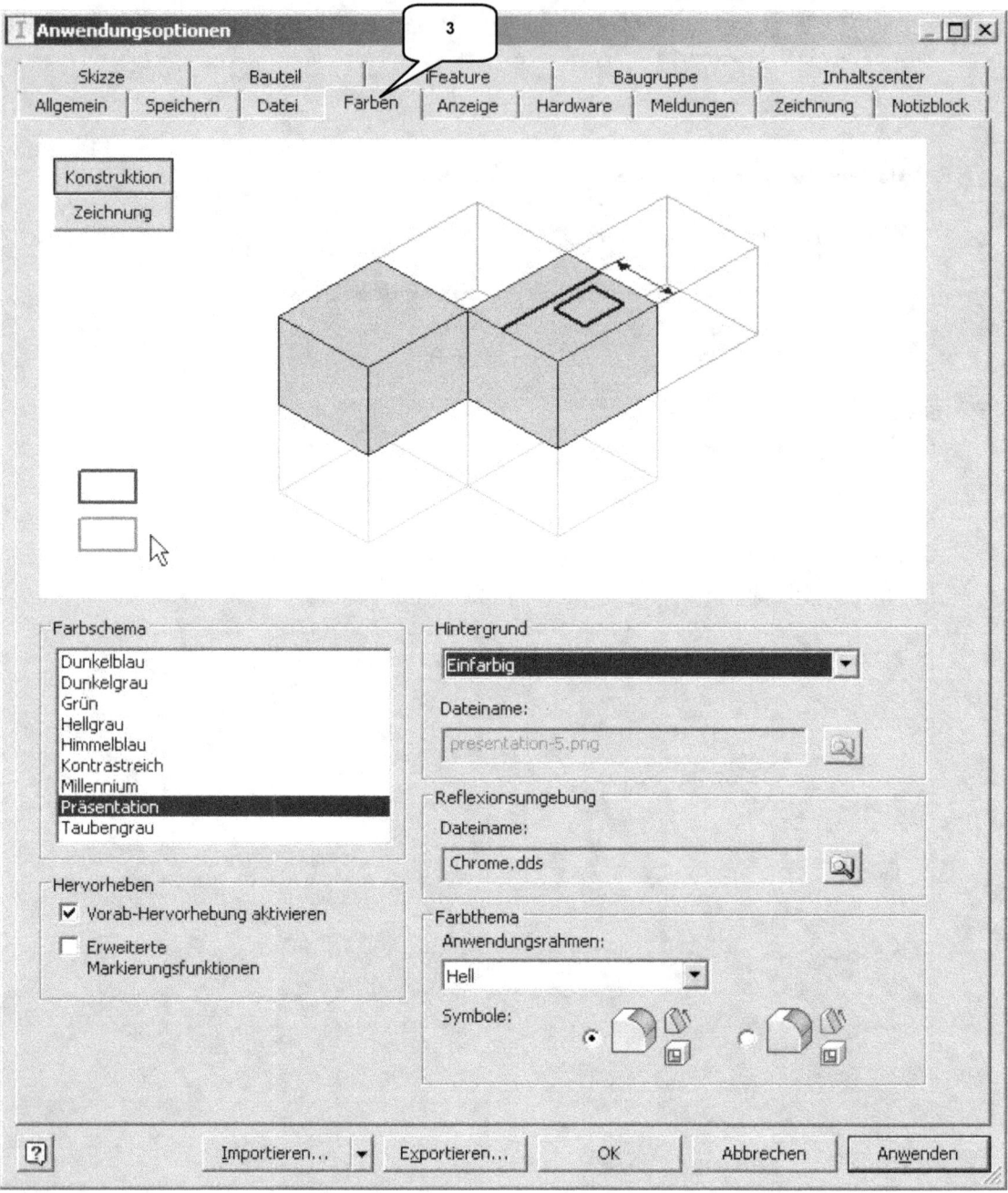

- Die ersten Schritte -

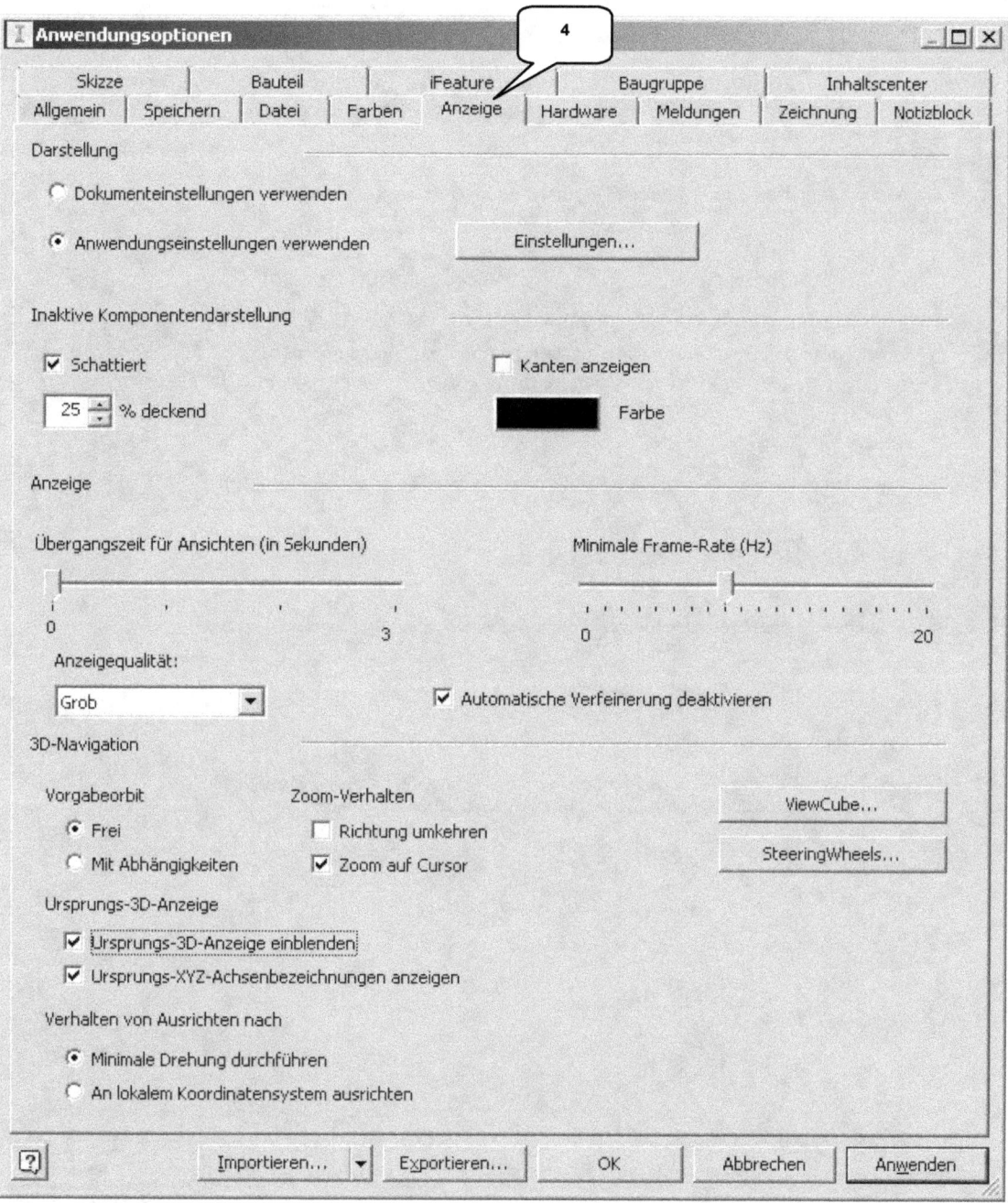

Anwendungsoptionen

| Skizze | Bauteil | iFeature | Baugruppe | Inhaltscenter |
| Allgemein | Speichern | Datei | Farben | Anzeige | **Hardware** | Meldungen | Zeichnung | Notizblock |

Grafikeinstellungen

Anmerkung: Die Änderung der Grafikeinstellungen tritt erst in Kraft, wenn Inventor neu gestartet wird.

○ Qualität

Verwenden Sie diese Einstellung für eine qualitativ hochwertige realistische Visualisierung.

● Leistung

Verwenden Sie diese Einstellung, wenn Sie Leistung einer realistischen Visualisierung (z.B. bei der Modellierung) vorziehen.

○ Konservativ

Verwenden Sie diese Einstellung für konservative Grafikhardwareverwendung mit Inventor.

☐ Softwaregrafik

Verwenden Sie diese Einstellung nur für Systeme mit nicht erkannter Grafikhardware oder bei keiner Unterstützung der gewünschten Funktion durch die Grafikhardware.

[Analyse]

[?]   [Importieren... ▼]   [Exportieren...]   [OK]   [Abbrechen]   [Anwenden]

(5)

- Die ersten Schritte -

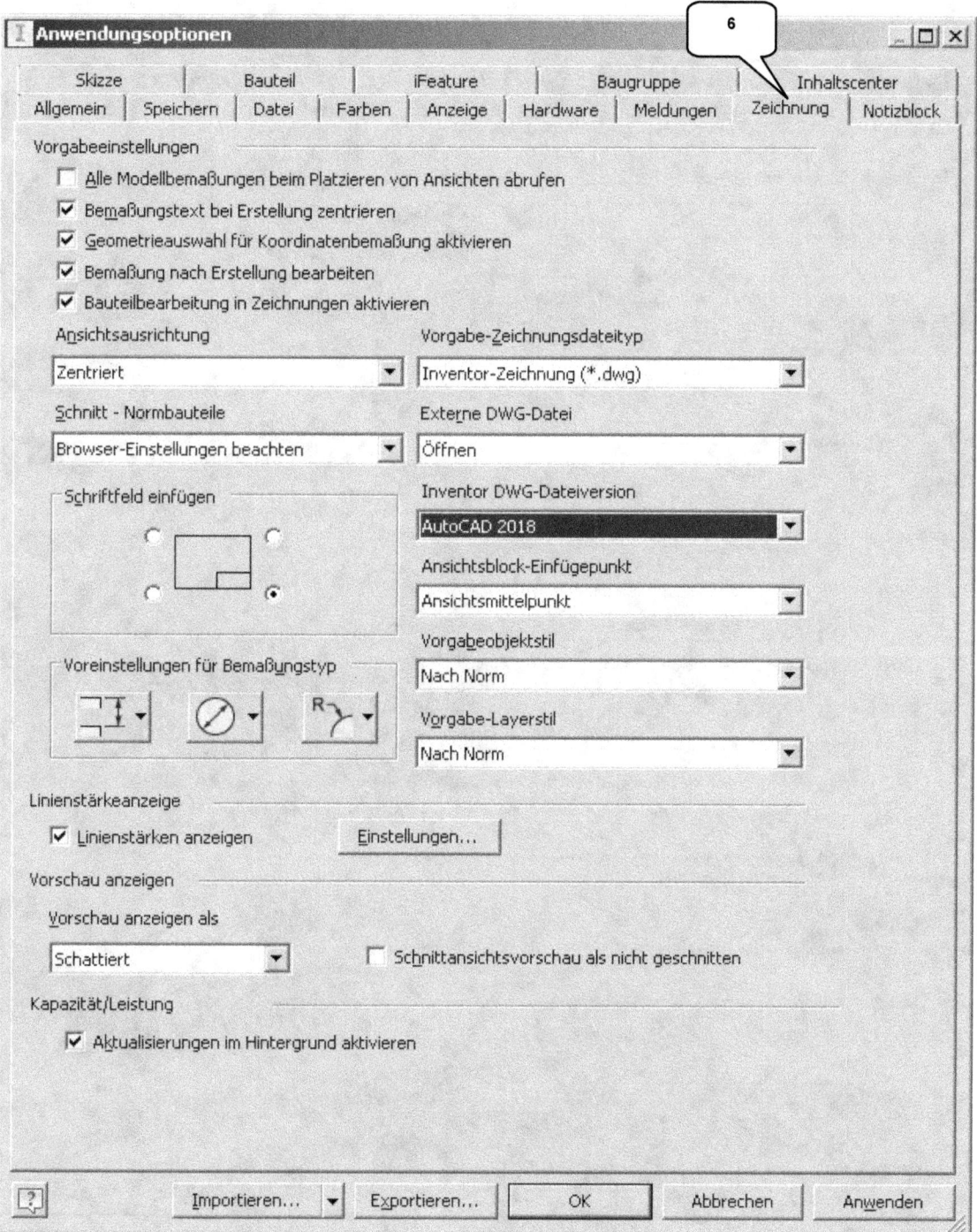

- Die ersten Schritte -

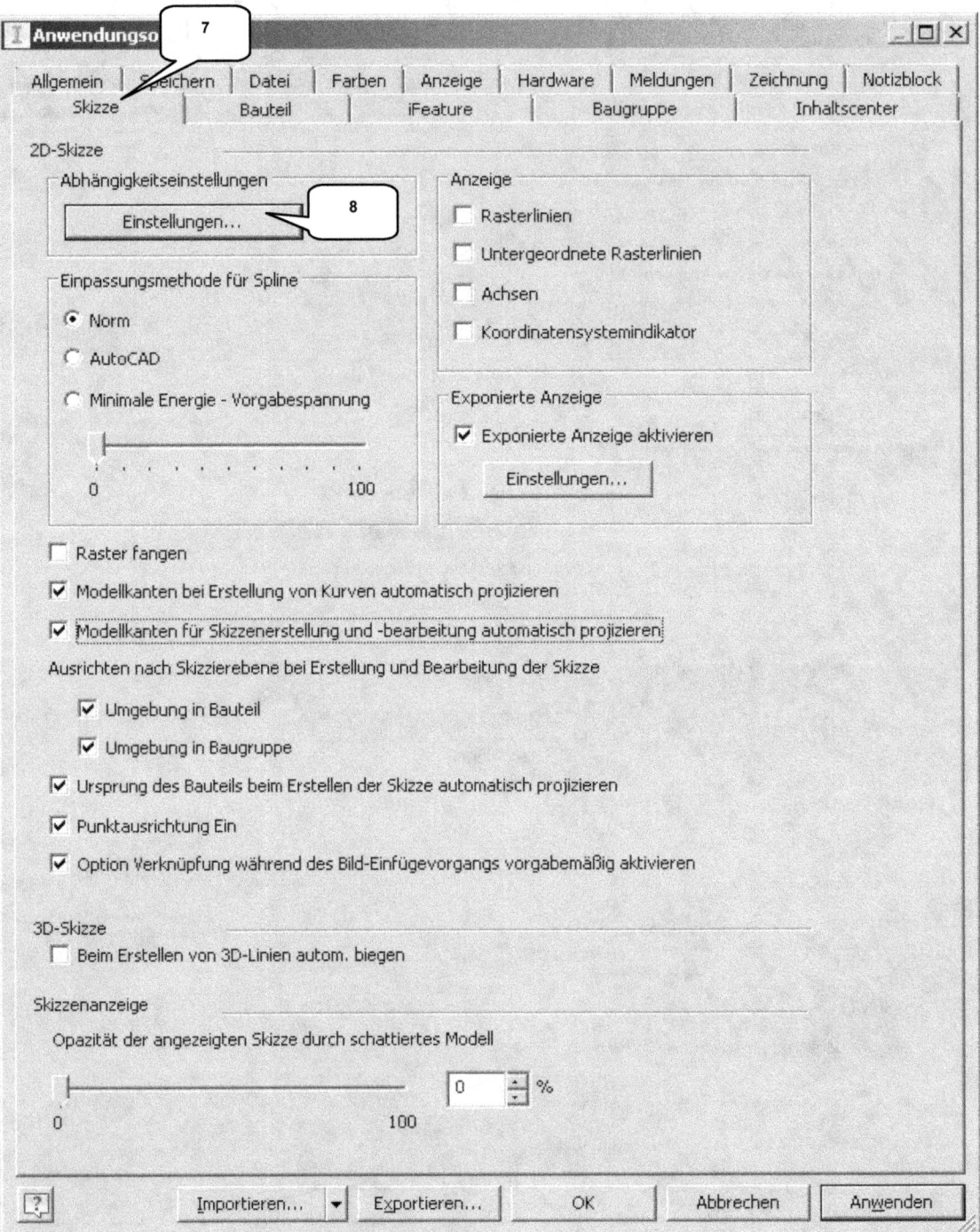

- Die ersten Schritte -

Abhängigkeitseinstellungen (9)

Allgemein | Ableitung | Lockerungsmodus

Abhängigkeit
- ☑ Abhängigkeiten nach Erstellung anzeigen
- ☑ Abhängigkeiten für ausgewählte Objekte anzeigen
- ☑ Koinzidente Abhängigkeiten in Skizze anzeigen

Bemaßung
- ☑ Bemaßung nach Erstellung bearbeiten
- ☑ Bemaßungen aus Eingabewerten erstellen

Überbestimmte Bemaßungen
- ○ Getriebene Bemaßung anwenden
- ● Bei Überbestimmung warnen

[?] OK Abbrechen

Abhängigkeitseinstellungen (10)

Allgemein | Ableitung | Lockerungsmodus

- ☑ Abhängigkeiten ableiten
- ☑ Abhängigkeiten beibehalten

Abhängigkeitsableitungspriorität
- ● Parallel und lotrecht
- ○ Horizontal und vertikal

Auswahl für Abhängigkeitsableitung
- ☑ Horizontal   ☑ Mittelpunkt
- ☑ Vertikal   ☑ An Kurve
- ☑ Parallel   ☑ Tangential
- ☑ Lotrecht   ☑ Koinzident
- ☑ Überschneidung

Alle auswählen
Alles löschen

Abhängigkeitseinstellungen (11)

Allgemein | Ableitung | Lockerungsmodus

☐ Lockerungsmodus aktivieren

Beim gelockerten Ziehen zu entfernende Abhängigkeiten
- ☐ Koinzident   ☑ Horizontal
- ☐ Tangential   ☑ Vertikal
- ☐ Geglättet(G2) ☑ Parallel
- ☐ Symmetrisch   ☑ Lotrecht
- ☑ Kollinear   ☑ Gleich
- ☑ Konzentrisch   ☑ Fest

Alle auswählen
Alles löschen

Anwendungsoptionen — 12

Tabs: Allgemein | Speichern | Datei | Farben | Anzeige | Hardware | Meldungen | Zeichnung | Notizblock
Skizze | **Bauteil** | iFeature | Baugruppe | Inhaltscenter

Skizze beim Erstellen eines neuen Bauteils
- ○ Keine neue Skizze
- ● Skizze auf XY-Ebene
- ○ Skizze auf YZ-Ebene
- ○ Skizze auf XZ-Ebene

Konstruktion
- ☐ Deckende Flächen
- ☐ Konstruktionsumgebung aktivieren

☑ Direkte Arbeitselemente automatisch ausblenden
☑ Arbeits- und Oberflächenelemente automatisch einbeziehen
☐ Erweiterte Informationen nach Elementknotennamen im Browser anzeigen

3D-Griffe
☑ 3D-Griffe aktivieren
  ☑ Griffe zu Auswahl anzeigen

Bemaßungsabhängigkeiten
- ○ Nie lockern
- ○ Lockern, wenn keine Gleichung
- ○ Immer lockern
- ● Eingabeaufforderung

Geometrische Abhängigkeiten
- ○ Nie lösen
- ○ Immer lösen
- ● Eingabeaufforderung

Vorgabe erstellen/ableiten
☑ Farbüberschreibung aus Quellkomponente verwenden

[?]   Importieren... ▼   Exportieren...   OK   Abbrechen   Anwenden

- Die ersten Schritte -

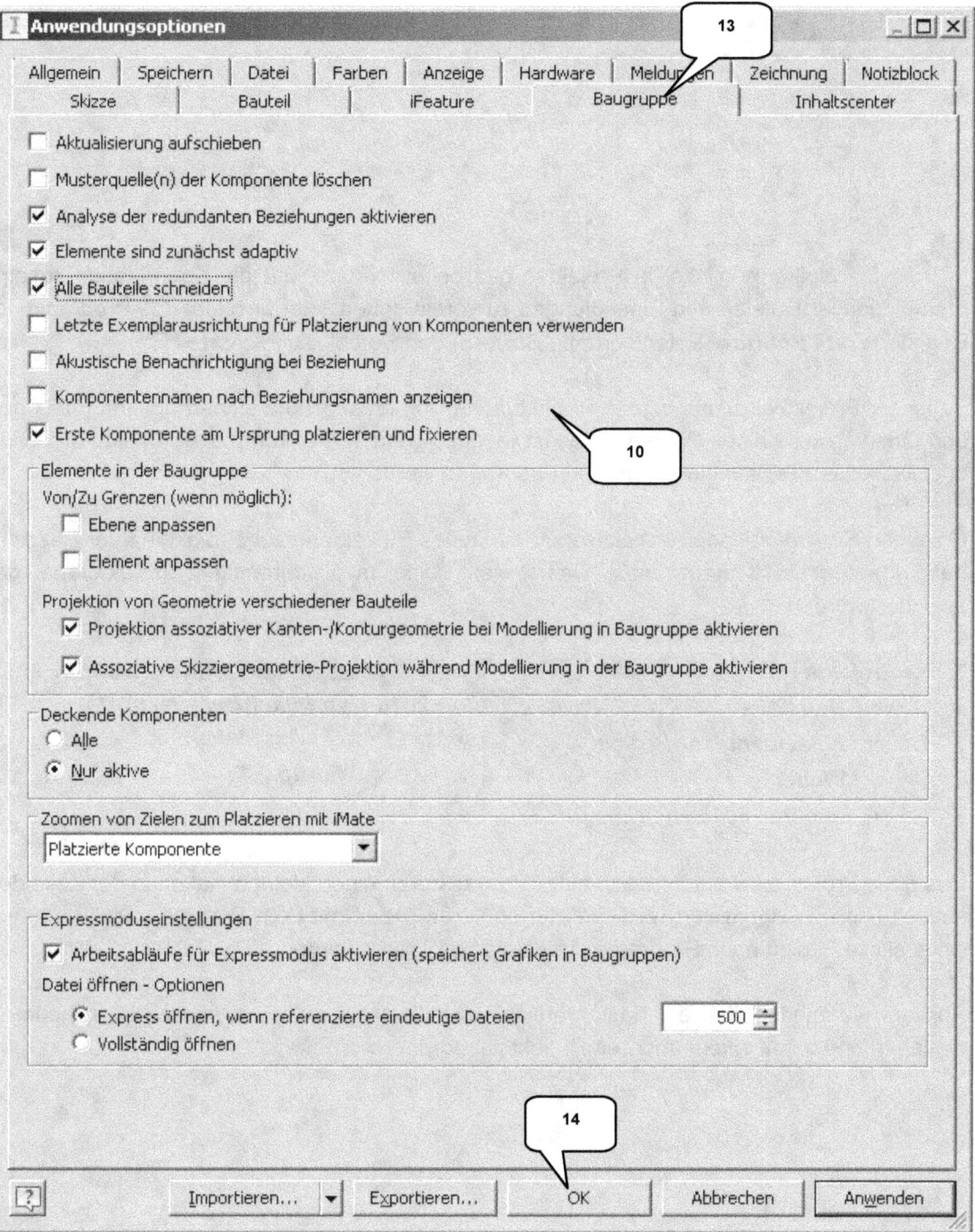

5 Erstellen eines Einzelbenutzerprojekts

In Inventor® sollte möglichst in Projekten gearbeitet werden, um die Koordination zusammenhängender Dateien und Einstellungen zu vereinfachen. Hierfür bietet das Programm im Register **Erste Schritte** (Befehlsgruppe **Starten**) den Befehl **Projekte** (1).

Zu jedem Projekt wird eine eigene Projektdatei (*.ipj) erzeugt. Sie sichert alle Informationen und Querverweise eines Projekts. Das ist wichtig, wenn später komplexe Projekte archiviert oder von einem PC auf einen anderen übertragen werden sollen.

Erzeugen Sie im folgenden Arbeitsschritt ein neues Einzelbenutzer-Projekt mit der Bezeichnung **Inventor-2018-Hybridjacht**. Das Projekt sollte im gleichnamigen Projektordner gespeichert werden.

- **Projekte** (1)
- **Neu** (2)
- Option: **Einzelbenutzer-Projekt**
- **Weiter**
- Name: **Inventor-2018-Hybridjacht** (3)

- Projektordner: **Ordner Inventor-2018-Hybridjacht** wählen (4)
- **Fertig stellen** (5)
- **Fertig** (6)

Das neue Projekt wird automatisch aktiviert, was durch einen kleinen Haken in der Zeile des aktiven Projekts signalisiert wird. Bei der späteren Arbeit mit dem Programm sollte das jeweils aktive Projekt nach Programmstart stets kontrolliert werden.

So kann vermieden werden, dass Dateien unbeabsichtigt an einem falschen Speicherort gesichert und damit einem anderen Projekt zugeordnet werden.

- Erstellen eines Einzelbenutzerprojekts -

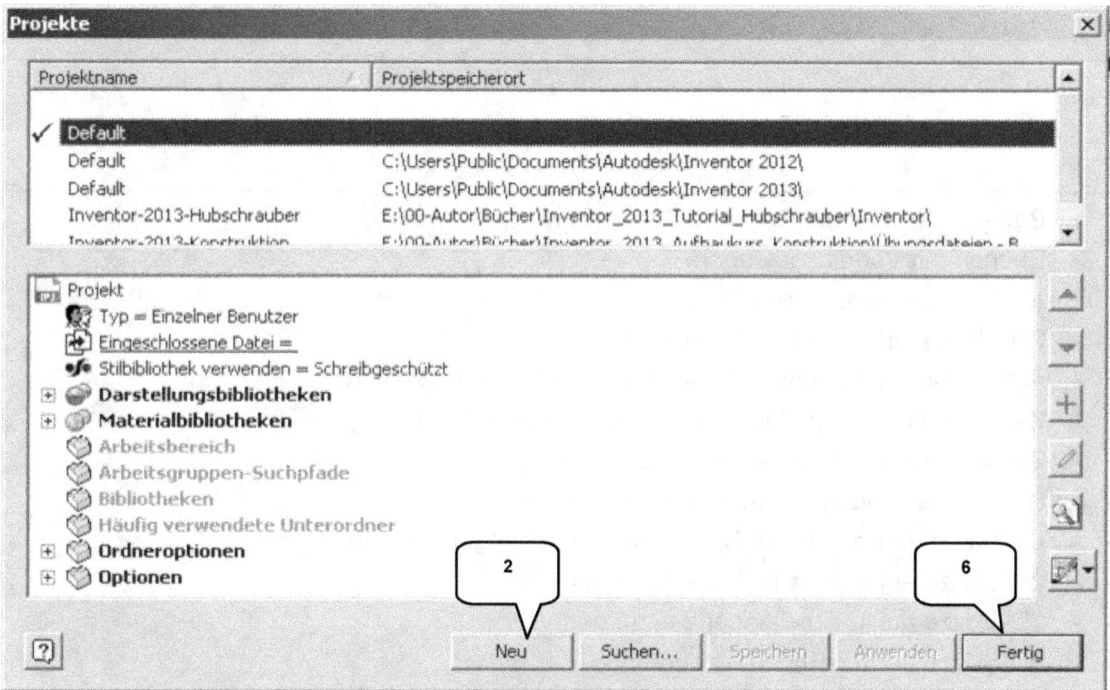

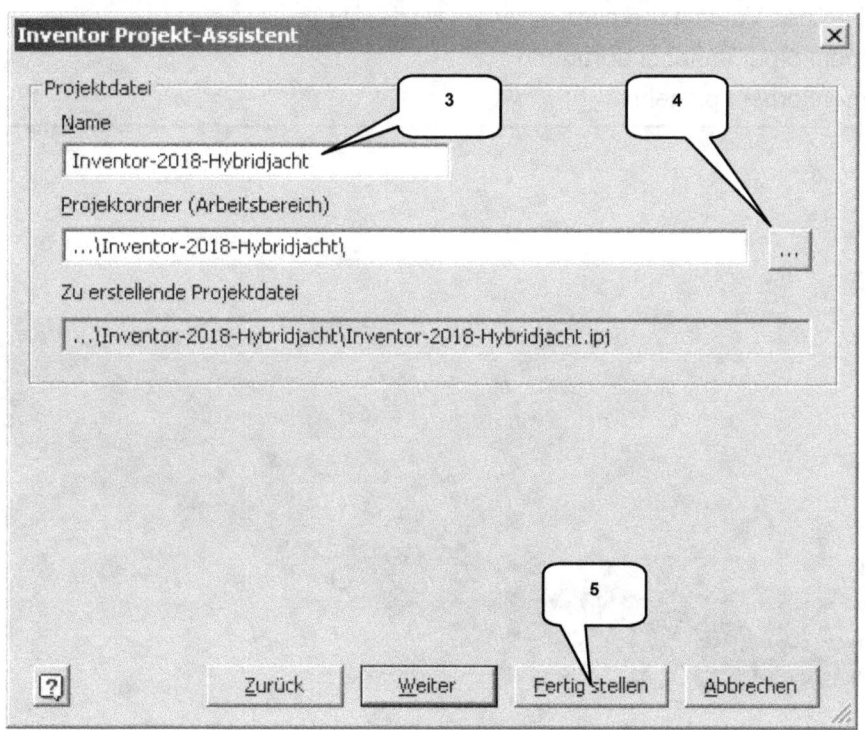

6 Basisrumpf

Agenda

- Bauteildatei „Rumpf_Speedboot" erstellen
- Ebenen mit Versatz erzeugen
- XY-Ebene sichtbar machen
- 2D-Skizze auf 4. Arbeitsebene erzeugen
- Achsen projizieren und als Konstruktionsobjekte definieren
- Zeichnen der ersten Linien mittels dynamischer Werteeingabe
- 2D-Skizze auf 3. Arbeitsebene erzeugen
- Skizze ausblenden, Hauptachsen projizieren
- Linienkonturen zeichnen, bemaßen und abhängig machen
- 2D-Skizze auf 2. Arbeitsebene erzeugen
- 2D-Skizze auf 1. Arbeitsebene erzeugen
- 2D-Skizze auf XY-Ebene erzeugen
- 2D-Skizzen einblenden, Ebenen ausblenden
- Erheben des Volumenkörpers
- Volumenkörper variabel abrunden
- Volumenkörper spiegeln

6.1 Bauteil „Rumpf_Speedboot" erstellen

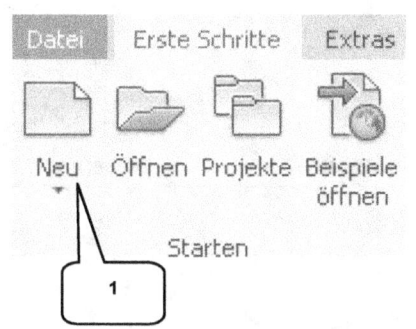

- ➢ **Neu** (1)
- ➢ Templates (2)
- ➢ Bauteil: Norm.ipt (3)
- ➢ **Erstellen** (4)

- ➢ **Speichern** (5)
- ➢ Dateiname: [Rumpf_Speedboot] (6)
- ➢ **Speichern** (7)

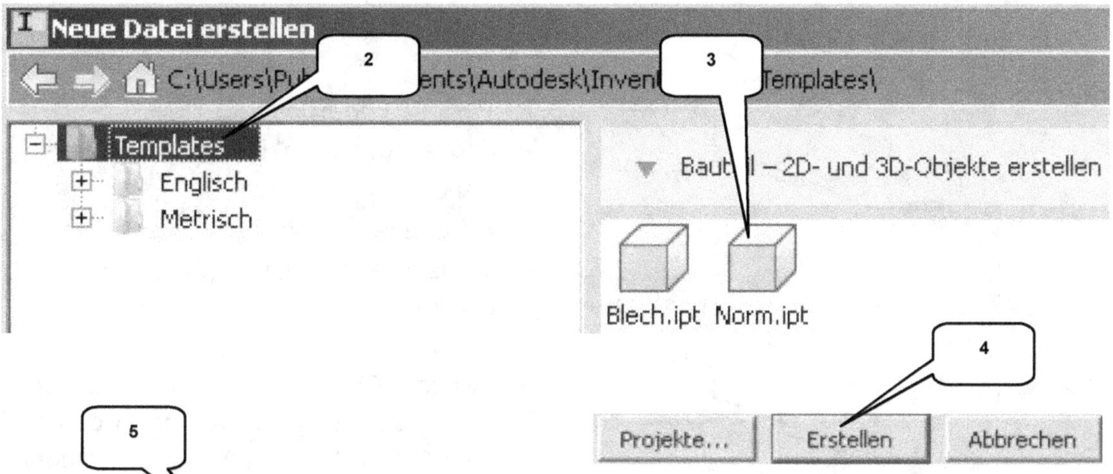

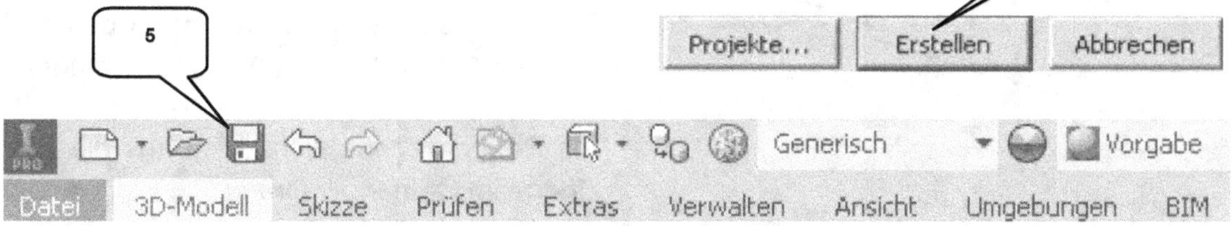

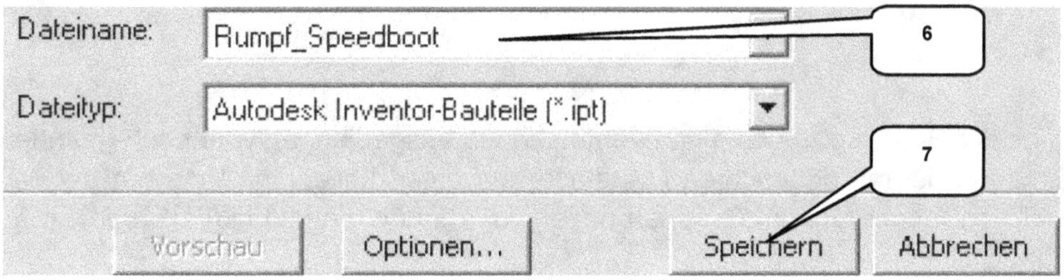

6.2 Ebenen mit Versatz erzeugen

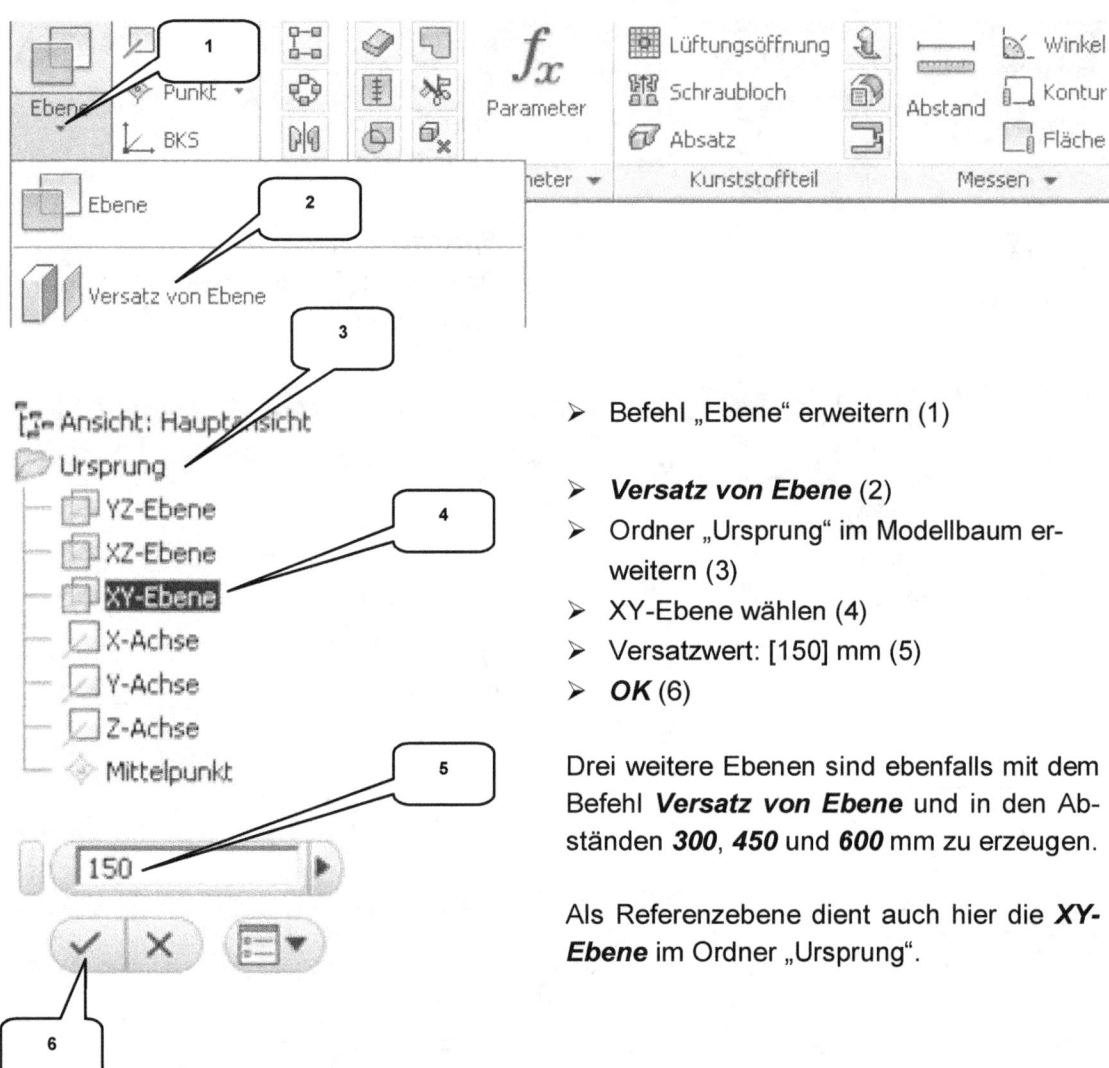

- Befehl „Ebene" erweitern (1)

- **Versatz von Ebene** (2)
- Ordner „Ursprung" im Modellbaum erweitern (3)
- XY-Ebene wählen (4)
- Versatzwert: [150] mm (5)
- **OK** (6)

Drei weitere Ebenen sind ebenfalls mit dem Befehl **Versatz von Ebene** und in den Abständen **300**, **450** und **600** mm zu erzeugen.

Als Referenzebene dient auch hier die **XY-Ebene** im Ordner „Ursprung".

HINWEIS: Einige der Befehlsgruppen sind eventuell noch ausgeblendet, was noch geändert werden sollte. Hierfür ist mit der rechten Maustaste auf einen beliebigen Punkt in der Befehlsleiste zu klicken. In der Option „Gruppen anzeigen" können die fehlenden Befehlsgruppen dann nachträglich aktiviert werden.

- Basisrumpf -

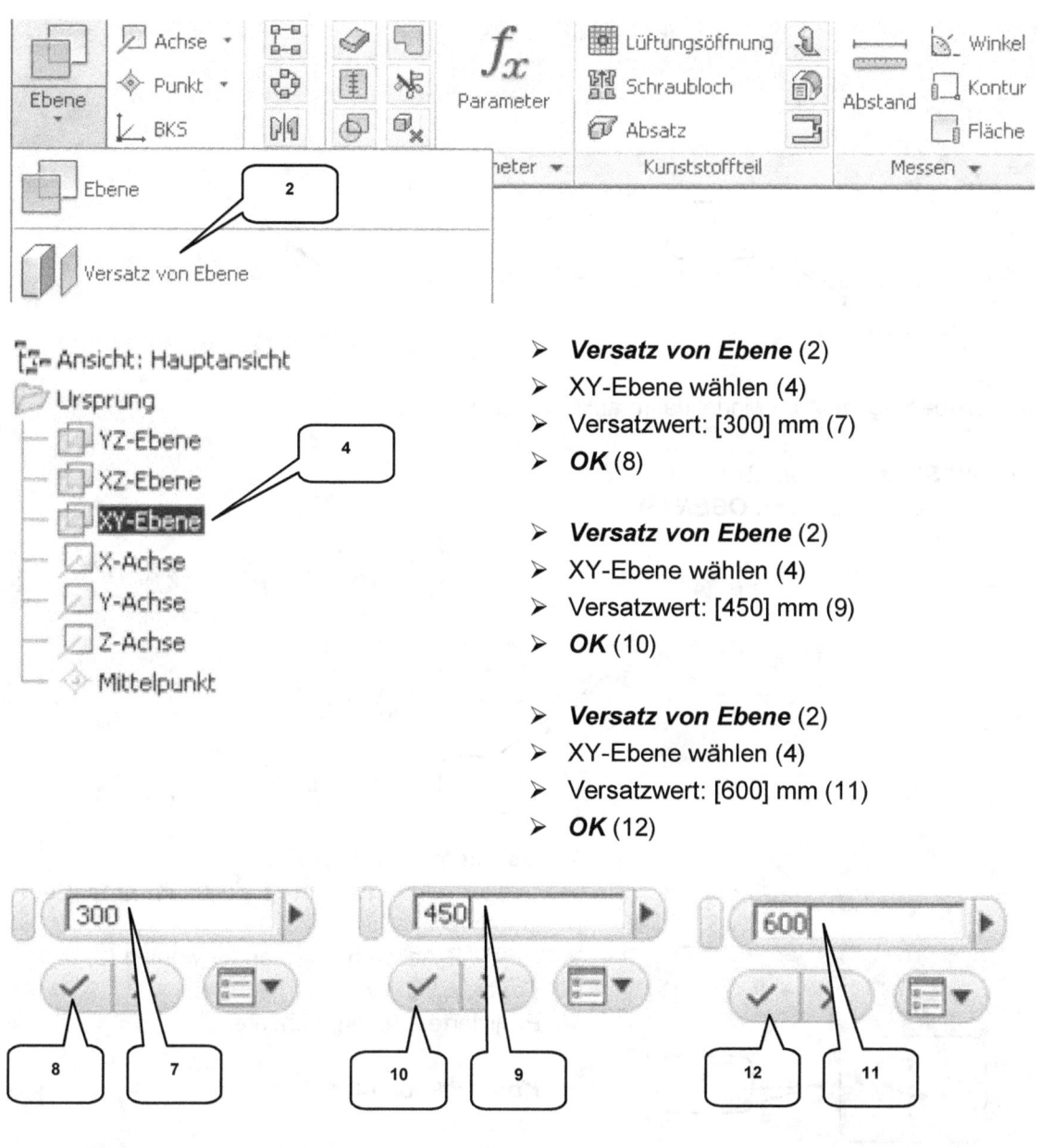

- **Versatz von Ebene** (2)
- XY-Ebene wählen (4)
- Versatzwert: [300] mm (7)
- **OK** (8)

- **Versatz von Ebene** (2)
- XY-Ebene wählen (4)
- Versatzwert: [450] mm (9)
- **OK** (10)

- **Versatz von Ebene** (2)
- XY-Ebene wählen (4)
- Versatzwert: [600] mm (11)
- **OK** (12)

6.3 XY-Ebene sichtbar machen

Die vier neu erzeugten Ebenen sind jetzt sichtbar und können verwendet werden. Die **XY-Ebene** soll ebenfalls sichtbar gemacht werden. Hierfür muss im Modellbauim (im Ordner Ursprung) mit der rechten Maustaste drauf geklickt, und im Kontextmenü die Option „Sichtbarkeit" aktiviert werden.

6.4 2D-Skizze auf 4. Arbeitsebene erzeugen

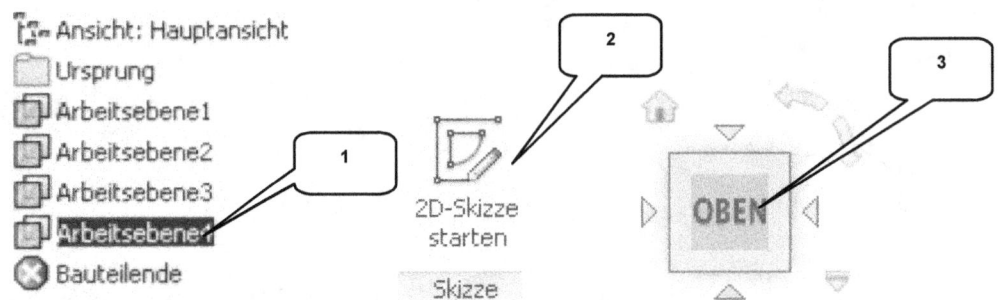

- „Arbeitsebene4" im Modellbaum anklicken (linke Maustaste) (1)

- **2D-Skizze starten** (2)
- **ViewCube-Ansicht: OBEN** (3)

6.5 Achsen projizieren und als Konstruktionsobjekte definieren

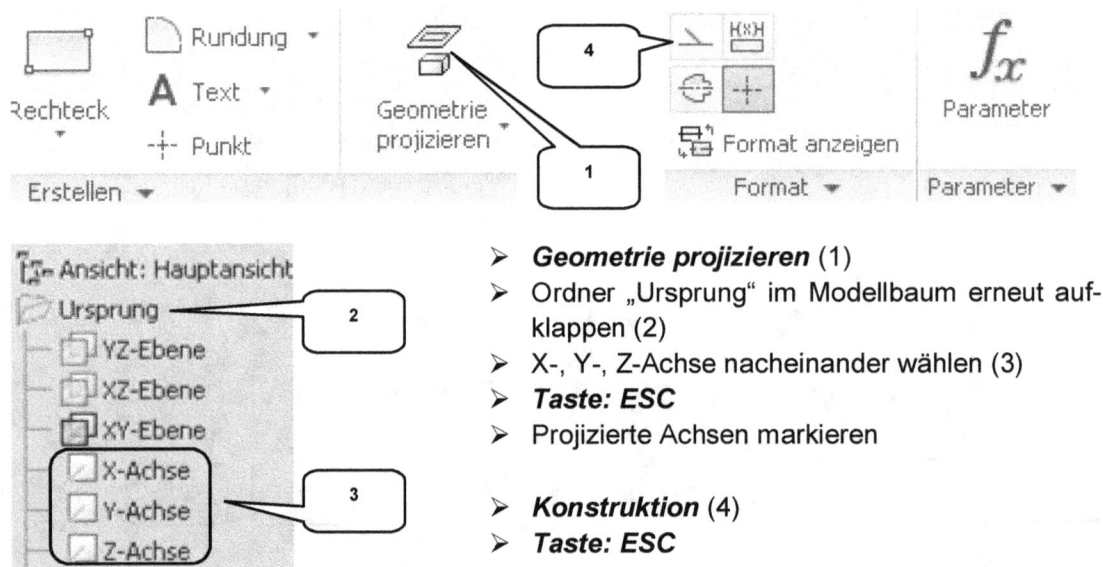

- **Geometrie projizieren** (1)
- Ordner „Ursprung" im Modellbaum erneut aufklappen (2)
- X-, Y-, Z-Achse nacheinander wählen (3)
- **Taste: ESC**
- Projizierte Achsen markieren

- **Konstruktion** (4)
- **Taste: ESC**

HINWEIS: Das Projizieren der drei Hauptachsen muss bei jeder neuen Skizze durchgeführt werden, wenn die Achsen als Referenzen verwendet werden sollen, um z. B. Objekte daran auszurichten.

6.6 Zeichnen der ersten Linien mittels dynamischer Werteeingabe

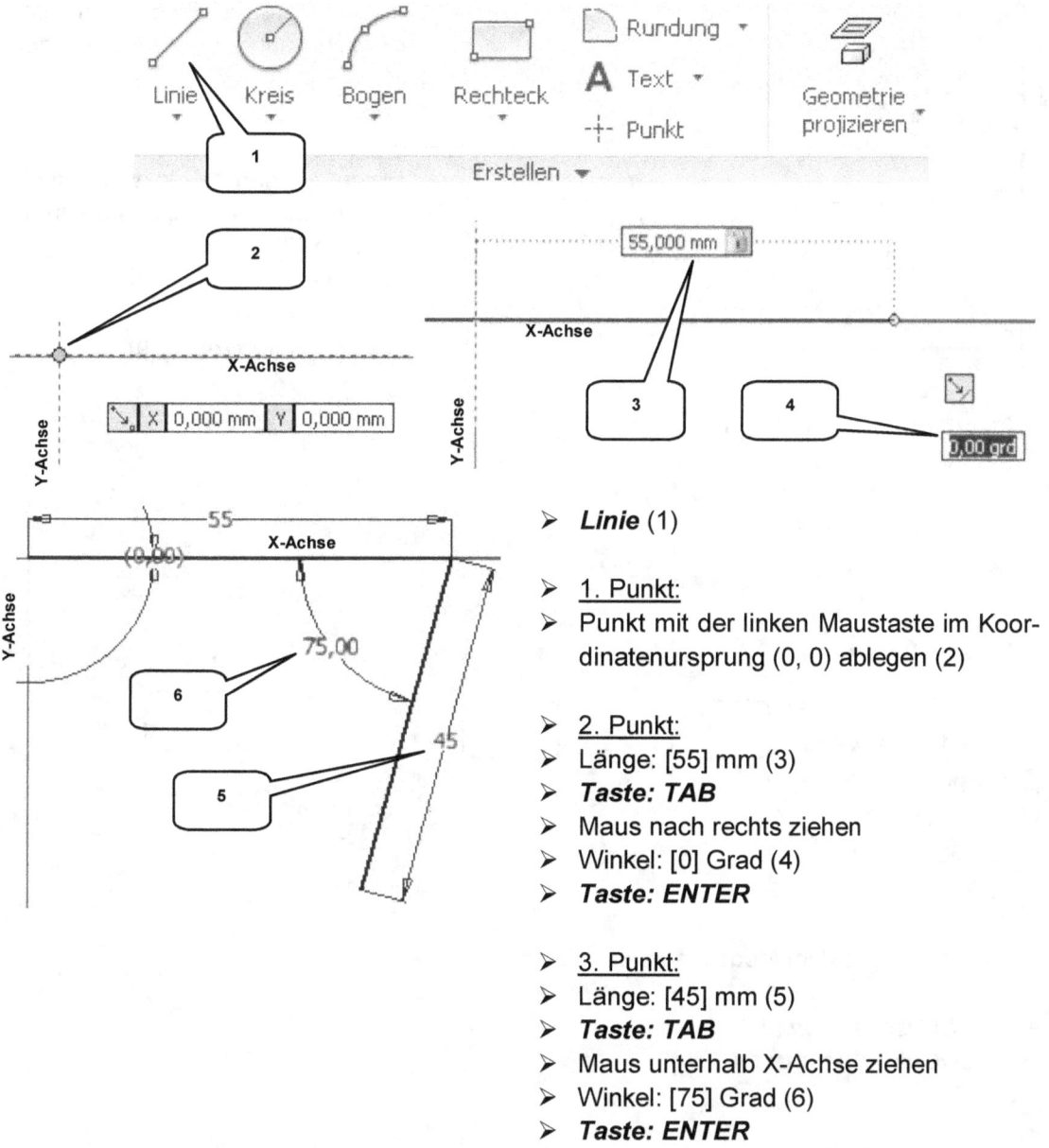

- **Linie** (1)

- 1. Punkt:
- Punkt mit der linken Maustaste im Koordinatenursprung (0, 0) ablegen (2)

- 2. Punkt:
- Länge: [55] mm (3)
- **Taste: TAB**
- Maus nach rechts ziehen
- Winkel: [0] Grad (4)
- **Taste: ENTER**

- 3. Punkt:
- Länge: [45] mm (5)
- **Taste: TAB**
- Maus unterhalb X-Achse ziehen
- Winkel: [75] Grad (6)
- **Taste: ENTER**

HINWEIS: Mit der **Taste: TAB** (Tabulator-Taste) gelangt man beim Zeichnen in den Eingabebereich der Koordinaten. Bei der Winkeleingabe muss auf die Position des Mauspfeils geachtet werden. Je nach Lage des Mauspfeils ändern sich Richtung und Winkel der Linie.

- Basisrumpf -

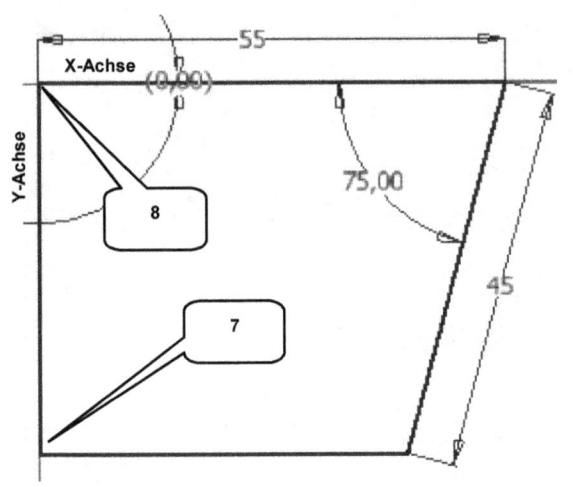

- ➢ 4. Punkt:
- ➢ Maus waagerecht nach links ziehen und mit der linken Maustaste (lotrecht) auf der Y-Achse ablegen (7)

- ➢ 5. Punkt:
- ➢ Erneut auf den 4. Punkt klicken (7)
- ➢ 5. Punkt im Koordinatenursprung ablegen (8)
- ➢ *Taste: ESC*

- ➢ *Skizze fertig stellen* (9)

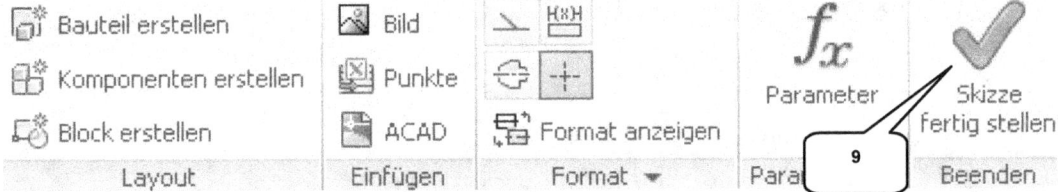

6.7 2D-Skizze auf 3. Arbeitsebene erzeugen

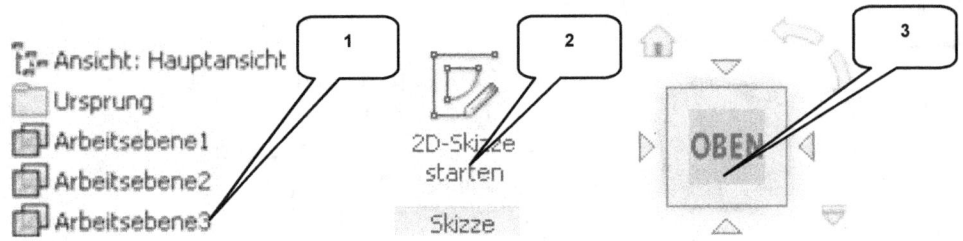

- ➢ „Arbeitsebene3" im Modellbaum markieren (1)

- ➢ *2D-Skizze starten* (2)
- ➢ *ViewCube-Ansicht: OBEN* (3)

- Basisrumpf -

6.8   1. Skizze ausblenden, Hauptachsen projizieren

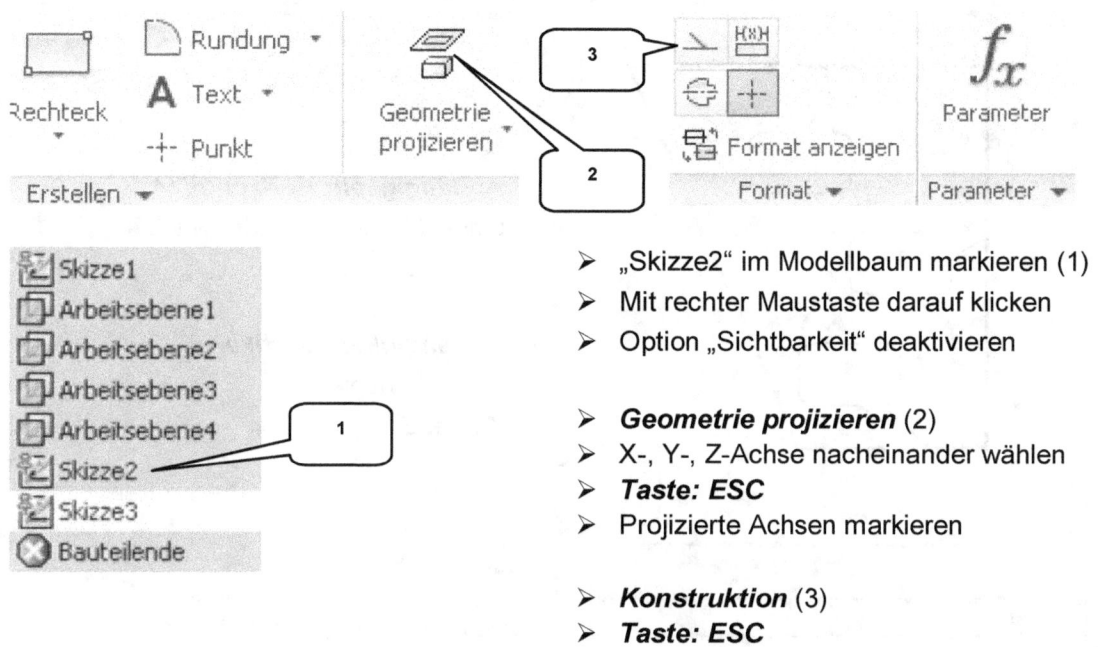

- „Skizze2" im Modellbaum markieren (1)
- Mit rechter Maustaste darauf klicken
- Option „Sichtbarkeit" deaktivieren

- **Geometrie projizieren** (2)
- X-, Y-, Z-Achse nacheinander wählen
- **Taste: ESC**
- Projizierte Achsen markieren

- **Konstruktion** (3)
- **Taste: ESC**

6.9   Linienkonturen zeichnen, bemaßen und abhängig machen

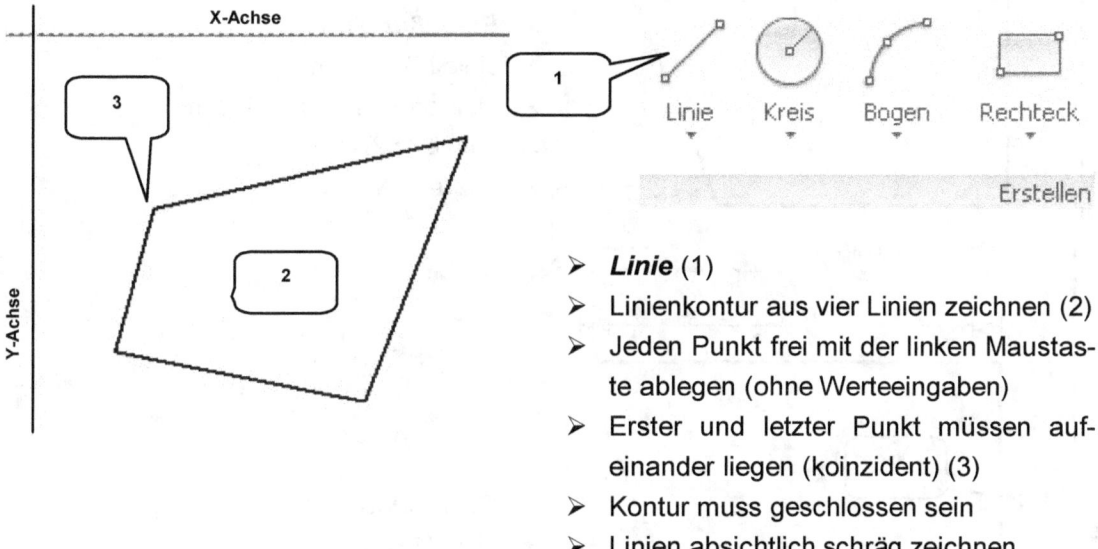

- **Linie** (1)
- Linienkontur aus vier Linien zeichnen (2)
- Jeden Punkt frei mit der linken Maustaste ablegen (ohne Werteeingaben)
- Erster und letzter Punkt müssen aufeinander liegen (koinzident) (3)
- Kontur muss geschlossen sein
- Linien absichtlich schräg zeichnen

- Basisrumpf -

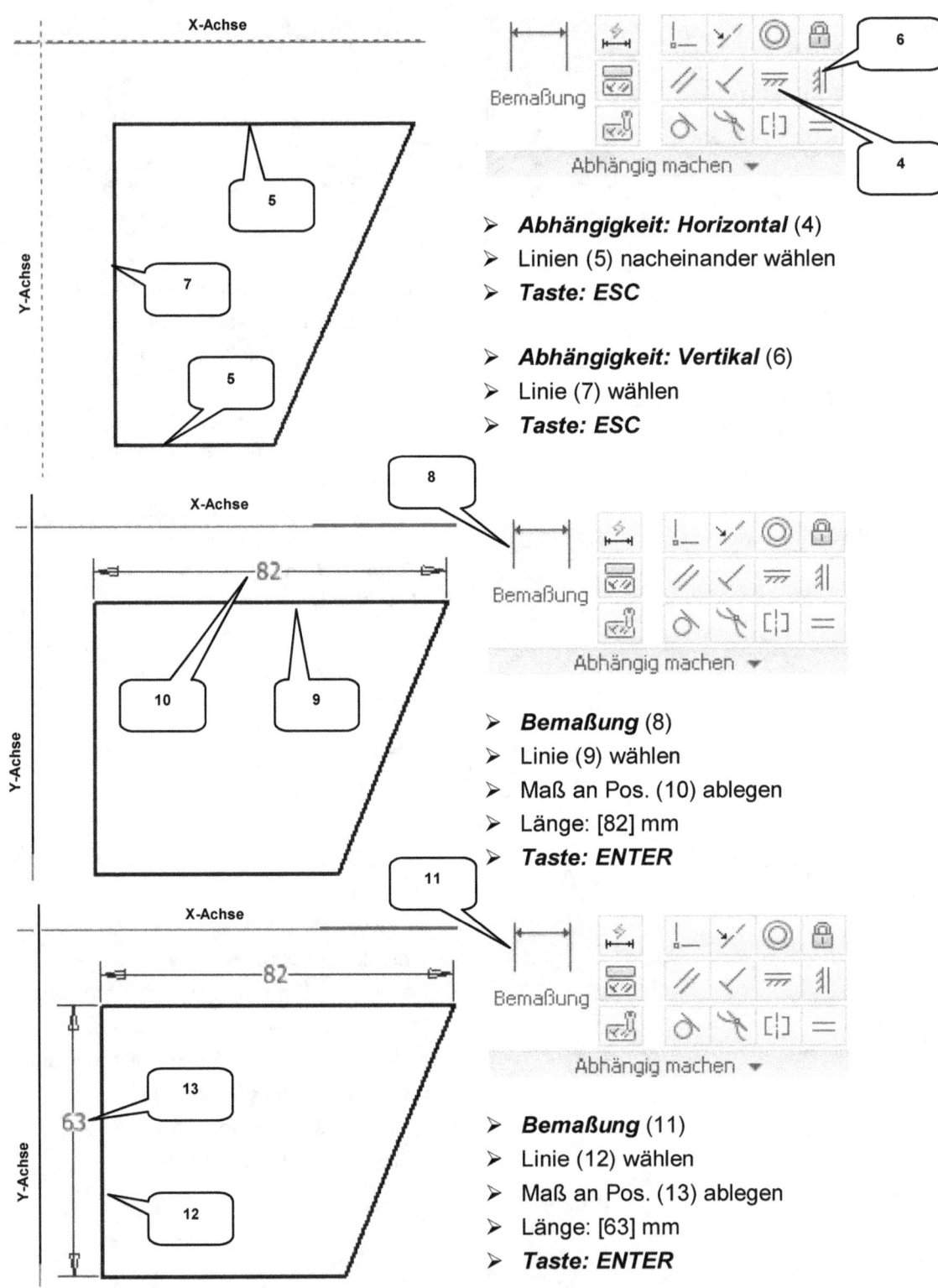

- **Abhängigkeit: Horizontal** (4)
- Linien (5) nacheinander wählen
- **Taste: ESC**

- **Abhängigkeit: Vertikal** (6)
- Linie (7) wählen
- **Taste: ESC**

- **Bemaßung** (8)
- Linie (9) wählen
- Maß an Pos. (10) ablegen
- Länge: [82] mm
- **Taste: ENTER**

- **Bemaßung** (11)
- Linie (12) wählen
- Maß an Pos. (13) ablegen
- Länge: [63] mm
- **Taste: ENTER**

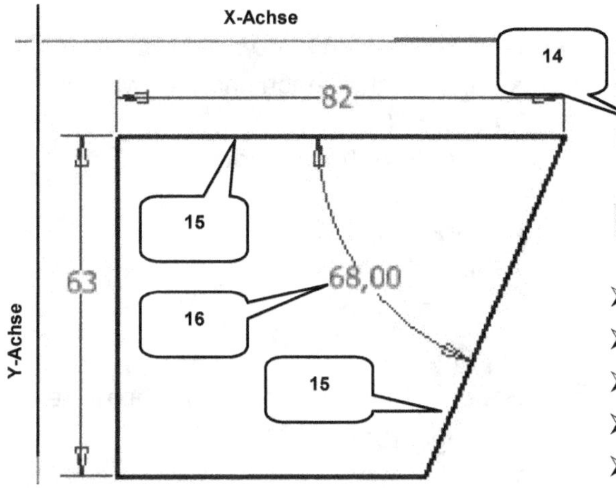

- Basisrumpf -

> **Bemaßung** (14)
> Linien (15) nacheinander wählen
> Maß an Pos. (16) ablegen
> Winkel: [68] Grad
> **Taste: ENTER**
> **Taste: ESC**

> **Abhängigkeit: Koinzident** (17)
> Punkt (18) wählen
> Punkt (19) wählen (Koordinatenurspr.)
> **Taste: ESC**

> **Skizze fertig stellen**

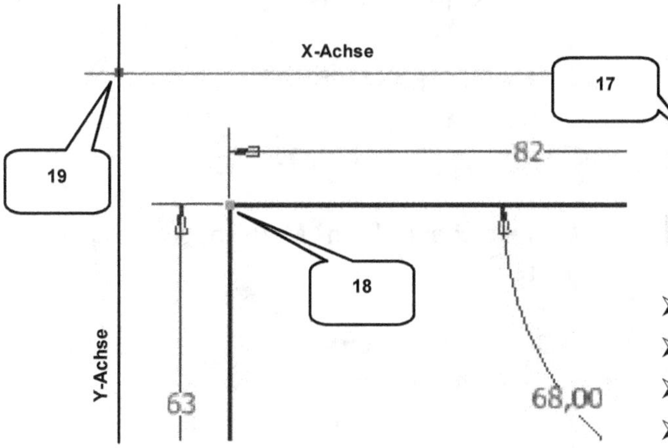

6.10 2D-Skizze auf 2. Arbeitsebene erzeugen

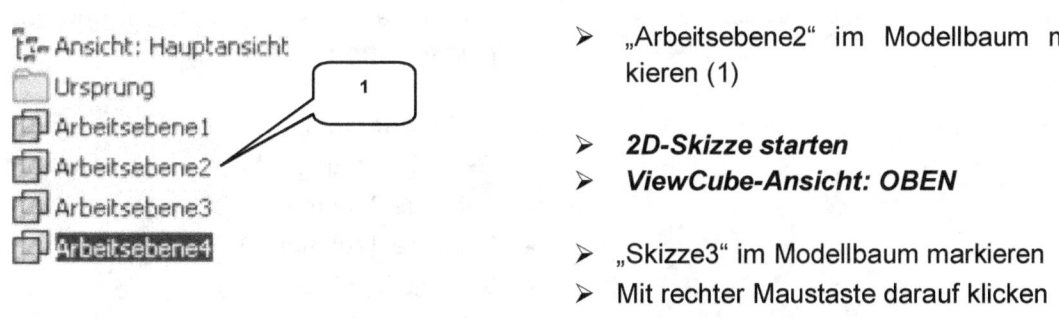

> „Arbeitsebene2" im Modellbaum markieren (1)

> **2D-Skizze starten**
> **ViewCube-Ansicht: OBEN**

> „Skizze3" im Modellbaum markieren
> Mit rechter Maustaste darauf klicken
> Bei „Sichtbarkeit" den Haken entfernen

- Basisrumpf -

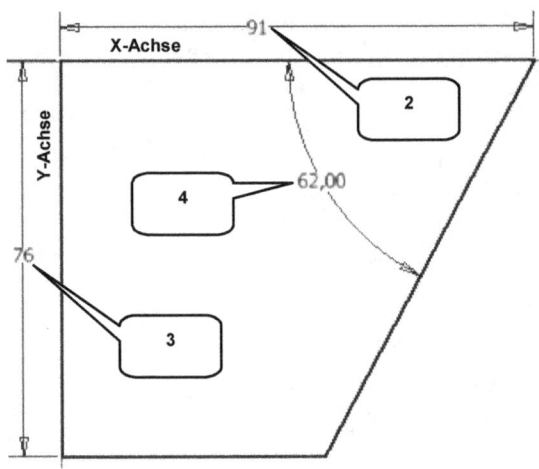

- **Geometrie projizieren**
- X-, Y-, Z-Achse nacheinander wählen
- **Taste: ESC**
- Projizierte Achsen markieren

- **Konstruktion**
- **Taste: ESC**

- **Linie, Bemaßung**
- Geschl. Kontur zeichnen und bemaßen
- 1. Länge: [91] mm (2)
- 2. Länge: [76] mm (3)
- 3. Winkel: [62] Grad (4)

- **Skizze fertig stellen**

6.11 2D-Skizze auf 1. Arbeitsebene erzeugen

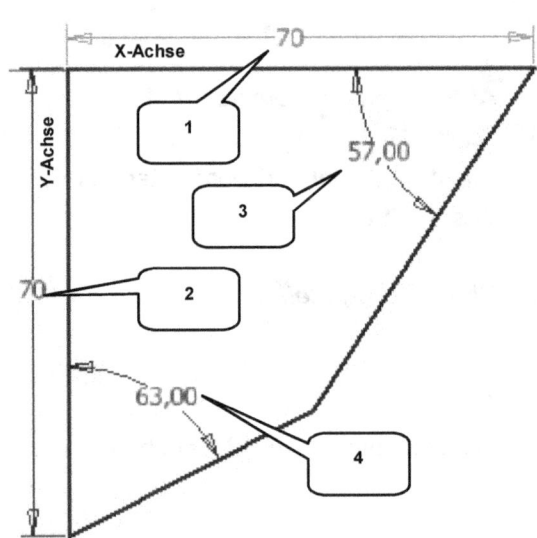

- „Arbeitsebene1" im Modellbaum markieren

- **2D-Skizze starten**
- **ViewCube-Ansicht: OBEN**

- Sichtbarkeit von „Skizze4" entfernen

- **Geometrie projizieren**
- X-, Y-, Z-Achse projizieren
- **Taste: ESC**
- Projizierte Achsen markieren und als **Konstruktion** definieren

- **Linie, Bemaßung**
- Geschl. Kontur zeichnen und bemaßen
- 1. Länge: [70] mm (1)
- 2. Länge: [70] mm (2)
- 3. Winkel: [57] Grad (3)
- 4. Winkel: [63] Grad (4)

- **Skizze fertig stellen**

6.12 2D-Skizze auf XY-Ebene erzeugen

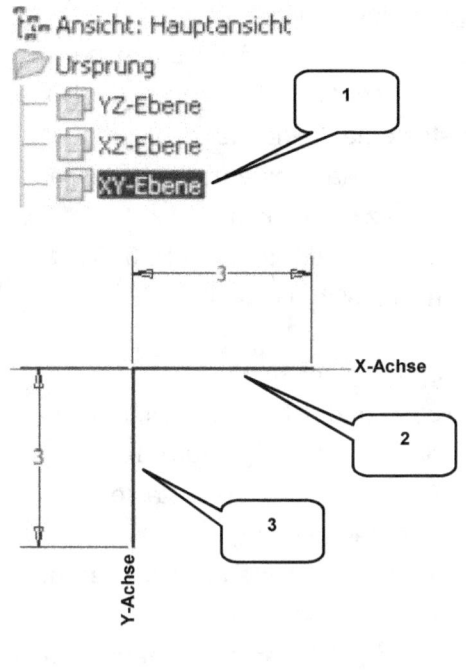

- „XY-Ebene" im Modellbaum markieren (1)

- ***2D-Skizze starten***
- ***ViewCube-Ansicht: OBEN***

- Sichtbarkeit von „Skizze5" entfernen

- ***Geometrie projizieren***
- X-, Y-, Z-Achse projizieren
- ***Taste: ESC***
- Projizierte Achsen markieren und als ***Konstruktion*** definieren

- ***Linie, Bemaßen***
- 2 Linien zeichnen und bemaßen
- 1. Linie [3] mm (2)
- 2. Linie: [3] mm (3)

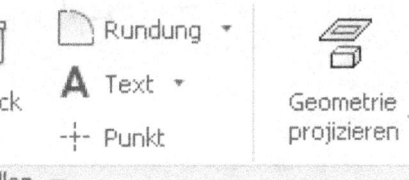

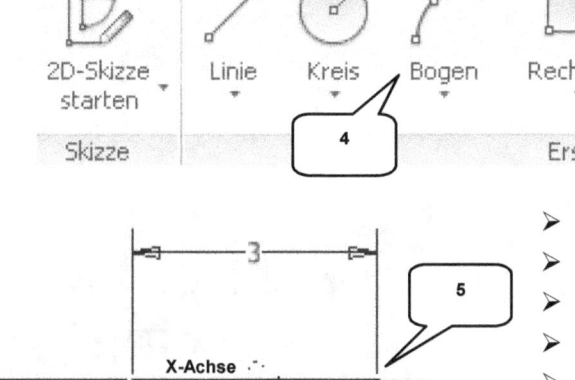

- ***Bogen durch drei Punkte*** (4)
- 1. Punkt wählen (5)
- 2. Punkt wählen (6)
- Maus leicht nach rechts unten ziehen
- Wert für Radius: [3] mm (7)
- ***Taste: ENTER***
- ***Taste: ESC***

- ***Skizze fertig stellen***

6.13 2D-Skizzen einblenden, Ebenen ausblenden

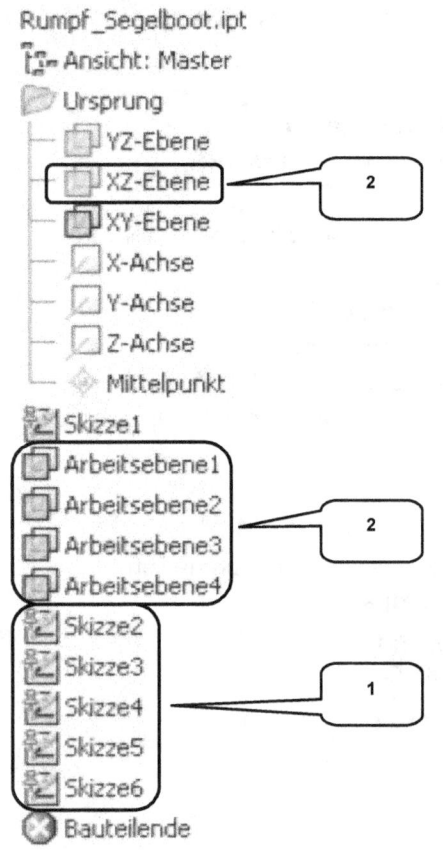

- Skizzen einblenden:
- Skizze 2 bis 5 im Modellbaum bei gedrückter *Taste: STRG* und mit linker Maustaste nacheinander markieren (1)
- Mit rechter Maustaste auf eine der markierten Skizzen klicken
- „Sichtbarkeit" aktivieren (alle 5 Skizzen sollten jetzt sichtbar sein)

- Ebenen ausblenden:
- XY-Ebene und Arbeitsebenen 1 bis 4 im Modellbaum bei gedrückter *Taste: STRG* und linker Maustaste nacheinander markieren (2)
- Mit rechter Maustaste auf eine der markierten Ebenen klicken
- Haken bei „Sichtbarkeit" entfernen (alle Ebenen sollten ausgeblendet sein)

6.14 Volumenkörper als Erhebung erzeugen

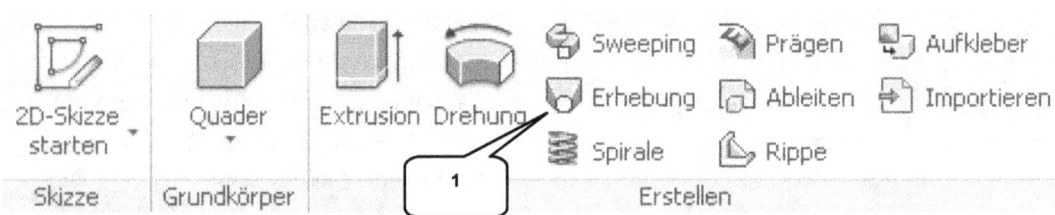

Mit dem Befehl *Erhebung* (1) können Konturen aus mehreren 2D-Skizzen miteinander verbunden werden. Das dabei resultierende Volumen- oder Flächenmodell kann zusätzlich entlang verschiedener Pfade geführt werden.

- Basisrumpf -

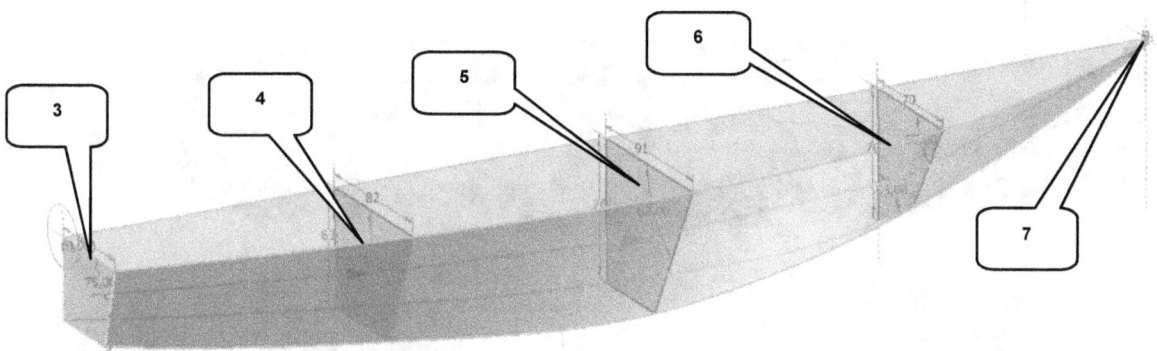

- **Erhebung** (1)
- Hinzu: Klicken (2)
- Nacheinander „Skizze2", „Skizze3", „Skizze4", „Skizze5" und „Skizze6" in selbiger Reihenfolge im Modellbaum wählen (3...7)
- Option: Volumenkörper (8)
- Option: Verlaufsführung (9)
- **OK**

6.15 Volumenkörper abrunden (variable Rundung)

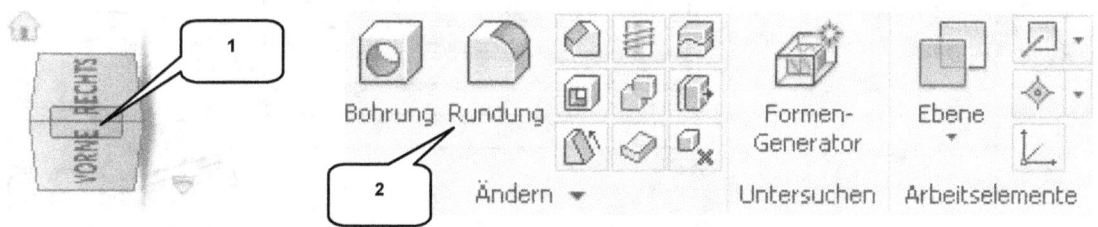

- **ViewCube-Ansicht:** Kante zwischen **VORNE** und **RECHTS** (1)

- Basisrumpf -

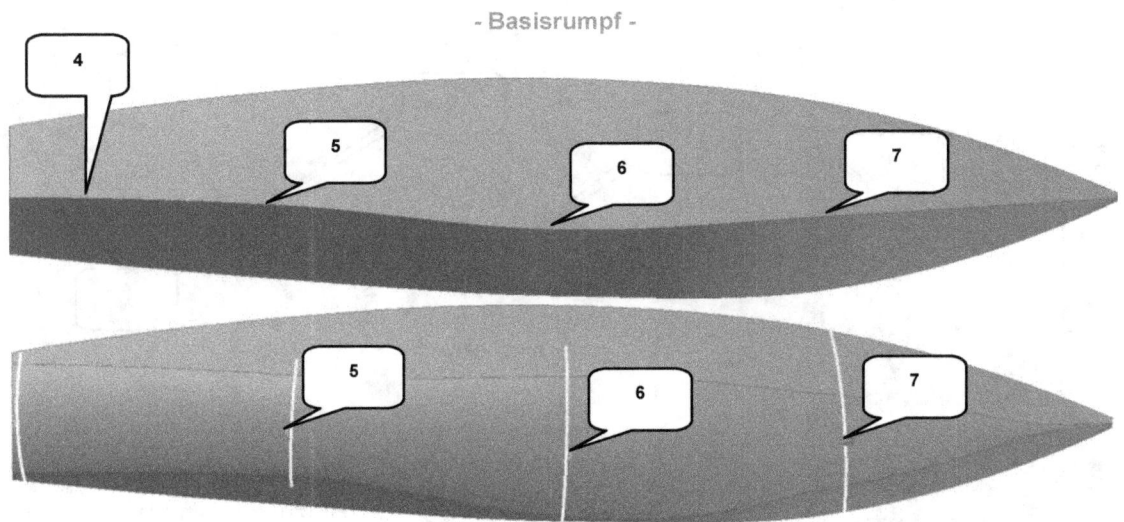

- **Rundung** (2)
- Reiter: Variabel (3)
- Markierte Kante wählen (4)
- 1. Punkt auf Kante setzen (5)
- 2. Punkt auf Kante setzen (6)
- 3. Punkt auf Kante setzen (7)
- Startpunkt-Radius: [50] mm (8)
- Endpunkt-Radius: [3] mm (9)
- 1. Punkt-Radius: [50] mm (10)
- 1. Punkt-Position: [0,25] mm (10)
- 2. Punkt-Radius: [75] mm (11)
- 2. Punkt-Position: [0,5] mm (11)
- 3. Punkt-Radius: [100] mm (12)
- 3. Punkt-Position: [0,75] mm (12)
- Aktivieren: Radiusübergang glätten (13)
- **OK**

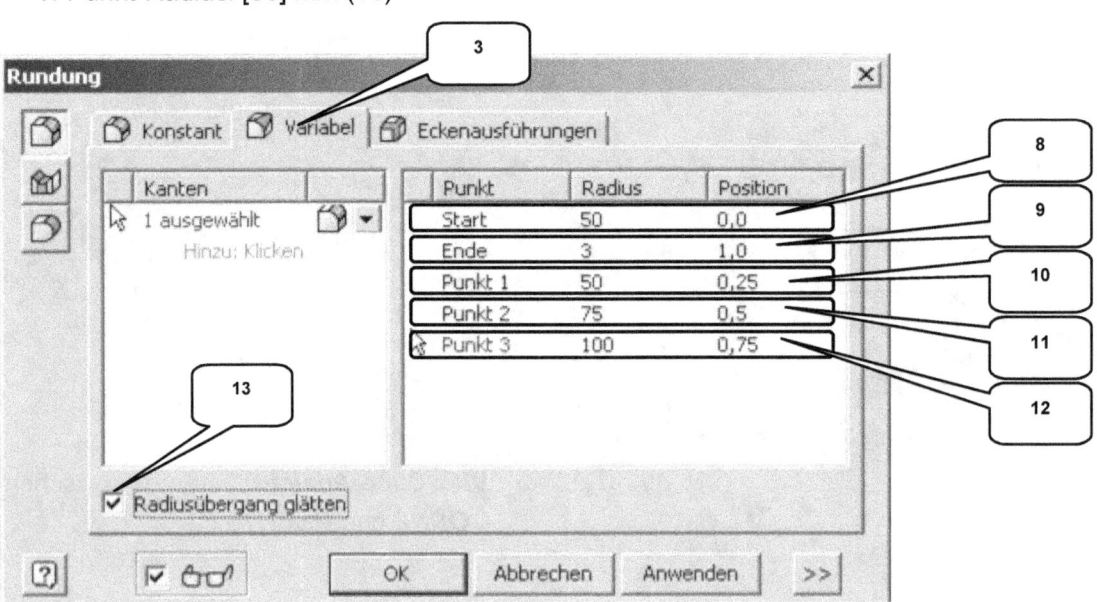

6.16 Volumenkörper spiegeln

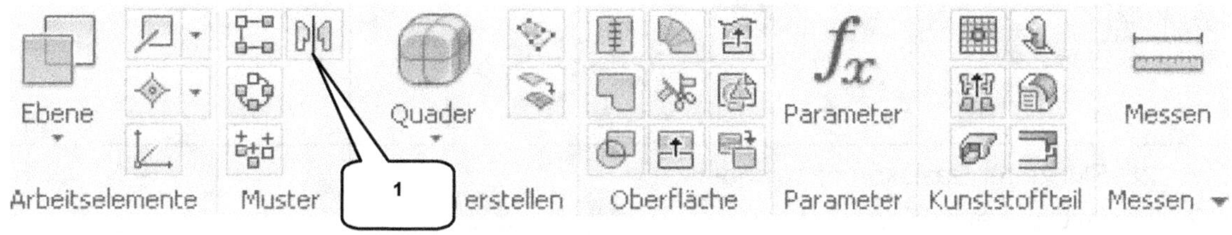

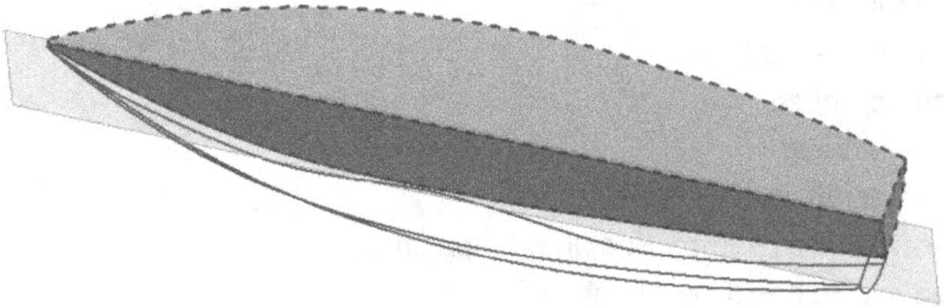

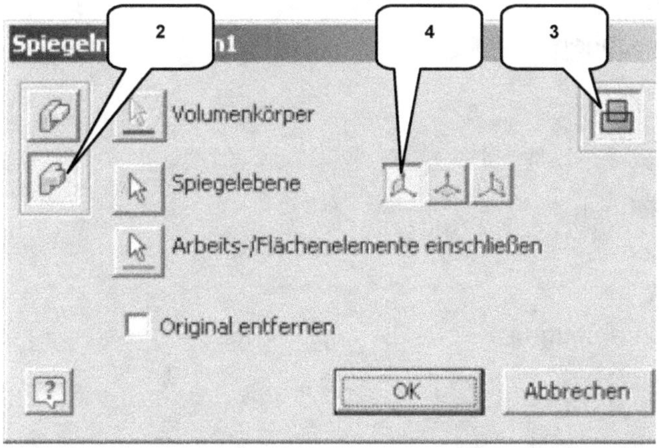

- **Spiegeln** (1)
- Option: Volumenkörper (2)
- Option: Vereinigung (3)
- Spiegelebene: YZ-Ebene (4)
- **OK**

HINWEIS: Ein freies Drehen der Ansicht ist auch durch ein Bewegen der Maus bei gedrückter **Taste: SHIFT** und in Kombination mit der mittleren Maustaste (Scrollrad-Taste) möglich.

7 Aufbauten (Speedboot)

Agenda

- 2D-Skizze für Basiskörper zeichnen
- Basiskörper extrudieren
- 2D-Skizze für Differenzkörper zeichnen
- Differenzkörper extrudieren
- Aufbauten abrunden
- Trennebene erzeugen
- Volumenkörper in zwei Hälften trennen
- Kopie der Datei als „Rumpf_Segelboot" speichern
- Aufbauten mit Wandstärke versehen
- Ebene für neue 2D-Skizze erzeugen
- 2D-Skizze für Lüftungsöffnungen zeichnen
- Lüftungsöffnung einfügen
- Bugspitze mit Kugel versehen
- Ebene für neue 2D-Skizze erzeugen
- 2D-Skizze für Dachverstrebung zeichnen
- Dachverstrebung als Rippe erzeugen
- Spiegeln der Dachverstrebung
- 2D-Skizze für Fensteraussparungen erzeugen
- Fensteraussparungen extrudieren
- Farben zuweisen
- Sichtbarkeit der Ebenen entfernen, Datei speichern

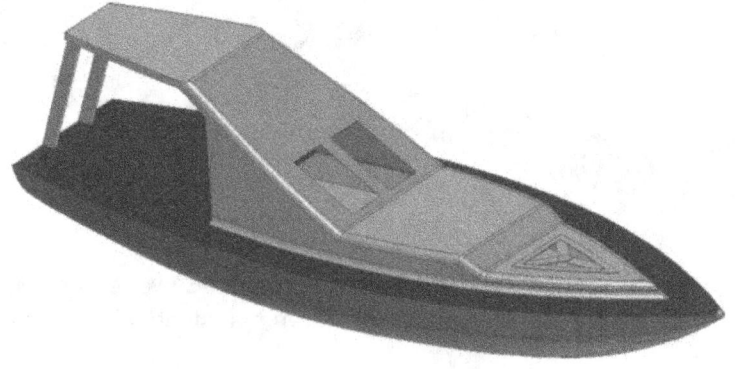

- Aufbauten (Speedboot) -

7.1 2D-Skizze für Basiskörper zeichnen

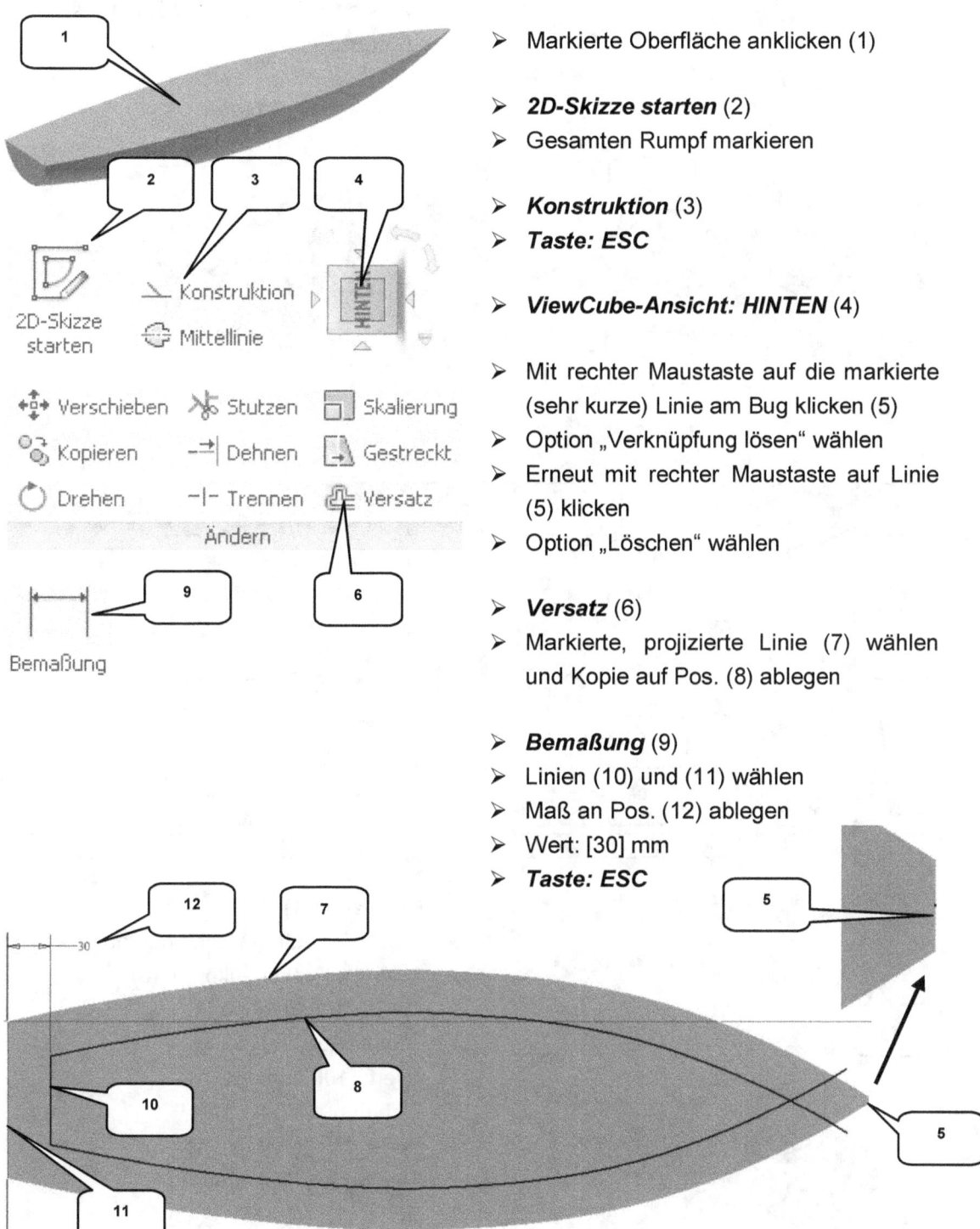

- Markierte Oberfläche anklicken (1)

- **2D-Skizze starten** (2)
- Gesamten Rumpf markieren

- **Konstruktion** (3)
- **Taste: ESC**

- **ViewCube-Ansicht: HINTEN** (4)

- Mit rechter Maustaste auf die markierte (sehr kurze) Linie am Bug klicken (5)
- Option „Verknüpfung lösen" wählen
- Erneut mit rechter Maustaste auf Linie (5) klicken
- Option „Löschen" wählen

- **Versatz** (6)
- Markierte, projizierte Linie (7) wählen und Kopie auf Pos. (8) ablegen

- **Bemaßung** (9)
- Linien (10) und (11) wählen
- Maß an Pos. (12) ablegen
- Wert: [30] mm
- **Taste: ESC**

- Aufbauten (Speedboot) -

> **Stutzen** (13)
> Markierte Linienenden wählen (14)
> **Taste: ESC**

> **Skizze fertig stellen**

7.2 Basiskörper extrudieren

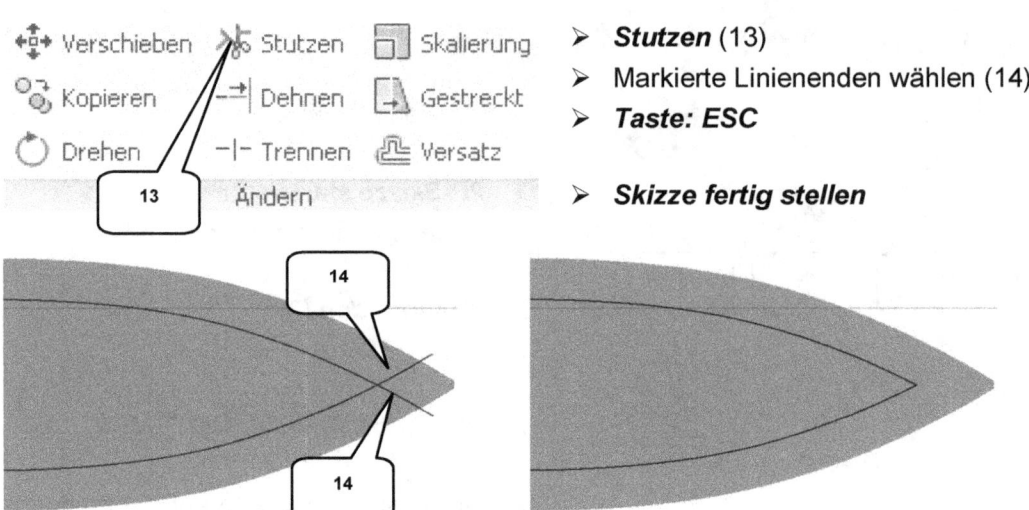

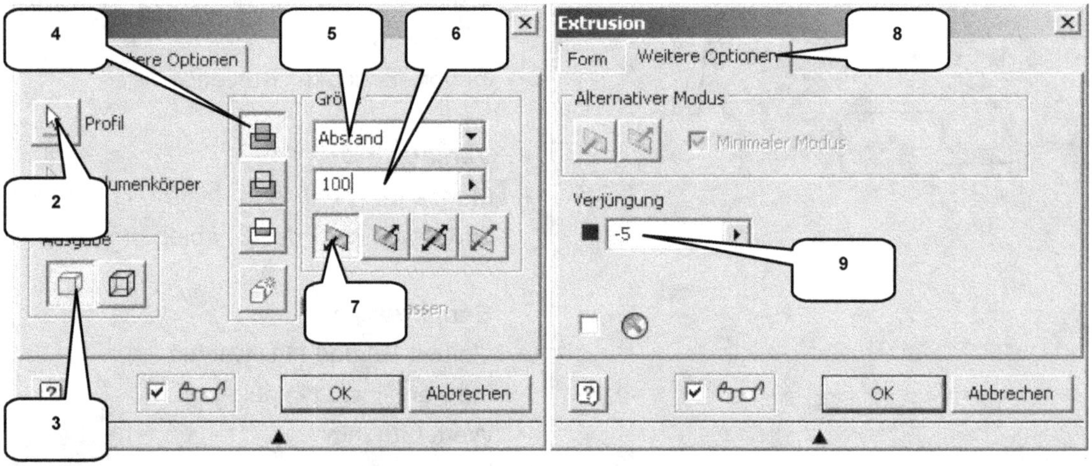

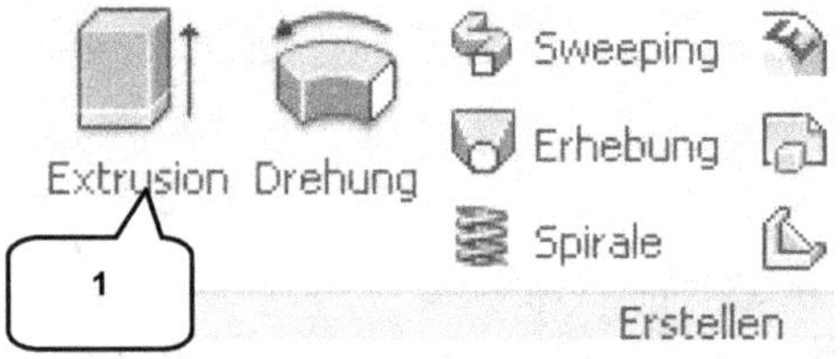

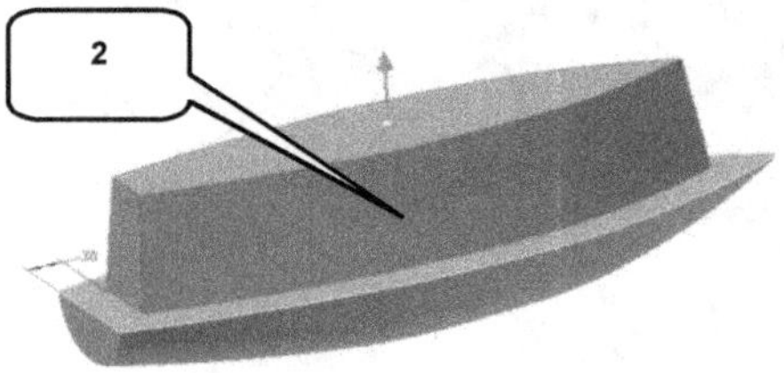

> **Extrusion** (1)
> Profil wird automatisch erkannt (2)
> Ausgabe: Volumenkörper (3)
> Option: Vereinigung (4)
> Größe: Abstand (5)
> Wert: [100] mm (6)
> Richtung: 1 (7)
> Reiter: Weitere Optionen: (8)
> Verjüngung: [-5] Grad (9)
> **OK**

7.3 2D-Skizze für Differenzkörper zeichnen

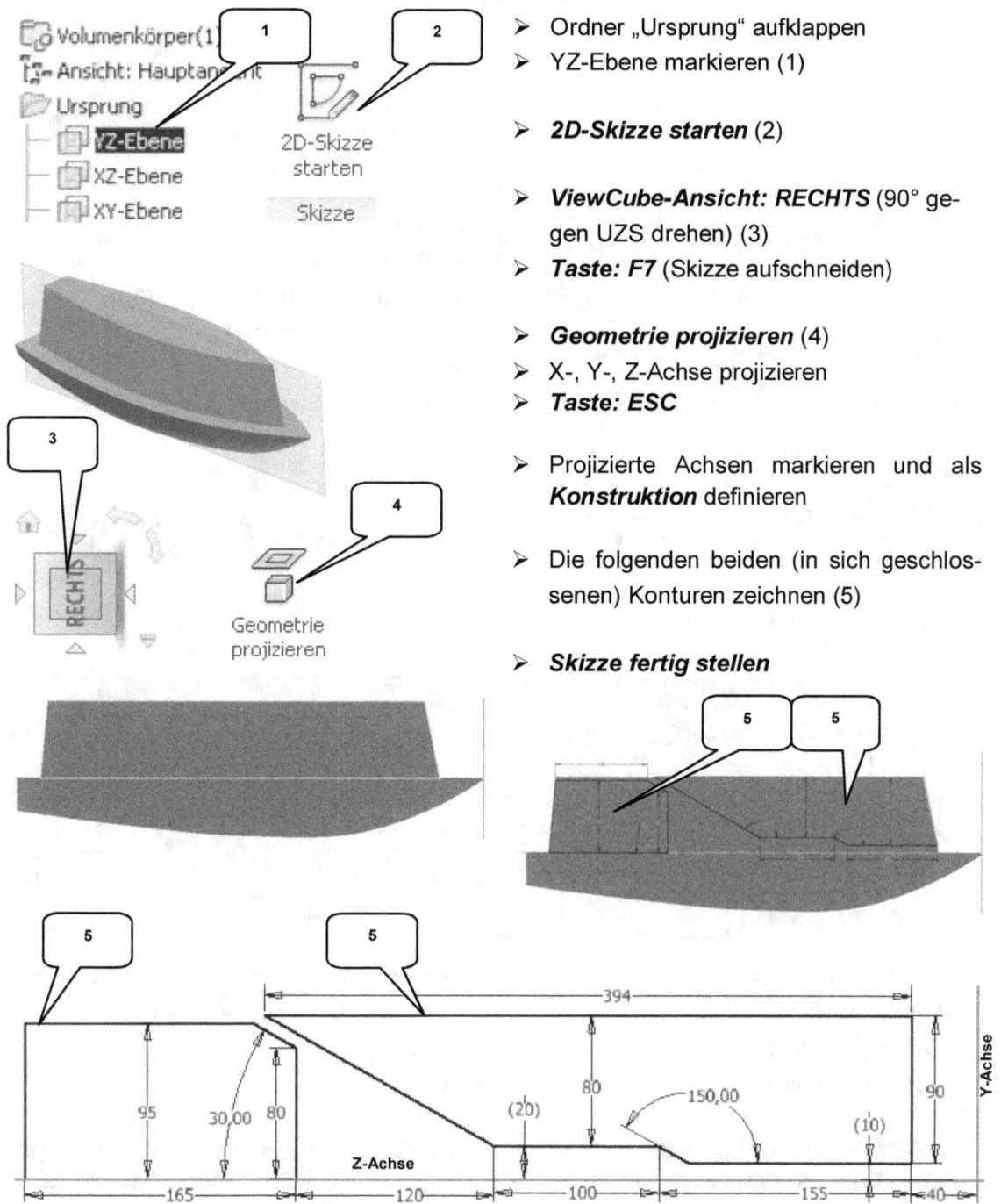

- Ordner „Ursprung" aufklappen
- YZ-Ebene markieren (1)

- **2D-Skizze starten** (2)

- **ViewCube-Ansicht: RECHTS** (90° gegen UZS drehen) (3)
- **Taste: F7** (Skizze aufschneiden)

- **Geometrie projizieren** (4)
- X-, Y-, Z-Achse projizieren
- **Taste: ESC**

- Projizierte Achsen markieren und als **Konstruktion** definieren

- Die folgenden beiden (in sich geschlossenen) Konturen zeichnen (5)

- **Skizze fertig stellen**

- Aufbauten (Speedboot) -

7.4 Differenzkörper extrudieren

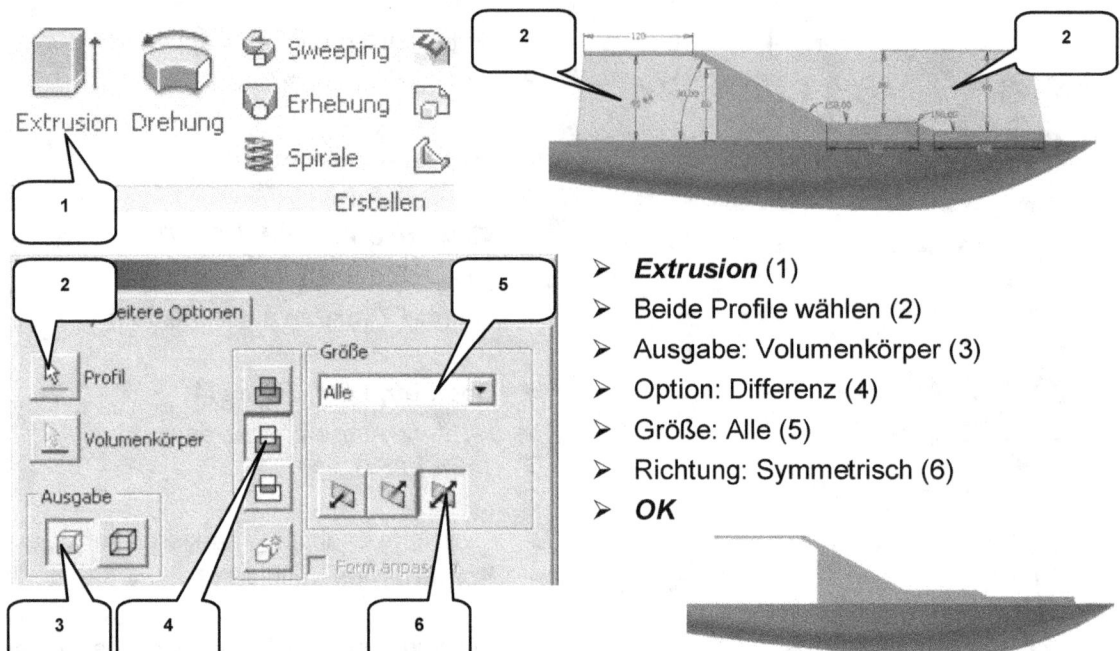

- **Extrusion** (1)
- Beide Profile wählen (2)
- Ausgabe: Volumenkörper (3)
- Option: Differenz (4)
- Größe: Alle (5)
- Richtung: Symmetrisch (6)
- **OK**

7.5 Aufbauten abrunden (konstante Rundung)

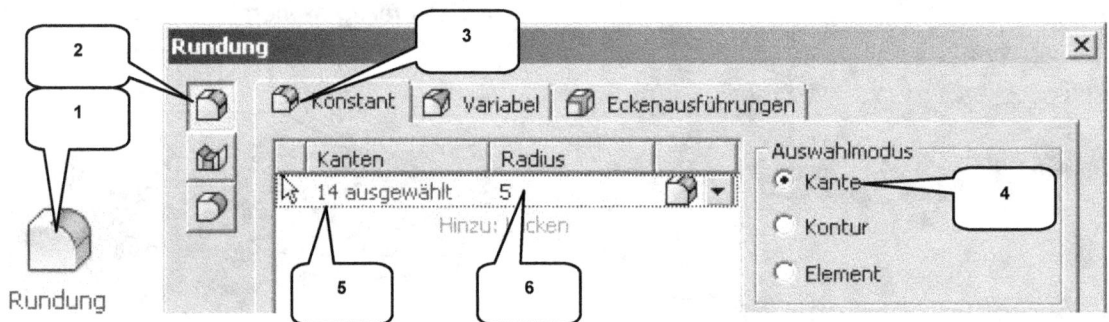

- **Rundung** (1)
- Option: Kantenabrundung (2)
- Option: Konstant (3)
- Auswahlmodus: Kante (4)

- Kanten (5) wählen (insgesamt 14, siehe Abb. auf der folgenden Seite)
- Radius: [5] mm (6)
- **OK**

HINWEIS: Falsch markierte Kanten können wieder deaktiviert werden, indem sie bei gedrückter *Taste: STRG* in Kombination mit der linken Maustaste erneut angeklickt werden.

- Aufbauten (Speedboot) -

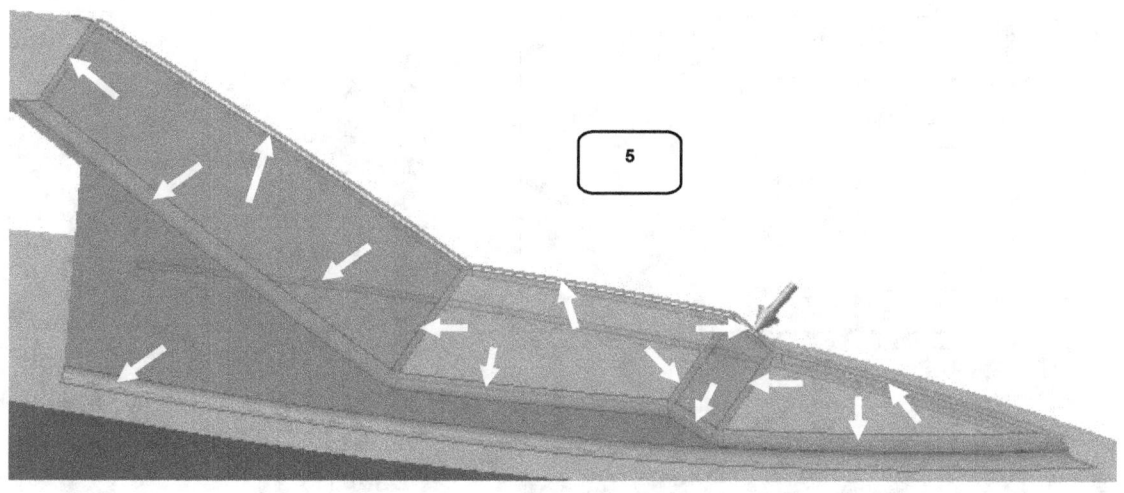

7.6 Trennebene erzeugen

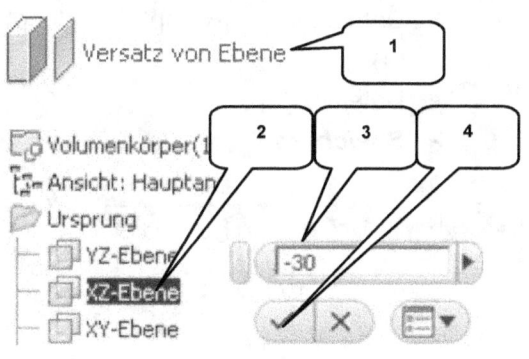

- **Versatz von Ebene** (1)
- XZ-Ebene wählen (2)
- Versatzwert: [-30] mm (3)
- **OK** (4)

7.7 Volumenkörper in zwei Hälften teilen

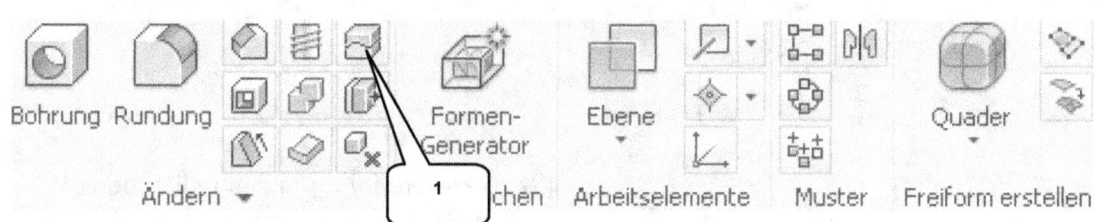

- **Trennen** (1)
- Option: Volumenkörper teilen (2)
- Trennwerkzeug: Arbeitsebene (3)
- **OK**

- Arbeitsebene markieren (3)
- Rechte Maustaste > Option „Sichtbarkeit" deaktivieren

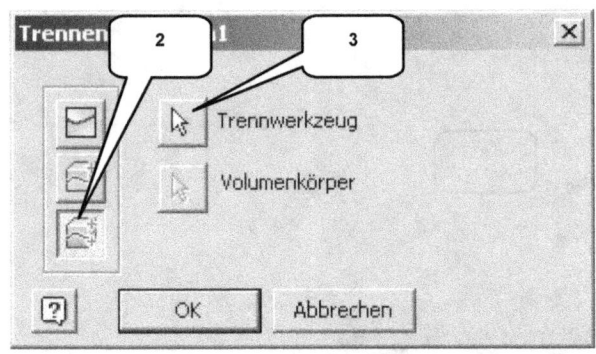 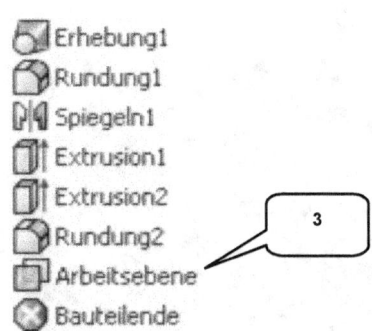

7.8 Kopie der Datei als „Rumpf_Segelboot" speichern

- **Datei** (1)
- **Speichern unter** erweitern (2)
- **Kopie speichern unter** (3)
- Dateiname: [Rumpf_Segelboot] (4)
- Dateityp: *.ipt
- **Speichern**

7.9 Aufbauten mit einer Wandstärke versehen

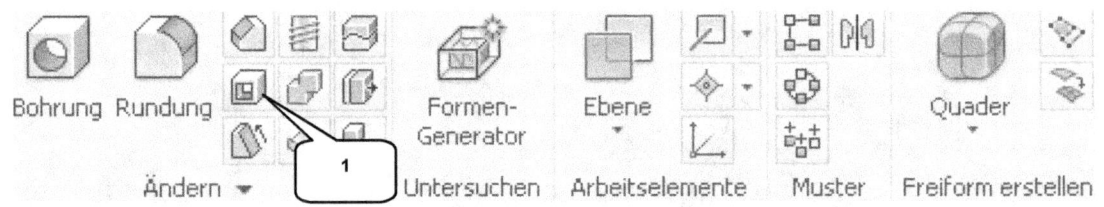

- **Wandung** (1)
- Option: Innerhalb (2)
- Flächen entfernen: Fläche (3) wählen

- Aktivieren: Angrenzende Flächen (4)
- Stärke: [0,5] mm (5)
- **OK**

HINWEIS: Nach dem Trennen des Volumenkörpers werden im Modellbaum im Ordner **Volumenkörper** zwei Volumenkörper dargestellt, welche auch einzeln bearbeitet werden können.

- Aufbauten (Speedboot) -

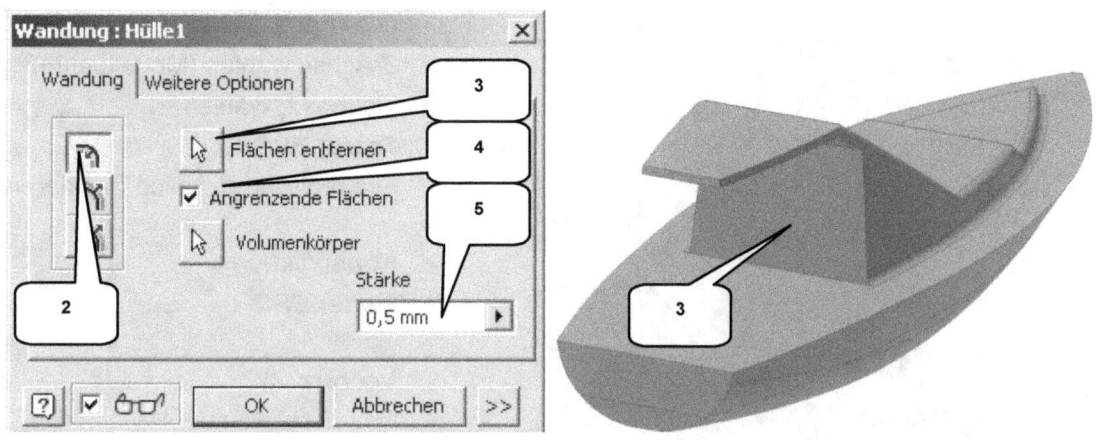

7.10 Ebene für neue 2D-Skizze erzeugen

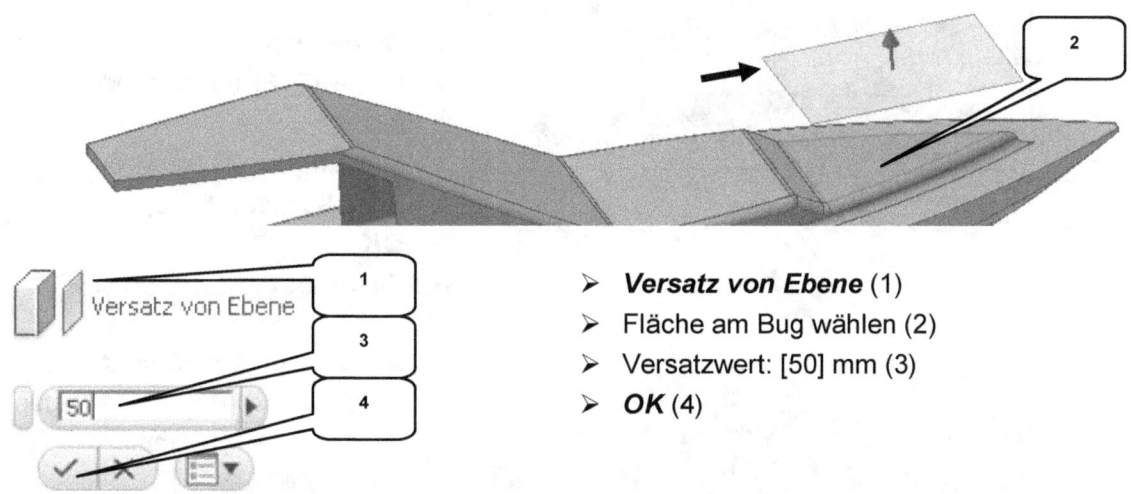

- **Versatz von Ebene** (1)
- Fläche am Bug wählen (2)
- Versatzwert: [50] mm (3)
- **OK** (4)

7.11 2D-Skizze für Lüftungsöffnungen zeichnen

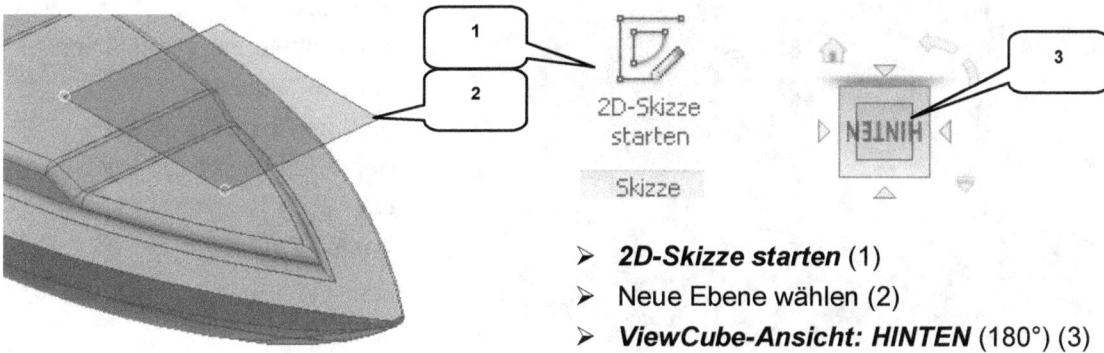

- **2D-Skizze starten** (1)
- Neue Ebene wählen (2)
- **ViewCube-Ansicht: HINTEN** (180°) (3)

- Aufbauten (Speedboot) -

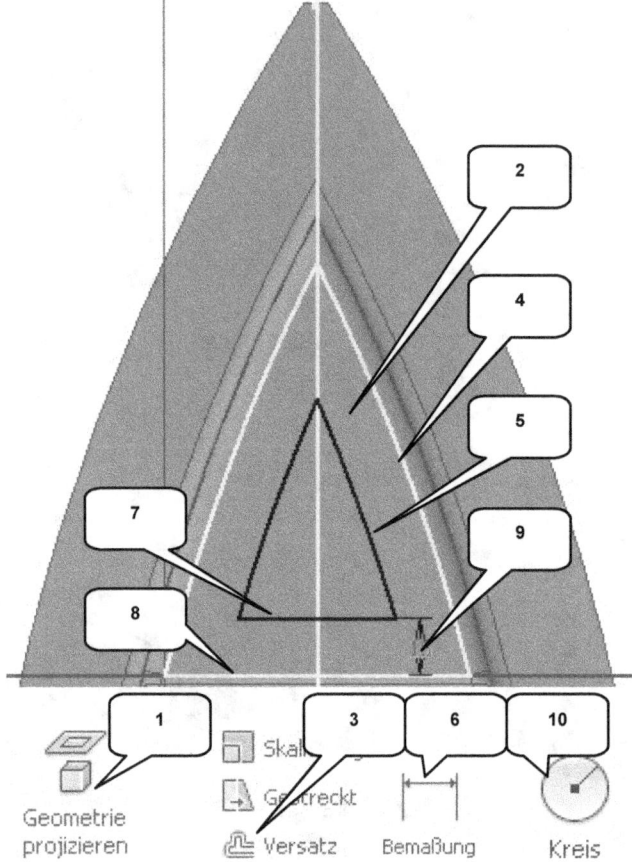

- **Geometrie projizieren** (1)
- Z-Achse wählen (Modellbaum)
- Fläche (2) wählen
- **Taste: ESC**
- Alle projizierten Linien markieren

- **Konstruktion**
- **Taste: ESC**

- **Versatz** (3)
- Projizierte Kontur (4) wählen
- Kopie an Pos. (5) ablegen
- **Taste: ESC**

- **Bemaßung** (6)
- Linien (7, 8) nacheinander wählen
- Maß an Pos. (9) ablegen
- Bemaßungswert: [15] mm
- **OK**
- **Taste: ESC**

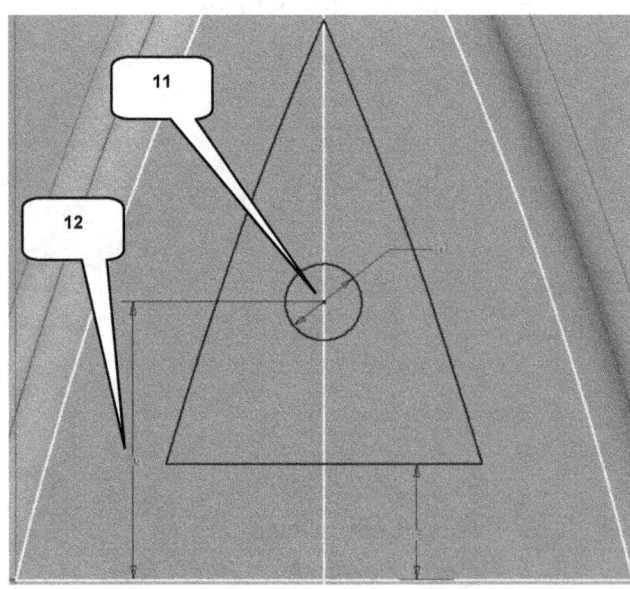

- **Kreis durch Mittelpunkt** (10)
- Mittelpunkt an Pos. (11) ablegen
- Durchmesser: [10] mm
- **Taste: ENTER**
- **Taste: ESC**

- **Bemaßung** (6)
- Kreismittelpunkt (11) wählen
- Linie (8) wählen
- Maß an Pos. (12) ablegen
- Bemaßungswert: [36] mm
- **OK**
- **Taste: ESC**

- Aufbauten (Speedboot) -

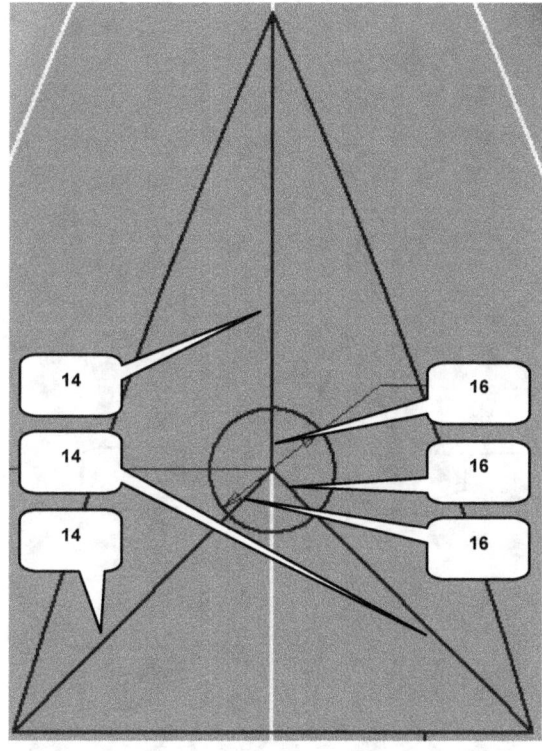
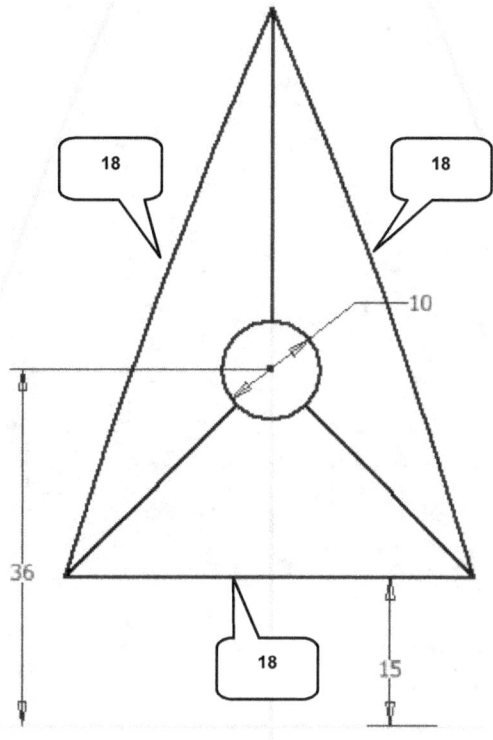
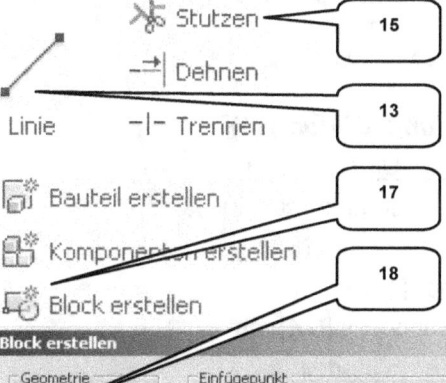

- **Linie** (13)
- Drei Linien (14) zeichnen (jeweils vom Mittelpunkt des Kreises zum Eckpunkt der versetzten Geometrie)
- **Taste: ESC**

- **Stutzen** (15)
- 3 Linienenden im Kreis (16) entfernen
- **Taste: ESC**

- **Block erstellen** (17)
- Geometrie: Drei Linien (18) wählen
- **OK**

- **Skizze fertig stellen**

- Aufbauten (Speedboot) -

7.12 Lüftungsöffnung einfügen

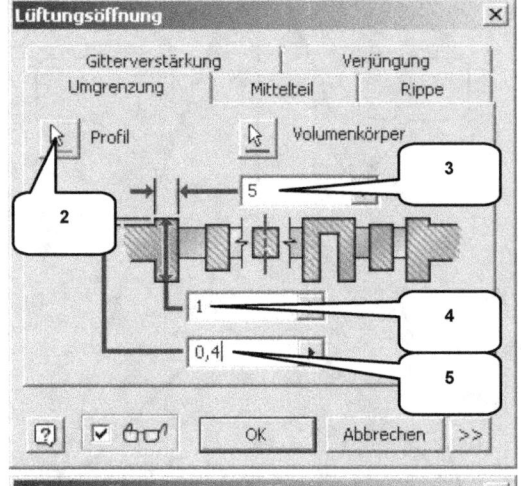

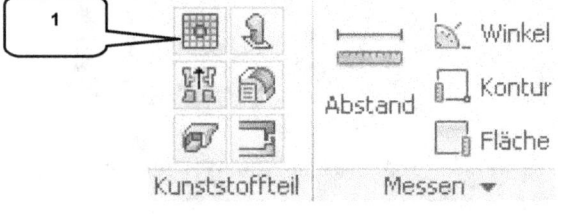

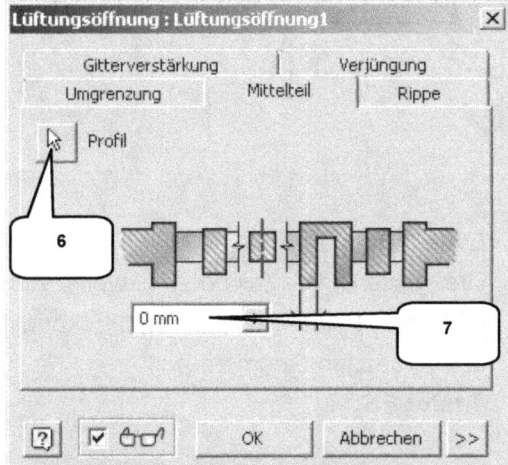

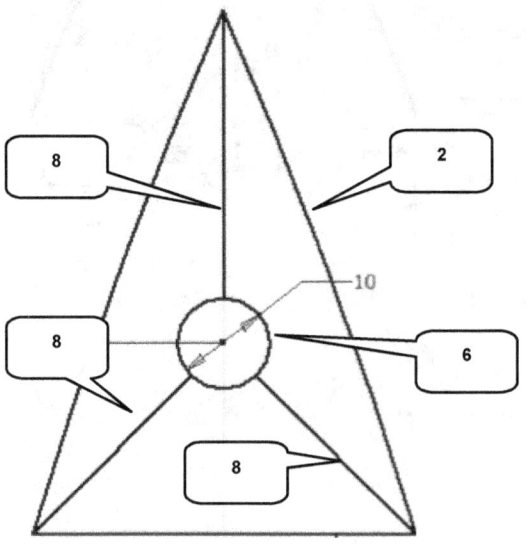

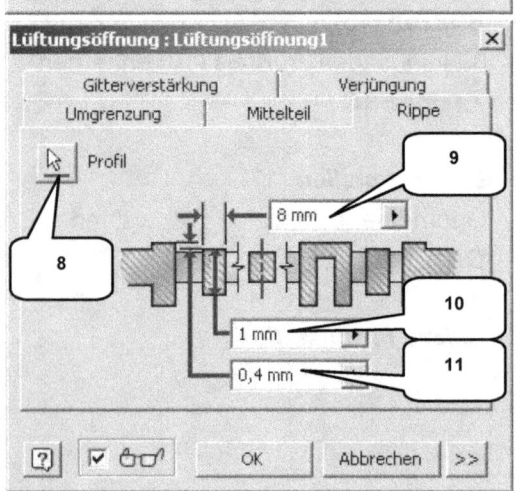

- **Lüftungsöffnung** (1)
- Reiter: Umgrenzung
- Profil: Linienkontur (2) wählen
- Breite: [5] mm (3)
- Höhe: [1] mm (4)
- Außenhöhe: [0,4] mm (5)
- Reiter: Mittelteil
- Profil: Kreis (6) wählen
- Breite: [0] mm (7)
- Reiter: Rippe
- Profil: 3 Linien (8) wählen
- Breite: [8] mm (9)
- Höhe: [1] mm (10)
- Außenhöhe: [0,4] mm (11)
- **OK**

- Aufbauten (Speedboot) -

7.13 Bugspitze mit einer Kugel versehen

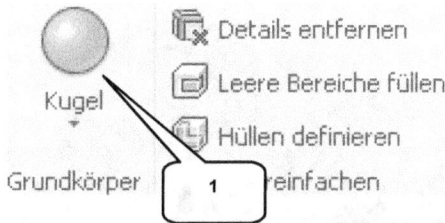

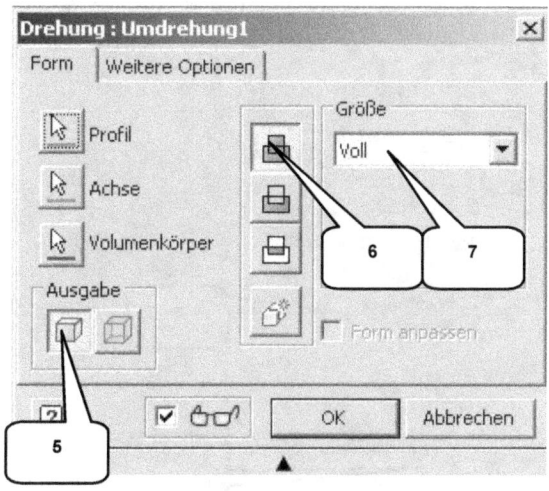

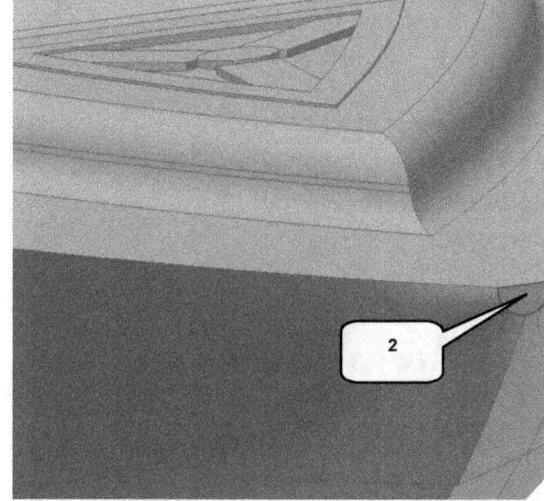

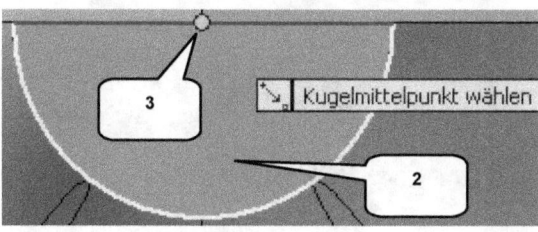

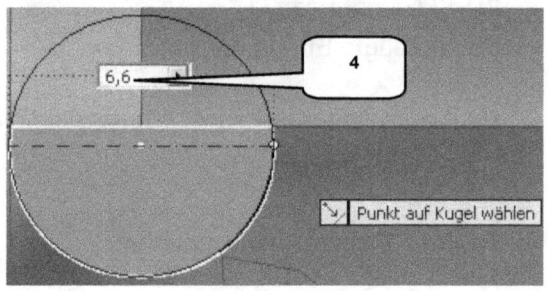

- **Kugel** (1)
- (liegt unterhalb des Befehls **Quader**)
- Fläche (2) an Bugspitze wählen
- Kugelmittelpunkt auf Mittelpunkt des (automatisch) projizierten Bogenmittelpunkts setzen (3)
- Durchmesser: [6,6] mm (4)
- **Taste: ENTER**
-
- Befehl: Drehung
- Ausgabe: Volumenkörper (5)
- Option: Vereinigung (6)
- Größe: Voll (7)
- **OK**

7.14 Ebene für neue 2D-Skizze erzeugen

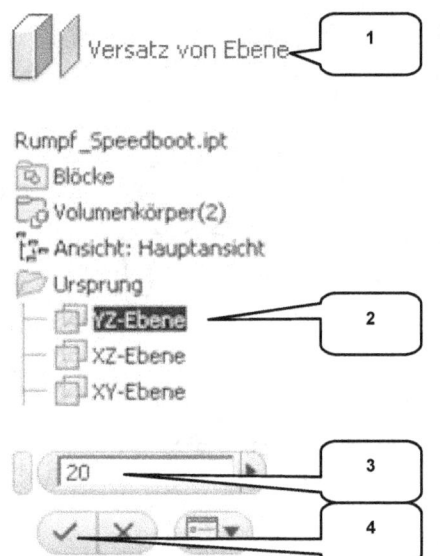
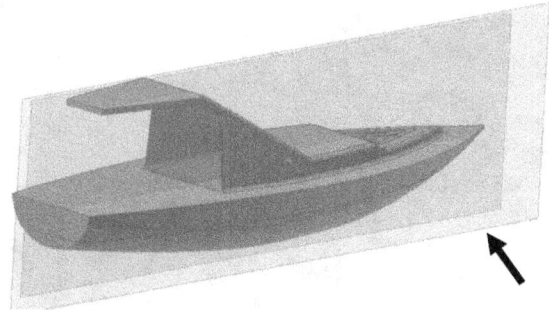

- **Versatz von Ebene** (1)
- YZ-Ebene (2) wählen
- Versatzwert: [20] mm (3)
- **OK** (4)

7.15 2D-Skizze für Dachverstrebung zeichnen

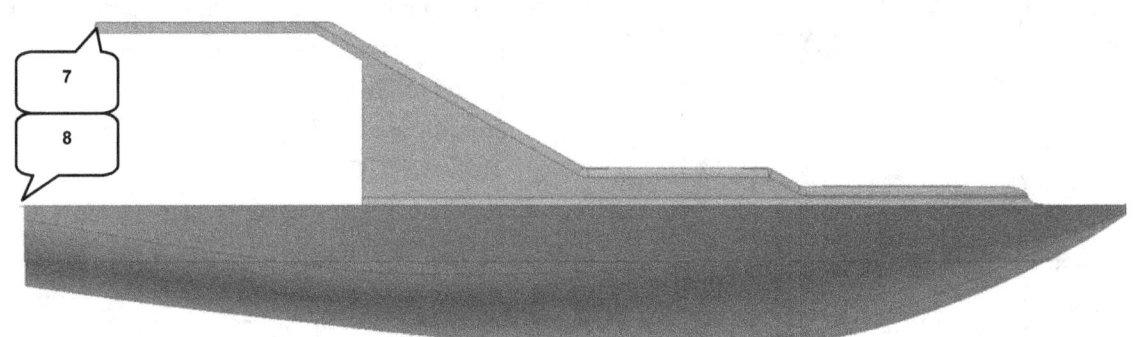

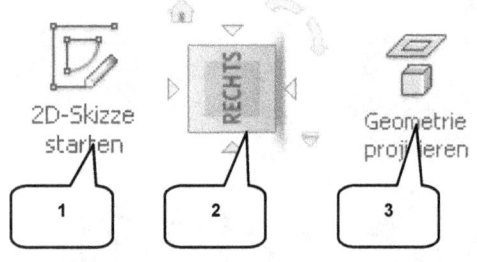

- **2D-Skizze starten** (1)
- Neu erzeugte Ebene wählen

- **ViewCube-Ansicht: RECHTS** (90° gegen UZS drehen) (2)

- **Taste: F7** (Skizze aufschneiden)

HINWEIS: Um die vier Kanten exakt projizieren zu können, muss sehr dicht an die Bereiche herangezoomt werden.

- Aufbauten (Speedboot) -

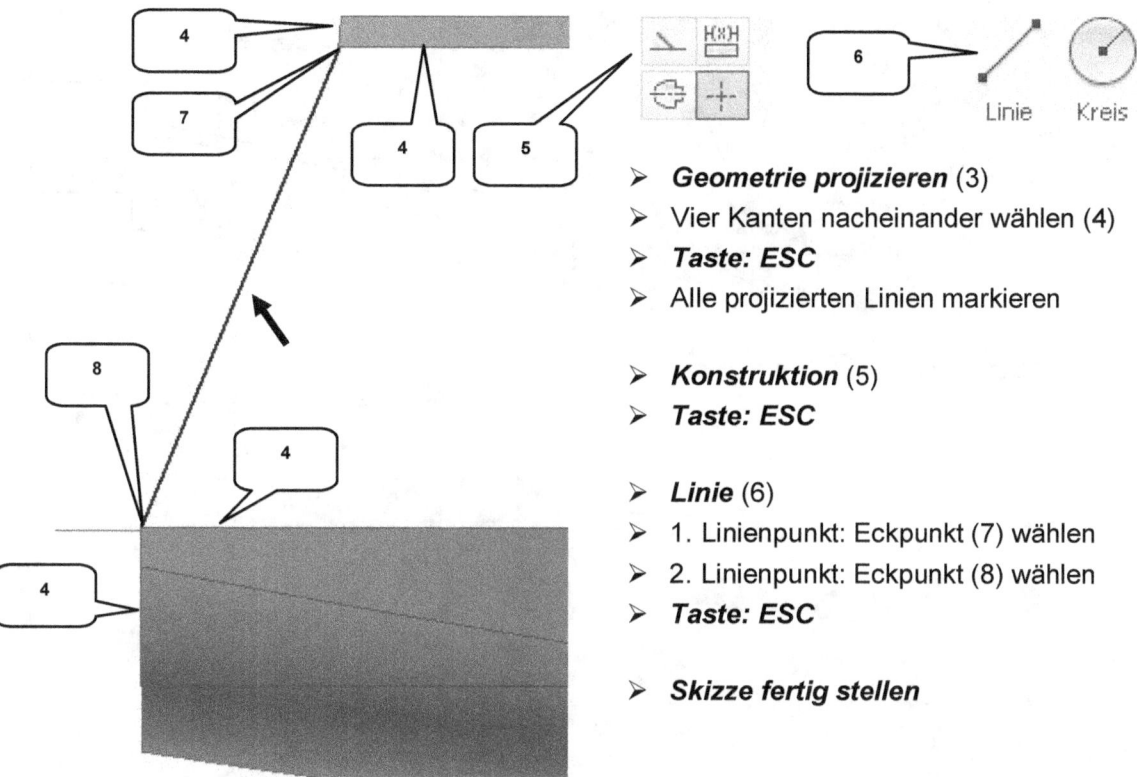

- **Geometrie projizieren** (3)
- Vier Kanten nacheinander wählen (4)
- **Taste: ESC**
- Alle projizierten Linien markieren

- **Konstruktion** (5)
- **Taste: ESC**

- **Linie** (6)
- 1. Linienpunkt: Eckpunkt (7) wählen
- 2. Linienpunkt: Eckpunkt (8) wählen
- **Taste: ESC**

- **Skizze fertig stellen**

7.16 Dachverstrebung als Rippe erzeugen

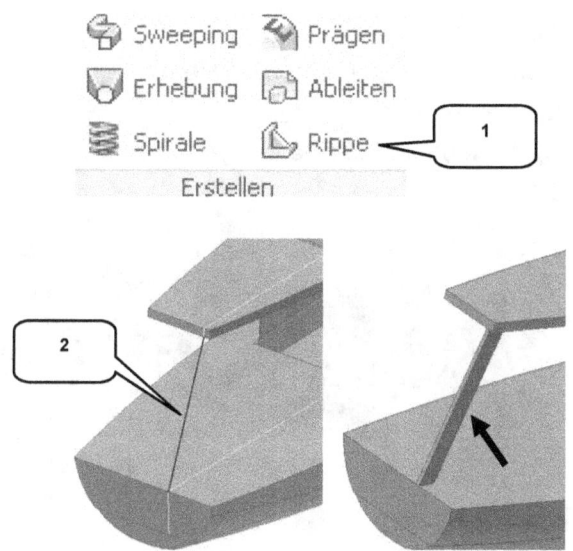

- **Rippe** (1)
- Profil: Linie (2) wählen
- Option: Parallel zur Skizzierebene (3)
- Richtung: 2 (4)
- Aktivieren: Profil dehnen (5)
- Stärke: [3] mm (6)
- Option: Symmetrisch (7)
- Option: Begrenzt (8)
- Größe: [10] mm (9)
- **OK**

- Aufbauten (Speedboot) -

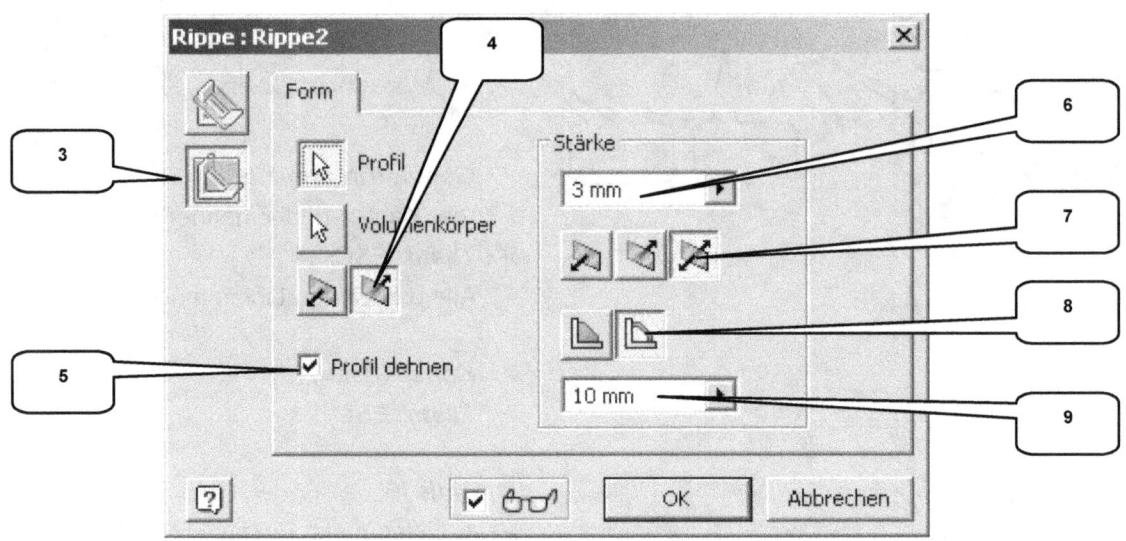

7.17 Dachverstrebung spiegeln

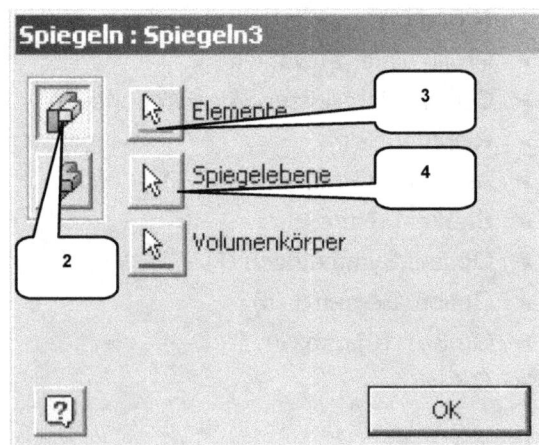

- **Spiegeln** (1)
- Option: Einzelne Elemente spiegeln (2)
- Elemente: Rippe (3)
- Spiegelebene: YZ-Ebene (4)
- **OK**

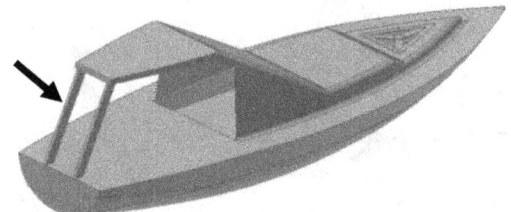

7.18 2D-Skizze für Fensteraussparungen erzeugen

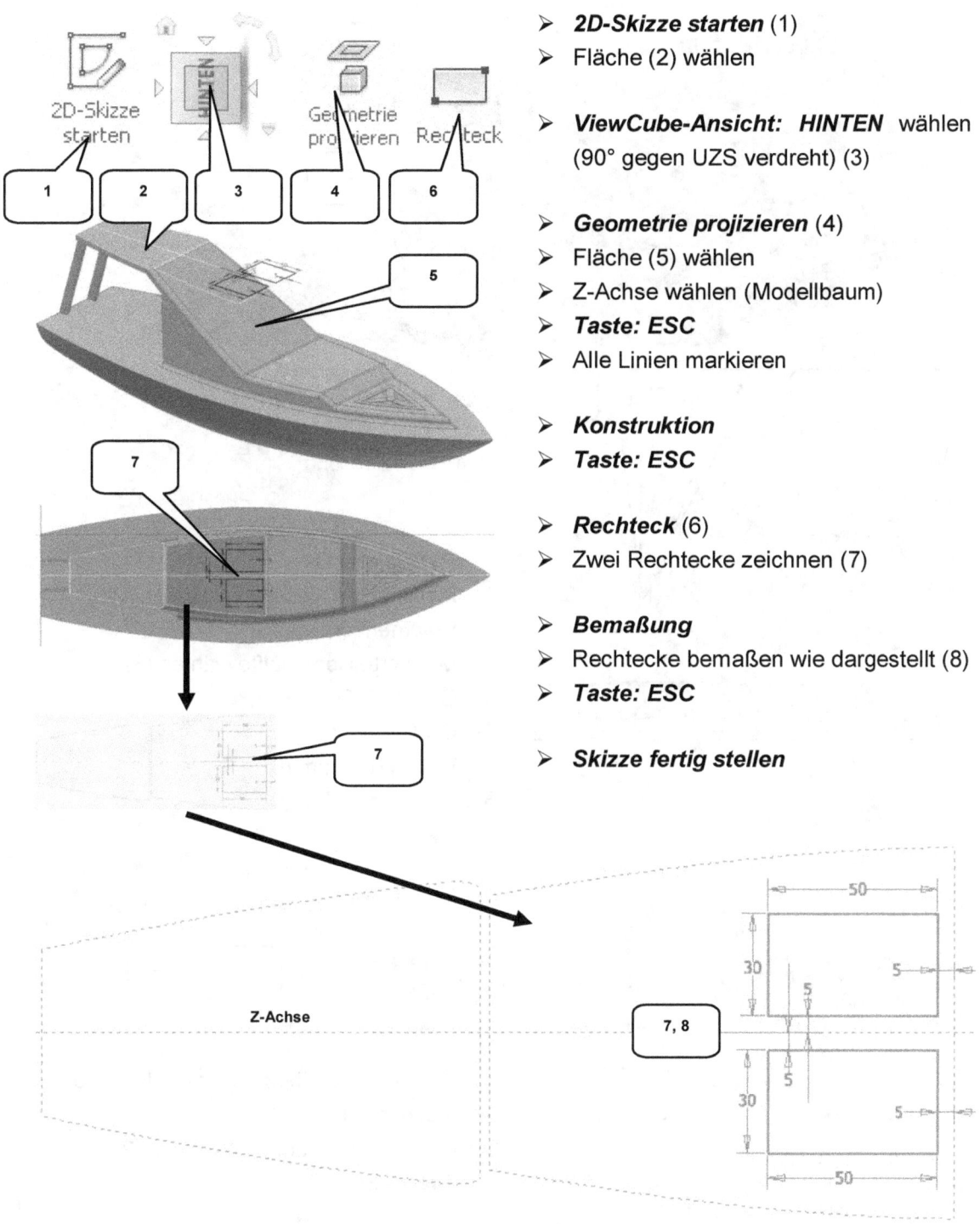

- **2D-Skizze starten** (1)
- Fläche (2) wählen

- **ViewCube-Ansicht: HINTEN** wählen (90° gegen UZS verdreht) (3)

- **Geometrie projizieren** (4)
- Fläche (5) wählen
- Z-Achse wählen (Modellbaum)
- **Taste: ESC**
- Alle Linien markieren

- **Konstruktion**
- **Taste: ESC**

- **Rechteck** (6)
- Zwei Rechtecke zeichnen (7)

- **Bemaßung**
- Rechtecke bemaßen wie dargestellt (8)
- **Taste: ESC**

- **Skizze fertig stellen**

- Aufbauten (Speedboot) -

7.19 Fensteraussparungen extrudieren

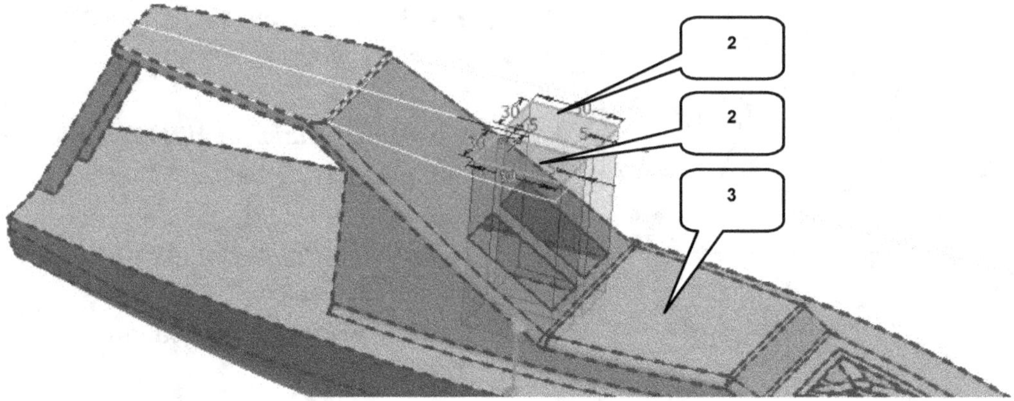

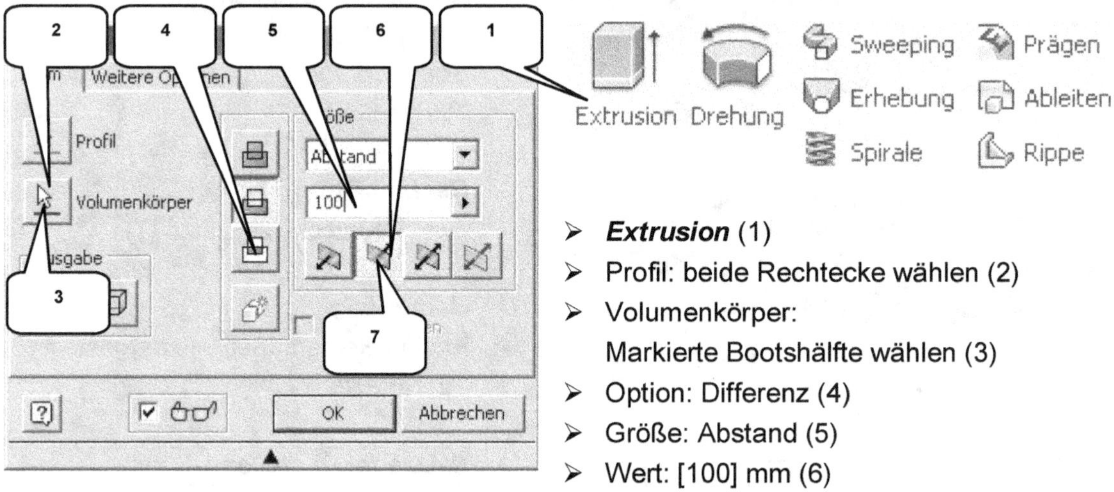

- **Extrusion** (1)
- Profil: beide Rechtecke wählen (2)
- Volumenkörper:
  Markierte Bootshälfte wählen (3)
- Option: Differenz (4)
- Größe: Abstand (5)
- Wert: [100] mm (6)
- Richtung: 2 (7)
- **OK**

7.20 Farben zuweisen

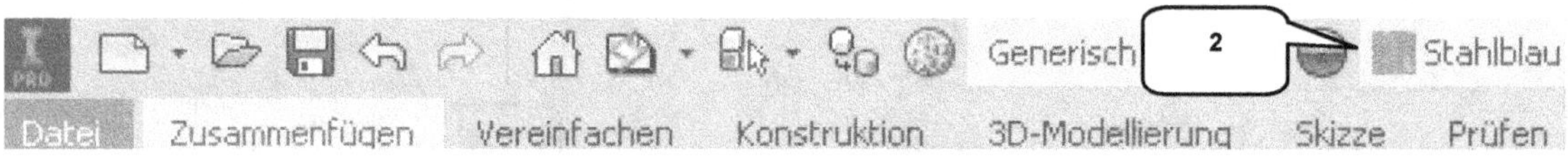

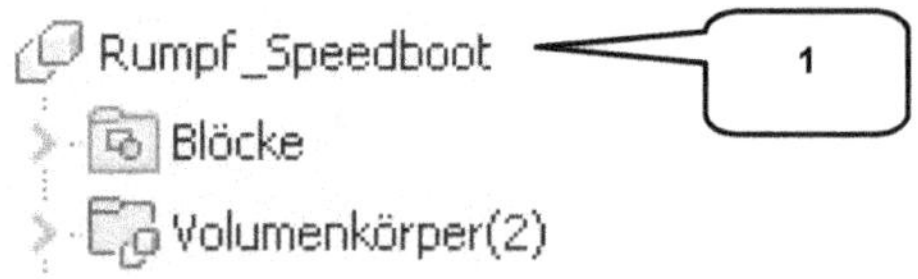

- „Rumpf_Speedboot" im Modellbaum markieren (1)
- Farbe z. B. „Stahlblau" wählen (2)
- **Taste: ESC**

- Aufbauten (Speedboot) -

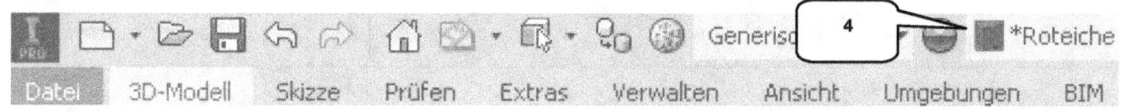

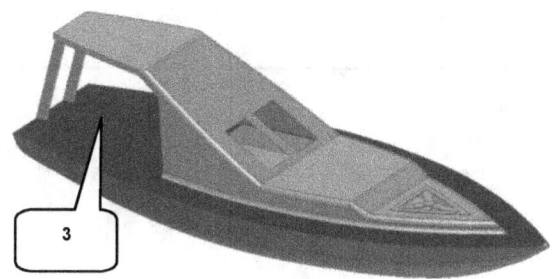

- Fläche (3) markieren (Bootsdeck)
- Farbe z. B. „Roteiche - Natur" (4) wählen
- *Taste: ESC*

- Weitere Fläche markieren und Farben nach Wunsch zuordnen

7.21 Ebenen ausblenden, Datei speichern

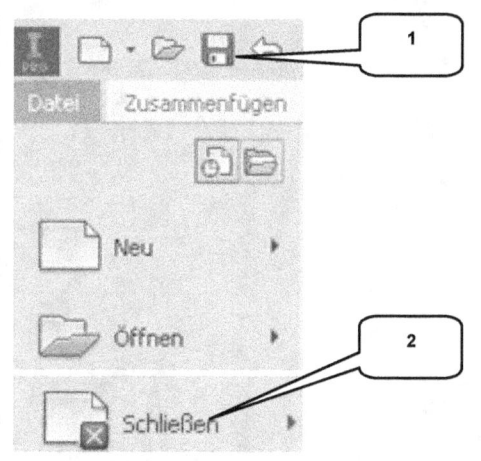

- Sichtbare Ebenen (im Modellbaum farblich dargestellt) bei gedrückter *Taste: STRG* markieren
- Rechte Maustaste „Sichtbarkeit" entfernen

- *Speichern* (1)
- *Datei schließen* (2)

HINWEIS: Farben können entweder einem kompletten Bauteil, einem Volumenkörper oder einzelnen Flächen zugewiesen werden. Die Option „Überschreibung deaktivieren" entfernt alle gesetzten Farbüberschreibungen.

8 Aufbauten (Segelboot)

Agenda

- Datei „Rumpf_Segelboot" öffnen
- Bugspitze mit einer Kugel versehen
- 2D-Skizze für einen Materialschnitt erzeugen
- Oberen Bereich der Aufbauten schneiden
- 2D-Skizze für Sitzecke zeichnen
- Bodenbereich der Sitzecke extrudieren
- 2D-Skizze reaktivieren, Sitzbereich extrudieren
- Verschieben einer Fläche
- Aufbauten mit Wandstärke versehen
- Sitzbereich abrunden
- 2D-Skizze für Ruderhalterung zeichnen
- Ruderhalterung extrudieren
- Ruderhalterung abrunden
- 2D-Skizze für Schwert zeichnen
- Extrudieren des Schwertes
- Schwert abrunden
- 2D-Skizze für die Masthalterung zeichnen
- Drehen der Masthalterung
- Farben zuweisen, Datei speichern und schließen

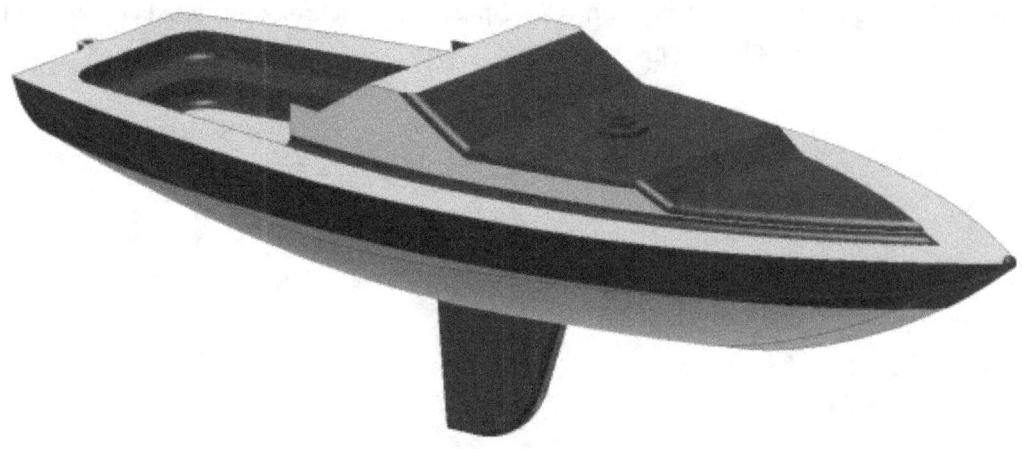

- Aufbauten (Segelboot) -

8.1 Bauteil „Rumpf_Segelboot" öffnen

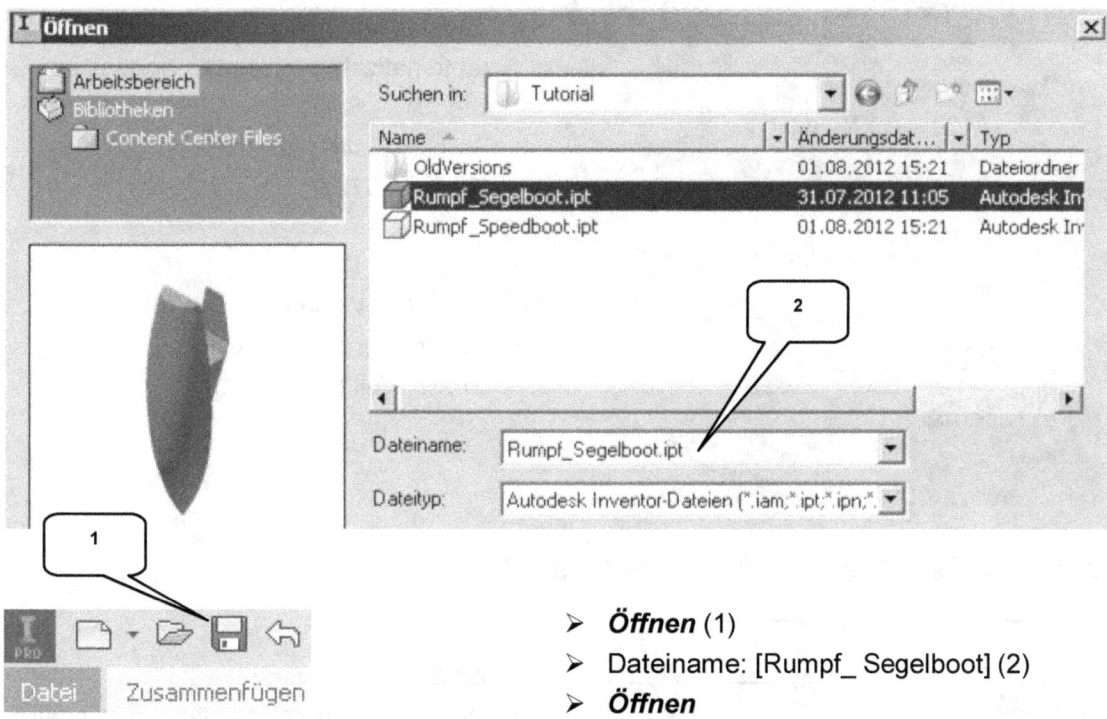

> **Öffnen** (1)
> Dateiname: [Rumpf_ Segelboot] (2)
> **Öffnen**

8.2 Bugspitze mit einer Kugel versehen

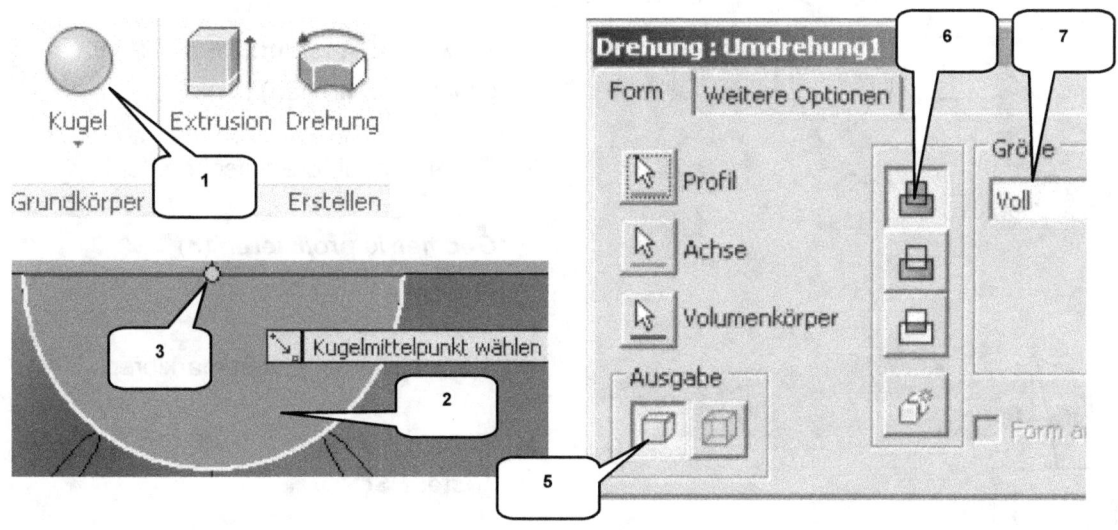

- Aufbauten (Segelboot) -

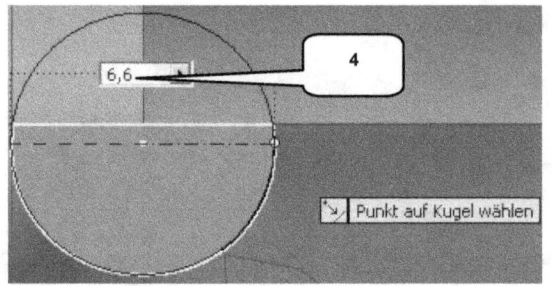

- **Kugel** (1)
- Fläche (2) an Bugspitze wählen
- Kugelmittelpunkt auf Mittelpunkt des (automatisch) projizierten Bogens setzen (3)
- Durchmesser: [6,6] mm (4)
- **Taste: ENTER**

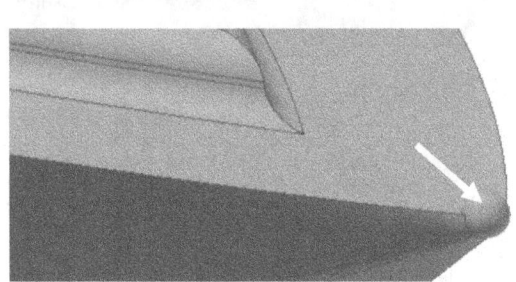

- Im Befehl: Drehung
- Ausgabe: Volumenkörper (5)
- Option: Vereinigung (6)
- Größe: Voll (7)
- **OK**

8.3 2D-Skizze für Materialschnitt zeichnen

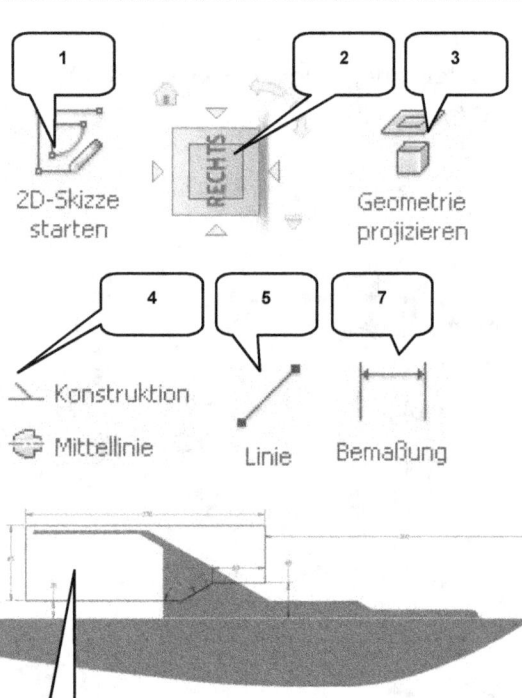

- **2D-Skizze starten** (1)
- Ordner „Ursprung" aufklappen (Modellbaum)
- YZ-Ebene wählen

- **ViewCube-Ansicht: RECHTS** (90° gegen UZS drehen) (2)

- **Taste: F7** (Skizze aufschneiden)

- **Geometrie projizieren** (3)
- X,- Y-, Z-Achse wählen
- **Taste: ESC**
- Alle projizierten Linien markieren

- **Konstruktion** (4)
- **Taste: ESC**

- Aufbauten (Segelboot) -

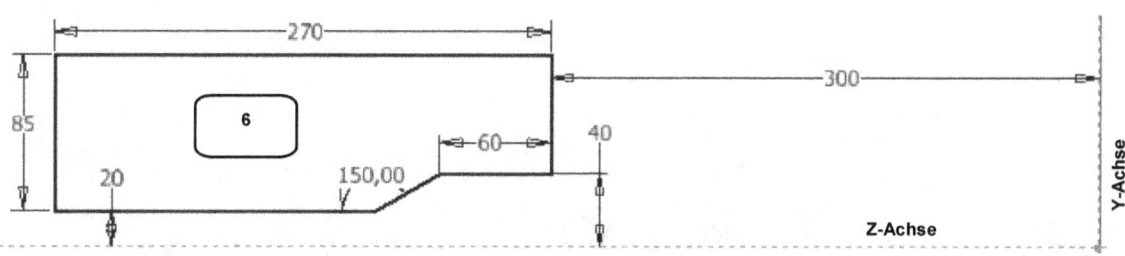

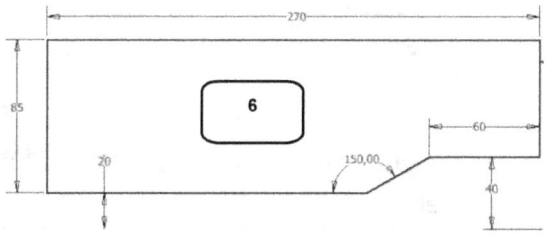

> - *Linie* (5)
> - Kontur (6) zeichnen
> - *Taste: ESC*
>
> - *Bemaßung* (7)
> - Bemaßungen übernehmen (6)
> - *Taste: ESC*
>
> - *Skizze fertig stellen*

8.4 Materialschnitt erzeugen

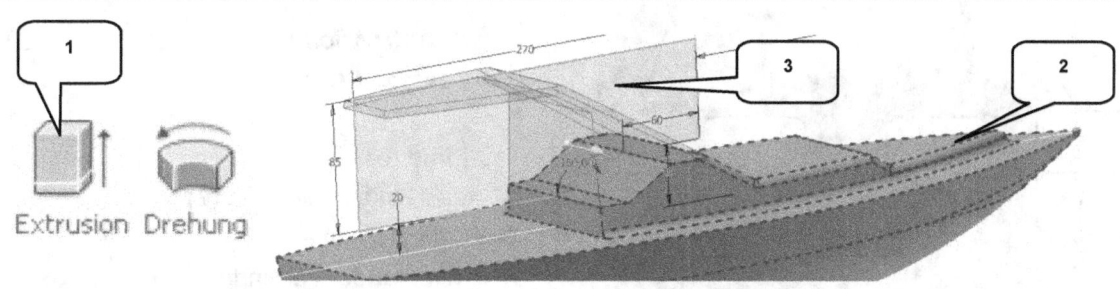

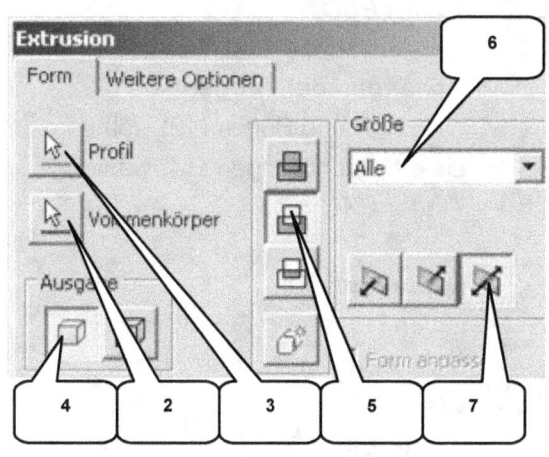

> - *Extrusion* (1)
> - Volumenkörper: Oberen Volumenkörper (2) wählen
> - Profil: Kontur (3) wählen
> - Ausgabe: Volumenkörper (4)
> - Option: Differenz (5)
> - Größe: Alle (6)
> - Richtung: Symmetrisch (7)
> - *OK*

- Aufbauten (Segelboot) -

8.5 2D-Skizze für Sitzecke zeichnen

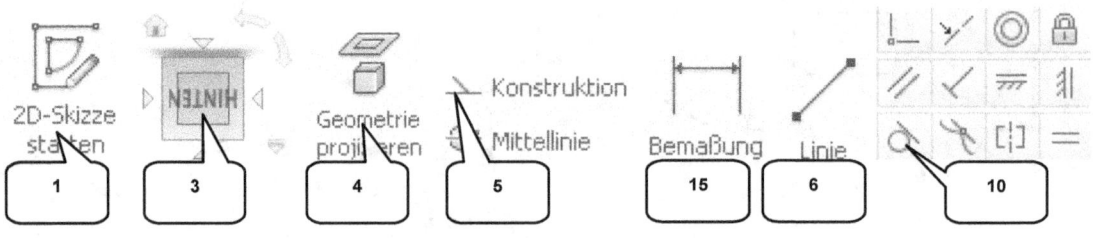

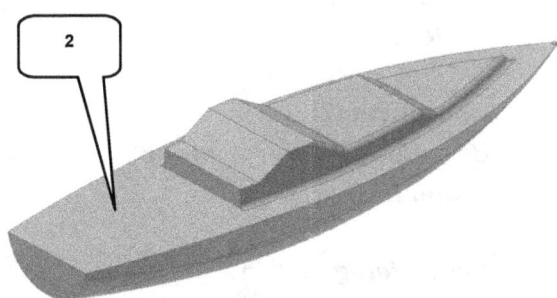

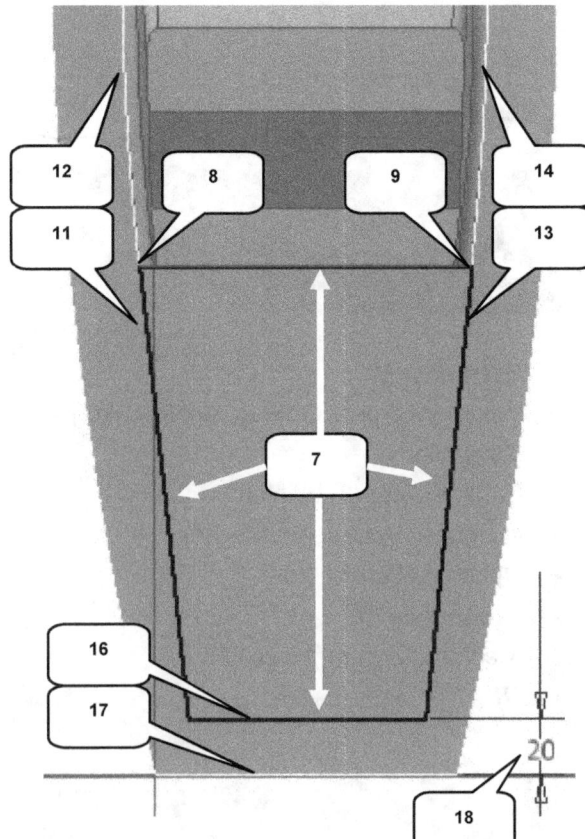

- ➢ **2D-Skizze starten** (1)
- ➢ Fläche (2) wählen

- ➢ **ViewCube-Ansicht: HINTEN** (180° drehen) (3)

- ➢ **Geometrie projizieren** (4)
- ➢ Fläche (2) wählen
- ➢ **Taste: ESC**
- ➢ Alle Linien markieren

- ➢ **Konstruktion** (5)
- ➢ **Taste: ESC**

- ➢ **Linie** (6)
- ➢ Vier Linien zeichnen (7)
- ➢ Oberste Linie soll die Punkte (8, 9) miteinander verbinden
- ➢ **Taste: ESC**

- ➢ **Abhängigkeit: Tangential** (10)
- ➢ Linie (11) und Bogen (12) wählen
- ➢ Linie (13) und Bogen (14) wählen
- ➢ **Taste: ESC**

- ➢ **Bemaßung** (15)
- ➢ Linien (16) und (17) wählen
- ➢ Maß ablegen
- ➢ Wert: [20] mm (18)
- ➢ **Taste: ENTER**

- Aufbauten (Segelboot) -

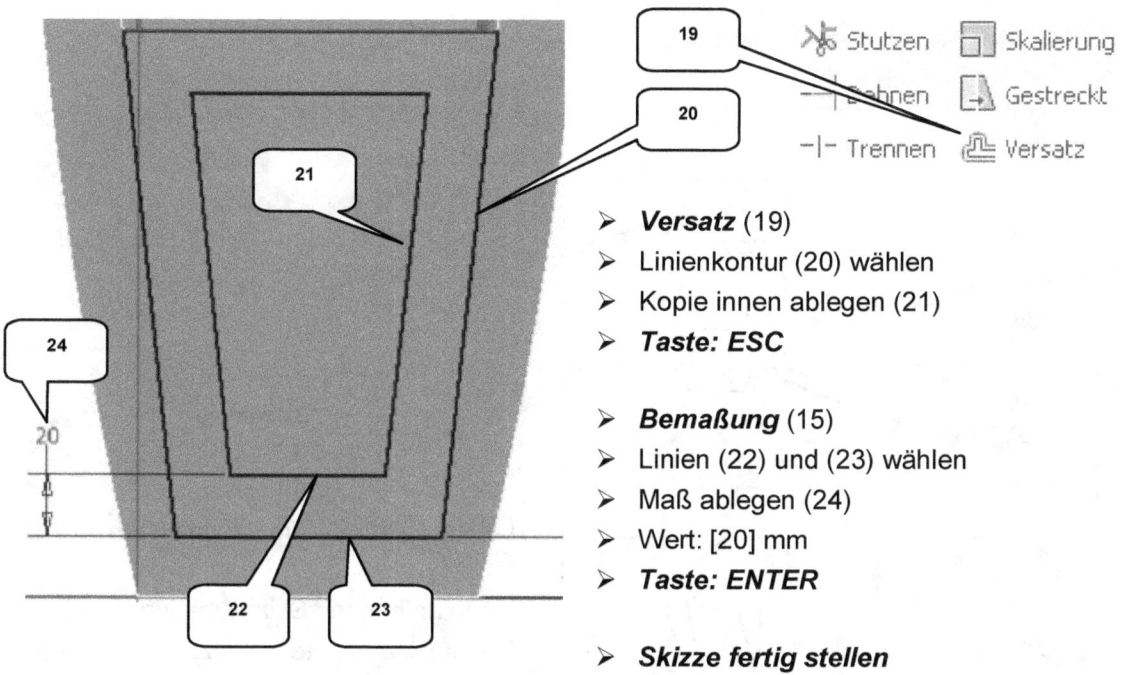

- **Versatz** (19)
- Linienkontur (20) wählen
- Kopie innen ablegen (21)
- **Taste: ESC**

- **Bemaßung** (15)
- Linien (22) und (23) wählen
- Maß ablegen (24)
- Wert: [20] mm
- **Taste: ENTER**

- **Skizze fertig stellen**

8.6 Bodenbereich der Sitzecke extrudieren

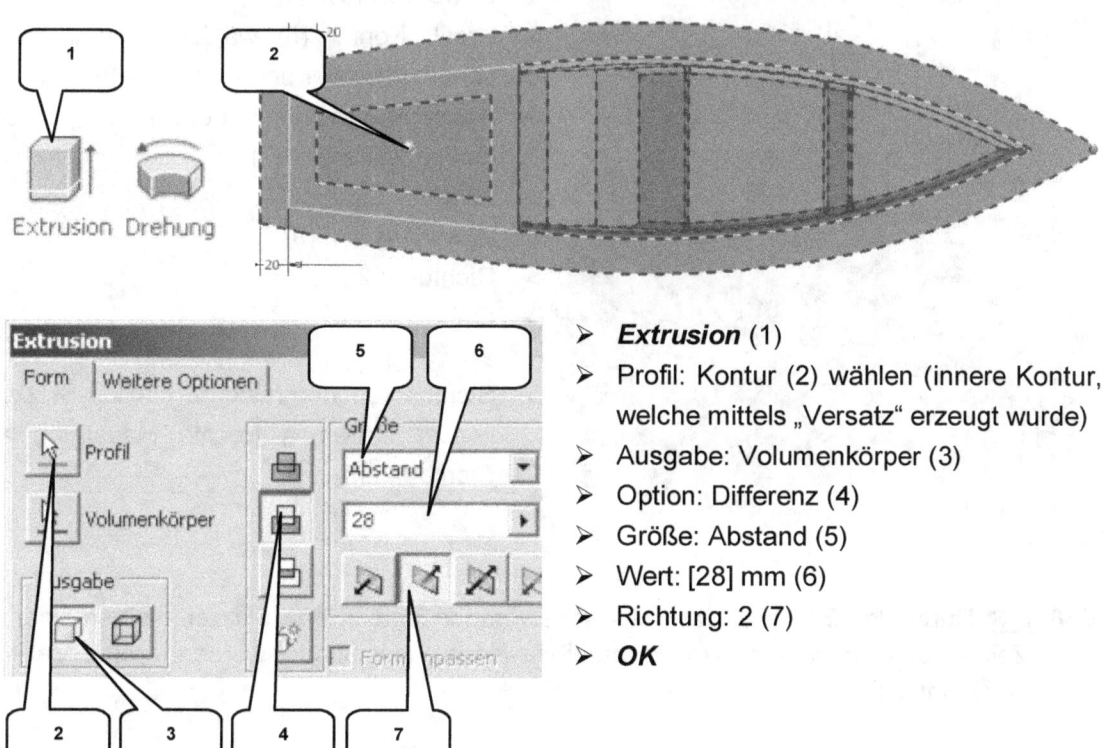

- **Extrusion** (1)
- Profil: Kontur (2) wählen (innere Kontur, welche mittels „Versatz" erzeugt wurde)
- Ausgabe: Volumenkörper (3)
- Option: Differenz (4)
- Größe: Abstand (5)
- Wert: [28] mm (6)
- Richtung: 2 (7)
- **OK**

8.7 2D-Skizze reaktivieren, Sitzbereich extrudieren

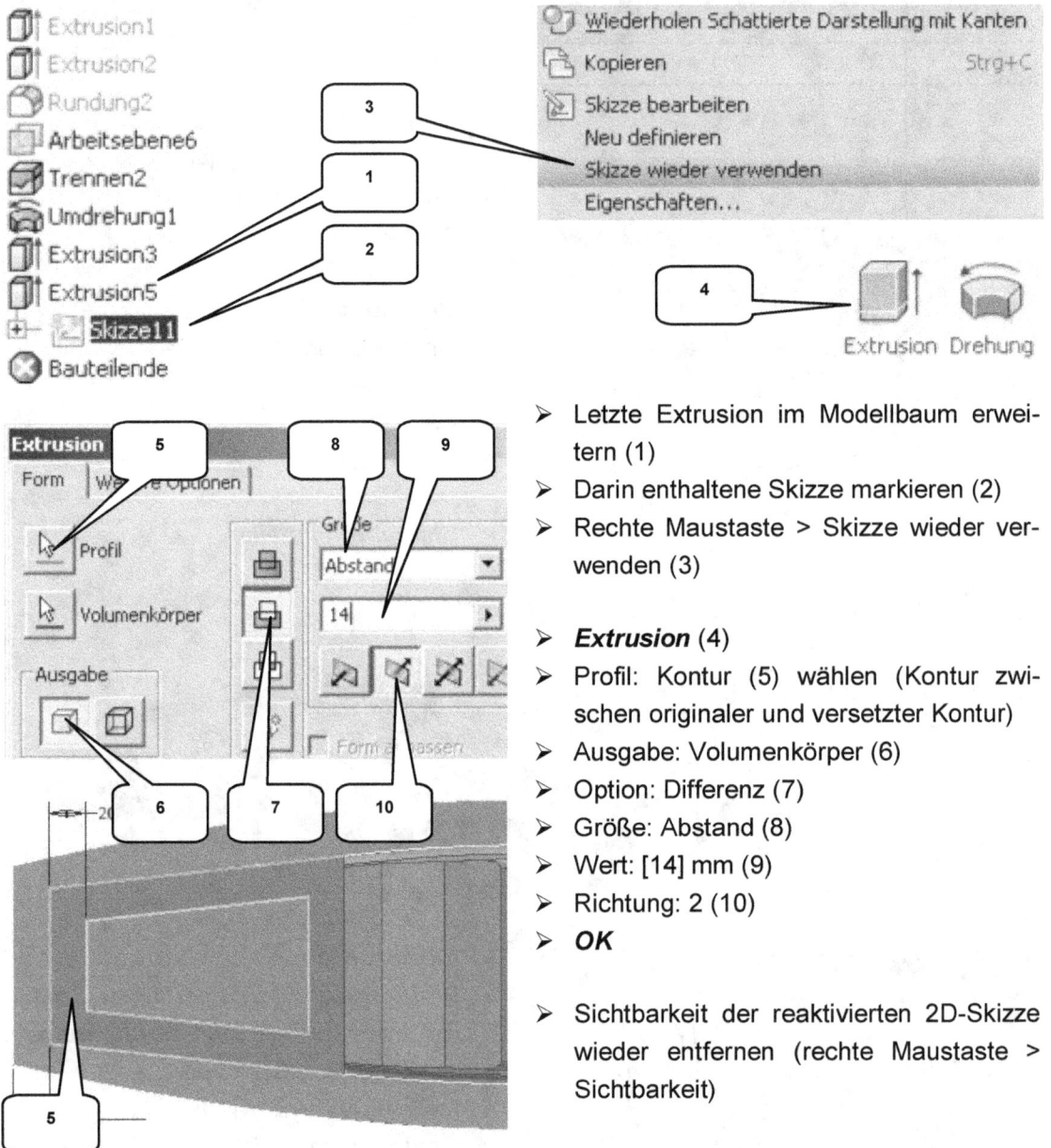

- Letzte Extrusion im Modellbaum erweitern (1)
- Darin enthaltene Skizze markieren (2)
- Rechte Maustaste > Skizze wieder verwenden (3)

- **Extrusion** (4)
- Profil: Kontur (5) wählen (Kontur zwischen originaler und versetzter Kontur)
- Ausgabe: Volumenkörper (6)
- Option: Differenz (7)
- Größe: Abstand (8)
- Wert: [14] mm (9)
- Richtung: 2 (10)
- **OK**

- Sichtbarkeit der reaktivierten 2D-Skizze wieder entfernen (rechte Maustaste > Sichtbarkeit)

HINWEIS: Durch den Befehl „Skizze wieder verwenden" reaktivierte Skizzen bleiben solange im Zeichenbereich sichtbar, bis sie manuell wieder ausgeblendet werden (rechte Maustaste > Sichtbarkeit).

8.8 Verschieben einer Fläche

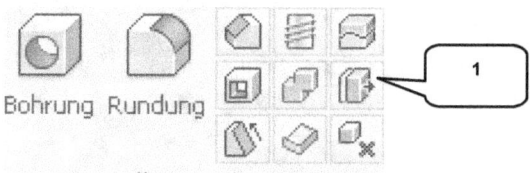

- **Direktbearbeitung** (1)
- Markierte Fläche (2) wählen
- Pfeil (3) anklicken und etwas in Richtung Bug verschieben
- Abstand: [-20] mm (6)
- **Taste: ENTER**

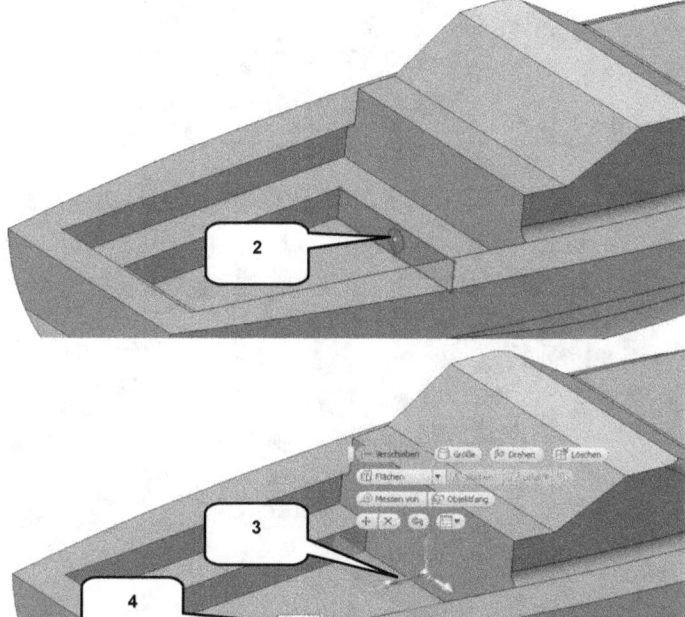
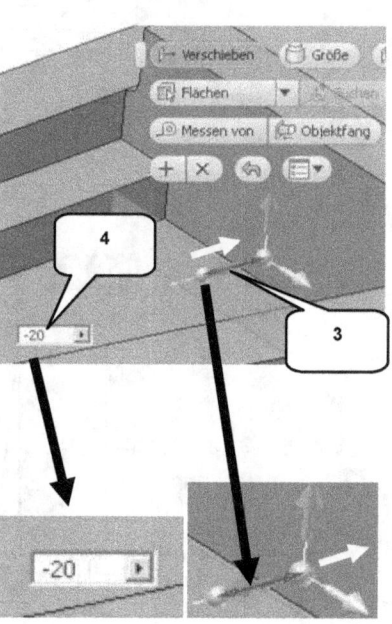

8.9 Aufbauten mit Wandstärke versehen

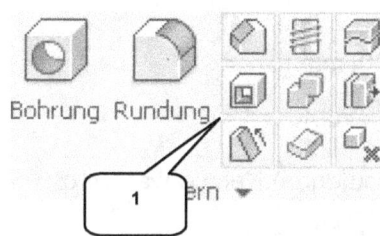

- **Wandung** (1)
- Option: Innerhalb (2)
- Flächen entfernen: Drei Flächen wählen (3)
- Aktivieren: Angrenzende Flächen (4)
- Stärke: [0,5] mm (5)
- **OK**

- Aufbauten (Segelboot) -

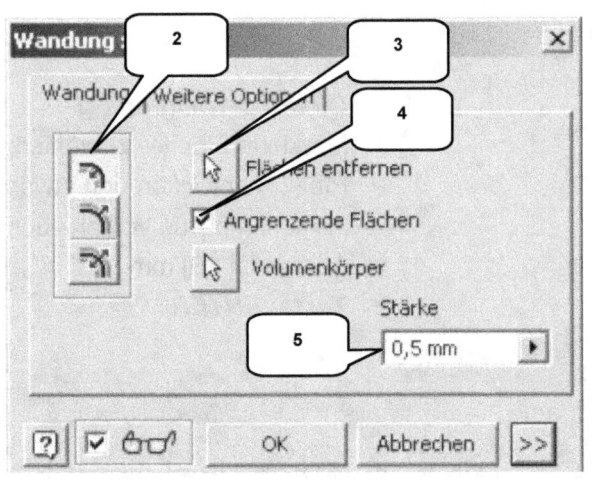
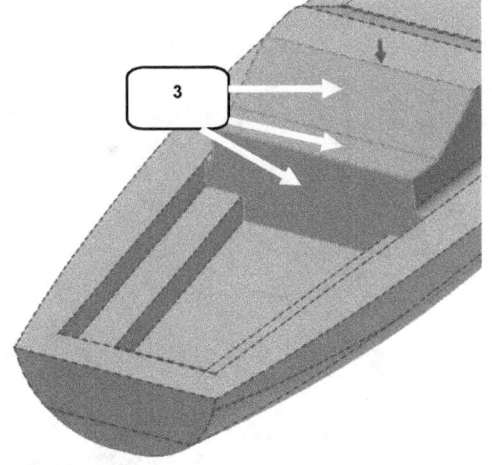

8.10 Sitzbereich abrunden

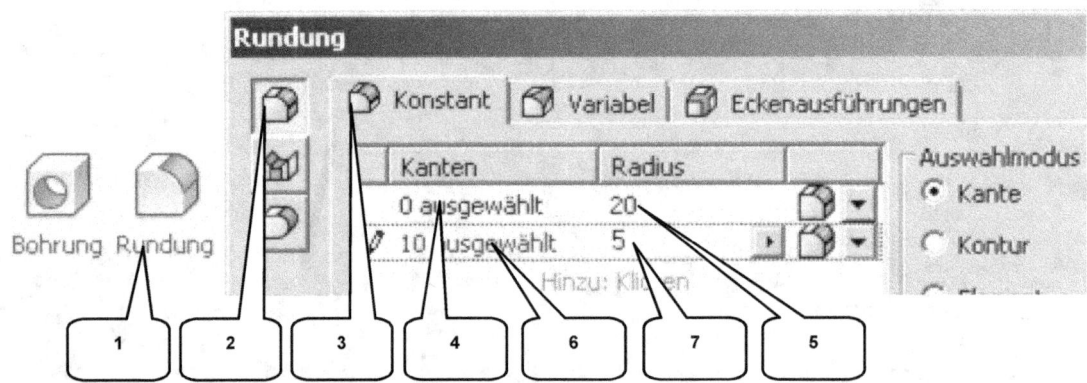

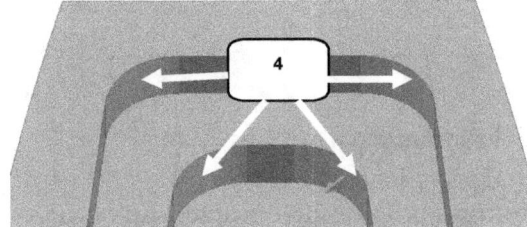

- ➢ **Rundung** (1)
- ➢ Option: Kantenabrundung (2)
- ➢ Reiter: Konstant (3)
- ➢ Vier Kanten wählen (4)
- ➢ Radius: [20] mm (5)
- ➢ **Anwenden**

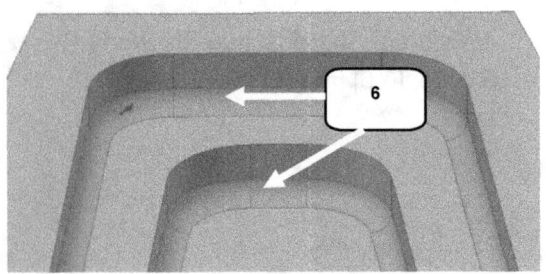

- ➢ Zwei (umlaufende) Kanten wählen (6)
- ➢ Radius: [5] mm (7)
- ➢ **OK**

- Aufbauten (Segelboot) -

8.11 2D-Skizze für Ruderhalterung zeichnen

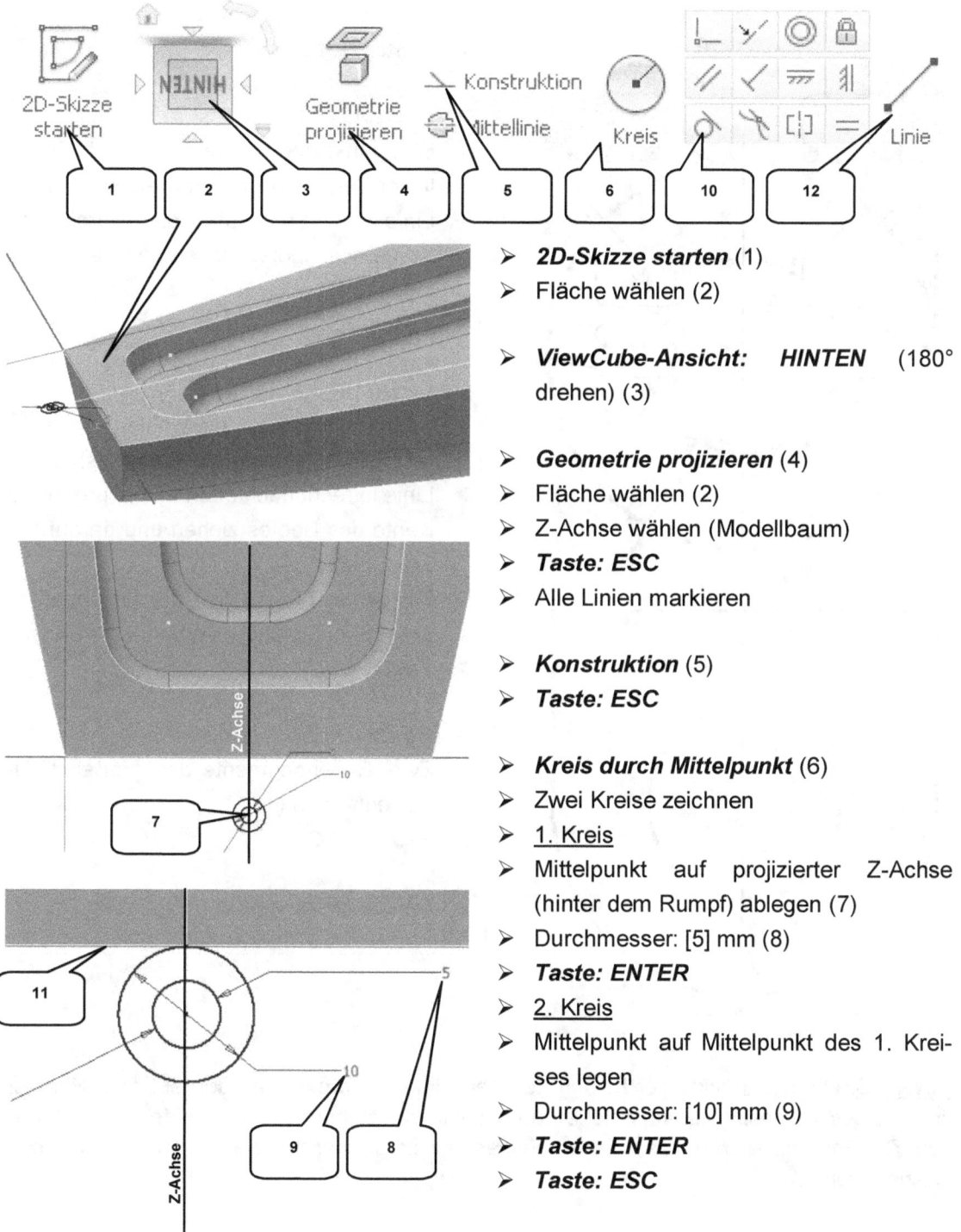

- **2D-Skizze starten** (1)
- Fläche wählen (2)

- **ViewCube-Ansicht: HINTEN** (180° drehen) (3)

- **Geometrie projizieren** (4)
- Fläche wählen (2)
- Z-Achse wählen (Modellbaum)
- **Taste: ESC**
- Alle Linien markieren

- **Konstruktion** (5)
- **Taste: ESC**

- **Kreis durch Mittelpunkt** (6)
- Zwei Kreise zeichnen
- 1. Kreis
- Mittelpunkt auf projizierter Z-Achse (hinter dem Rumpf) ablegen (7)
- Durchmesser: [5] mm (8)
- **Taste: ENTER**
- 2. Kreis
- Mittelpunkt auf Mittelpunkt des 1. Kreises legen
- Durchmesser: [10] mm (9)
- **Taste: ENTER**
- **Taste: ESC**

- Aufbauten (Segelboot) -

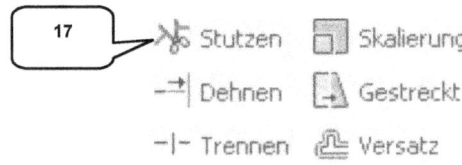

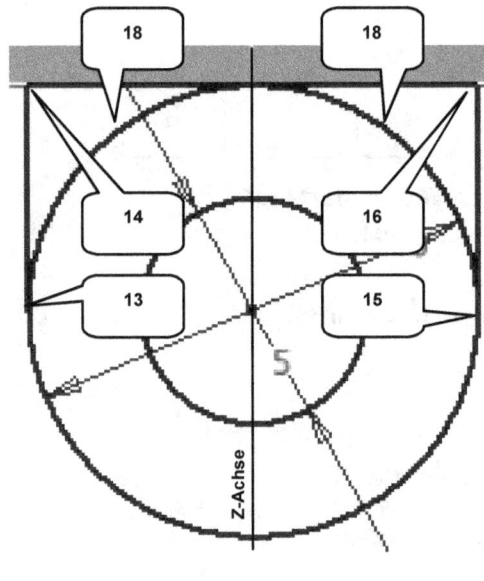

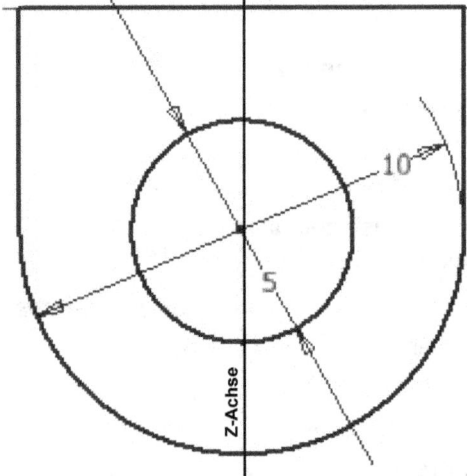

- **Abhängigkeit: Tangential** (10)
- Projizierte Kante (11) und Kreis (D = 10 mm) wählen
- **Taste: ESC**

- **Linie** (12)
- Startpunkt der 1. Linie wählen (äußerer, linker Punkt des großen Kreises) (13)
- Linie lotrecht nach oben an die projizierte Kante des Bootes ziehen und darauf ablegen (14)
- **Taste: ESC**

- **Linie** (12)
- Startpunkt der 2. Linie wählen (äußerer, rechter Punkt des großen Kreises) (15)
- Linie lotrecht nach oben an die projizierte Kante des Bootes ziehen und darauf ablegen (16)
- Mit der 3. Linie sollen die Linienpunkte (14, 16) miteinander verbunden werden
- **Taste: ESC**

- **Stutzen** (17)
- Zwei Bogensegmente des großen Kreises entfernen (18)
- **Taste: ESC**

- **Skizze fertig stellen**

HINWEIS: Die Startpunkte der beiden geraden Linien sind exakt an den äußeren Punkten des Kreises zu positionieren, welche durch deutlich sichtbare grüne Punkte markiert werden. Die Endpunkte der beiden Linien müssen jeweils auf der projizierten Kante des Bootes platziert werden.

- Aufbauten (Segelboot) -

8.12 Ruderhalterung extrudieren

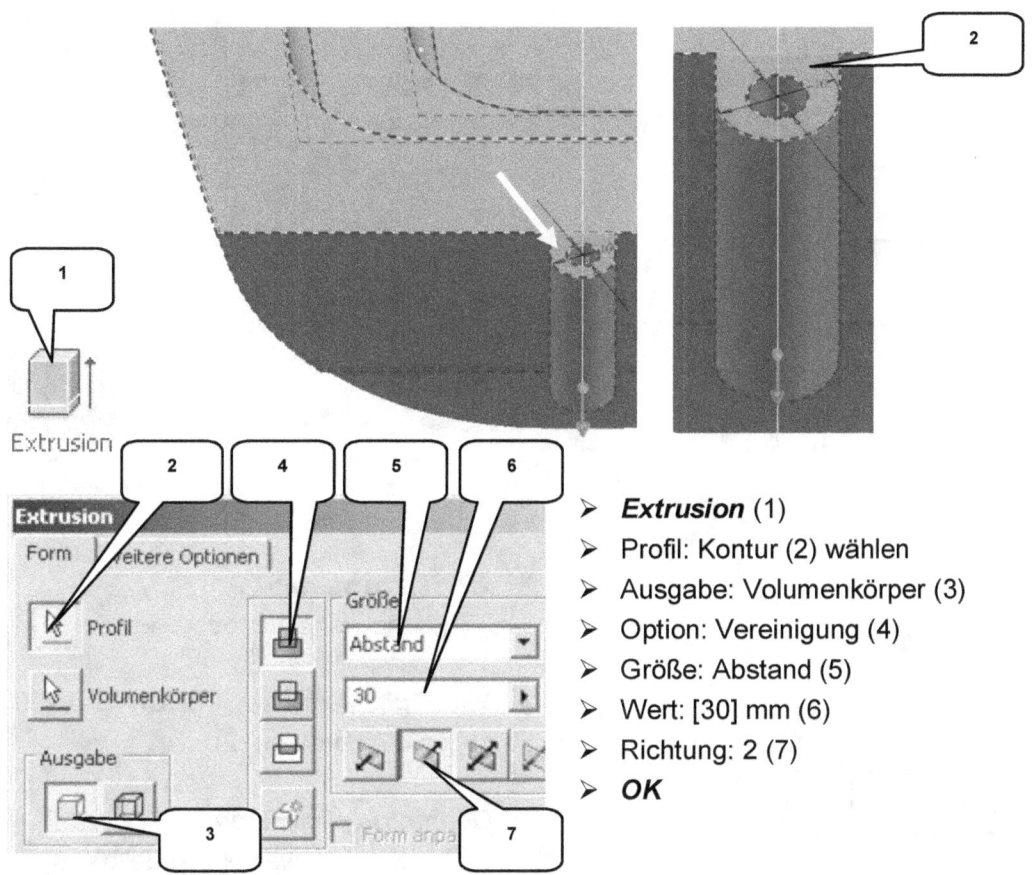

- **Extrusion** (1)
- Profil: Kontur (2) wählen
- Ausgabe: Volumenkörper (3)
- Option: Vereinigung (4)
- Größe: Abstand (5)
- Wert: [30] mm (6)
- Richtung: 2 (7)
- **OK**

8.13 Ruderhalterung abrunden

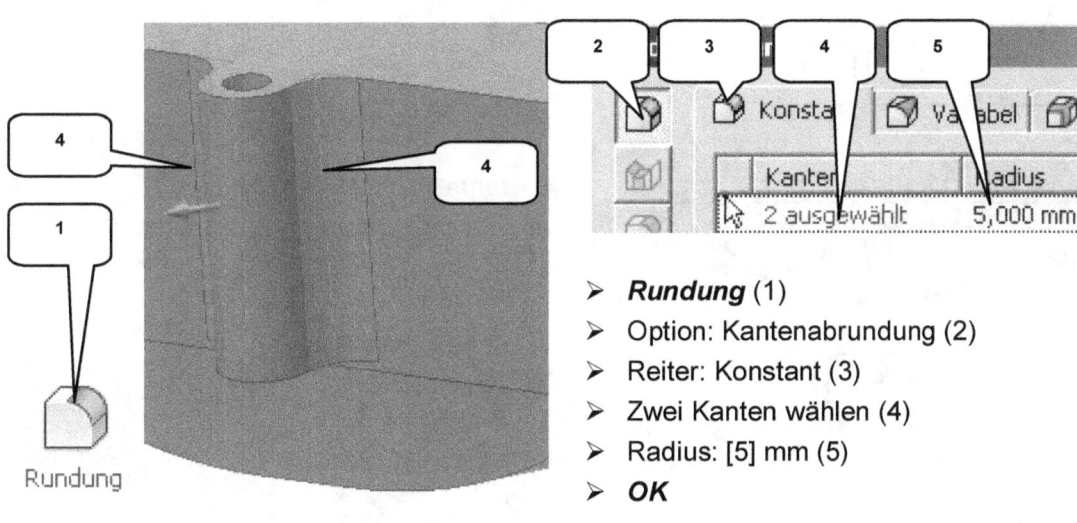

- **Rundung** (1)
- Option: Kantenabrundung (2)
- Reiter: Konstant (3)
- Zwei Kanten wählen (4)
- Radius: [5] mm (5)
- **OK**

- Aufbauten (Segelboot) -

8.14 2D-Skizze für das Schwert zeichnen

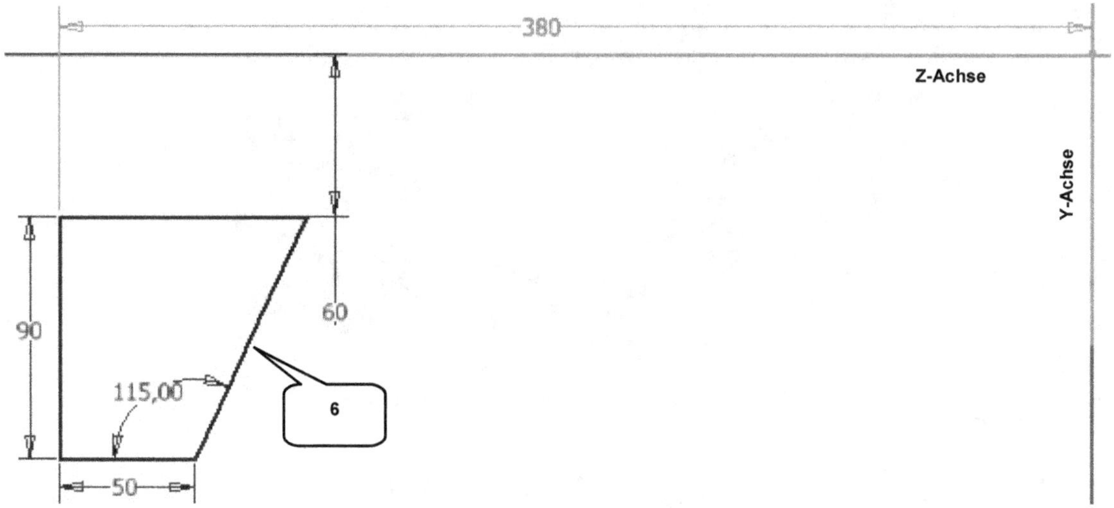

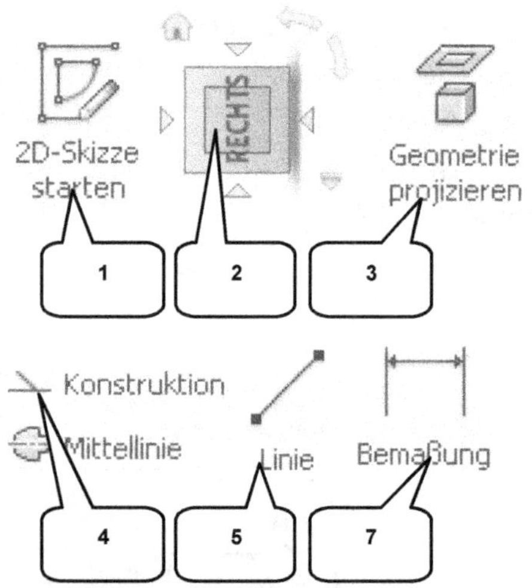

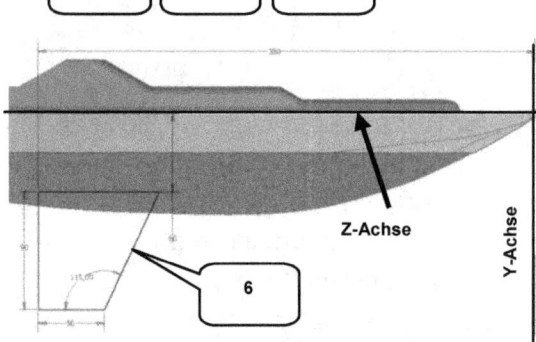

- **2D-Skizze starten** (1)
- YZ-Ebene wählen (Modellbaum)

- **ViewCube-Ansicht: RECHTS** (90° gegen UZS drehen) (2)

- **Geometrie projizieren** (3)
- X-, Y-, Z-Achse wählen (Modellbaum)
- **Taste: ESC**
- Alle Linien markieren

- **Konstruktion** (4)
- **Taste: ESC**

- **Linie** (5)
- Geschlossene Kontur zeichnen (6)

- **Bemaßung** (7)
- Kontur bemaßen
- **Taste: ESC**

- **Skizze fertig stellen**

- Aufbauten (Segelboot) -

8.15 Schwert extrudieren

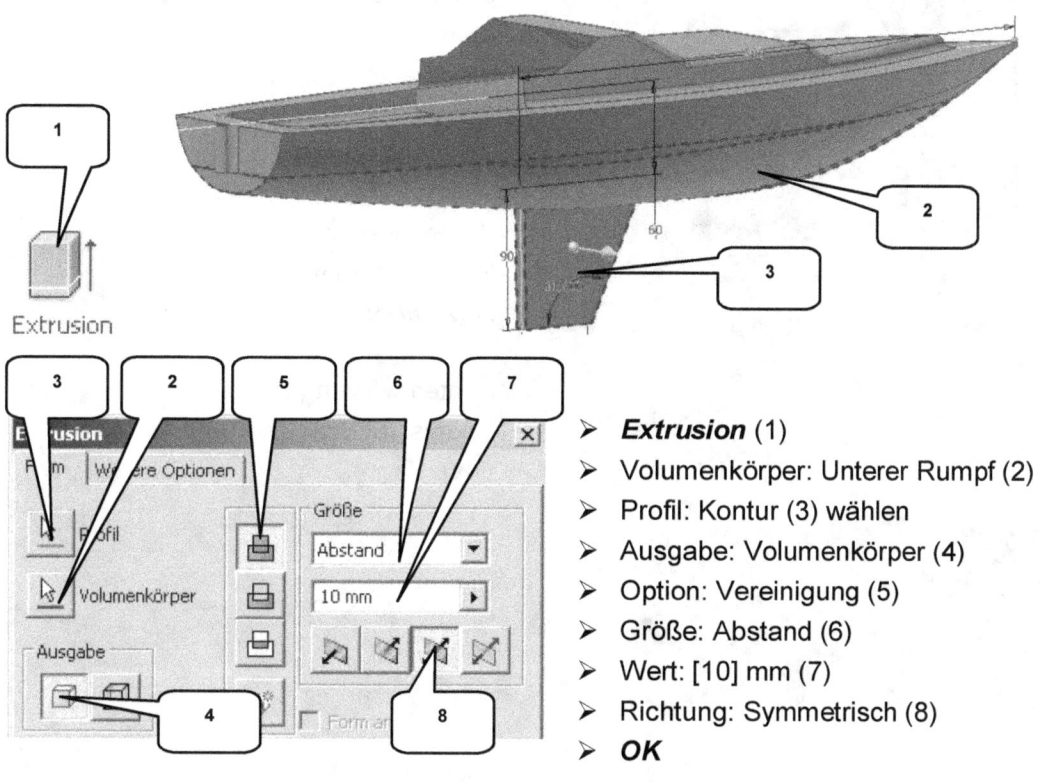

- **Extrusion** (1)
- Volumenkörper: Unterer Rumpf (2)
- Profil: Kontur (3) wählen
- Ausgabe: Volumenkörper (4)
- Option: Vereinigung (5)
- Größe: Abstand (6)
- Wert: [10] mm (7)
- Richtung: Symmetrisch (8)
- **OK**

8.16 Schwert abrunden

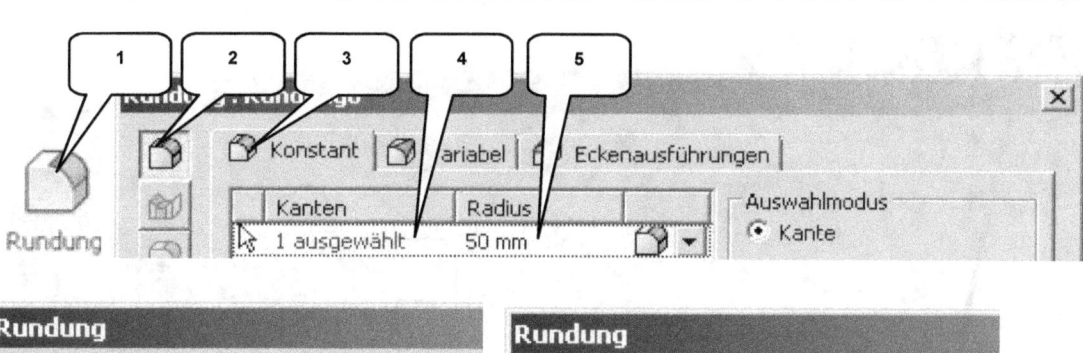

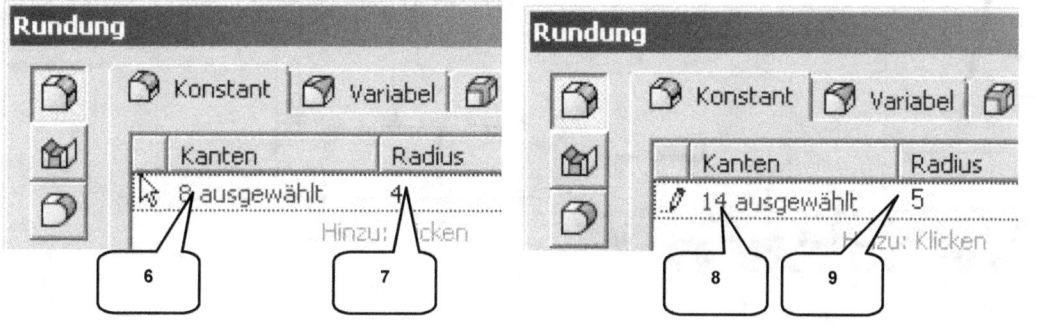

- Aufbauten (Segelboot) -

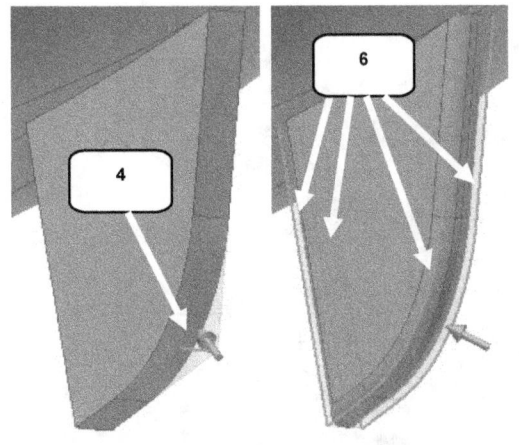

- **Rundung** (1)
- Option: Kantenabrundung (2)
- Reiter: Konstant (3)
- Eine Kante wählen (4)
- Radius: [50] mm (5)
- **Anwenden**

- Kanten wählen (6)
- Radius: [4] mm (7)
- **Anwenden**

- Kanten wählen (8)
- Radius: [5] mm (9)
- **OK**

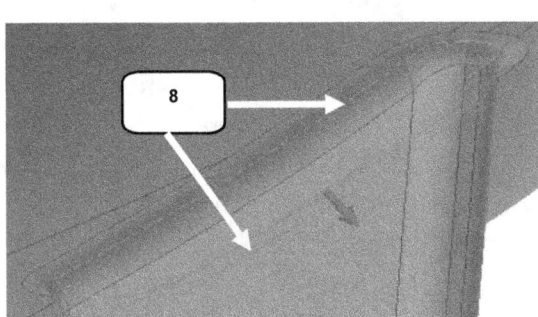

8.17 2D-Skizze für die Masthalterung zeichnen

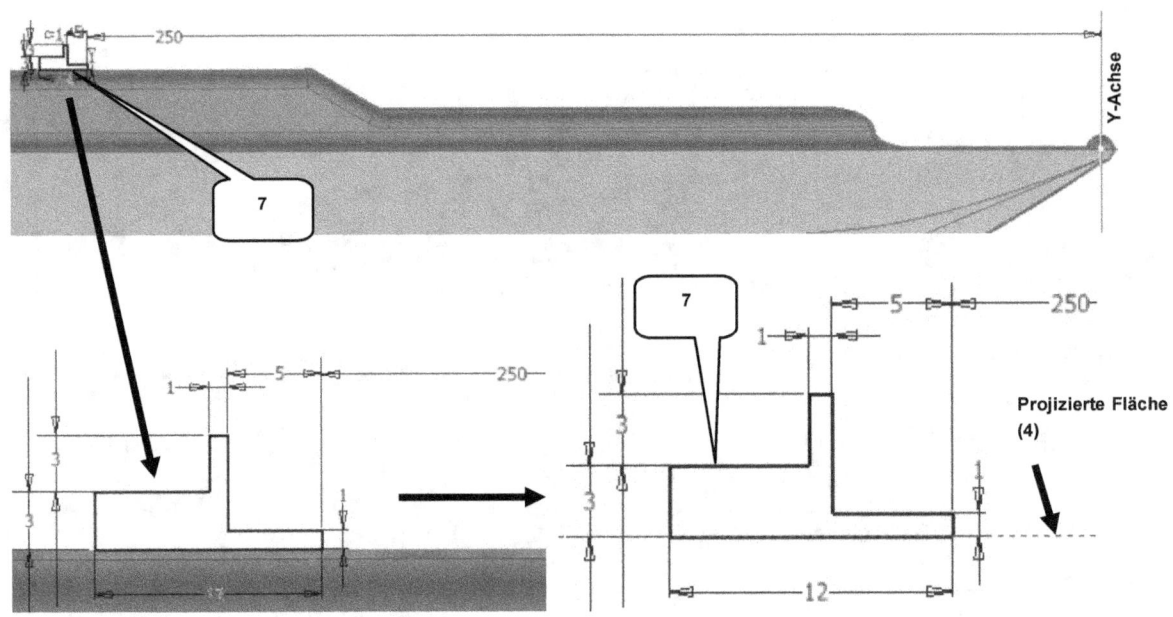

- Aufbauten (Segelboot) -

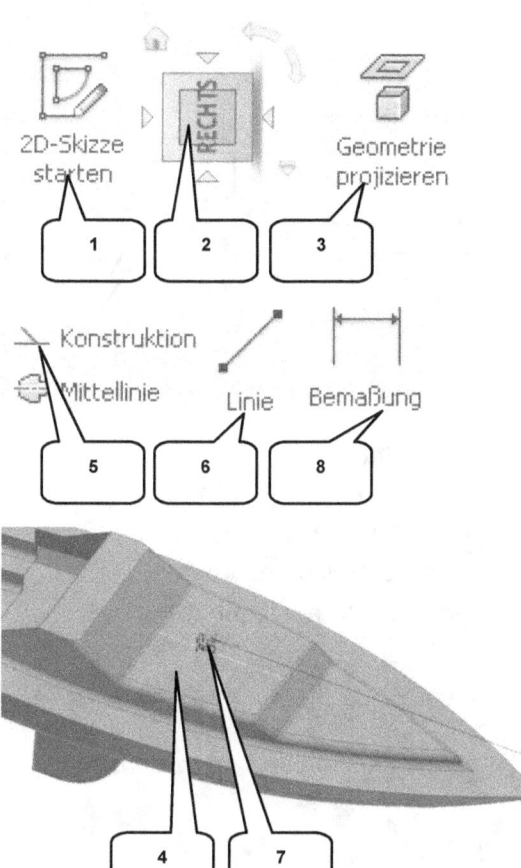

- **2D-Skizze starten** (1)
- YZ-Ebene wählen (Modellbaum)

- **ViewCube-Ansicht: RECHTS** (90° gegen UZS drehen) (2)

- **Taste: F7** (Skizze aufschneiden)

- **Geometrie projizieren** (3)
- X-, Y-, Z-Achse wählen (Modellbaum)
- Fläche (4) wählen
- **Taste: ESC**
- Alle Linien markieren

- **Konstruktion** (5)
- **Taste: ESC**

- **Linie** (6)
- Geschlossene Linienkontur zeichnen (7)
- (Die untere Linie der Kontur muss kollinear auf der Linie der projizierten Fläche (4) liegen)

- **Bemaßung** (8)
- Kontur bemaßen wie dargestellt

- **Skizze fertig stellen**

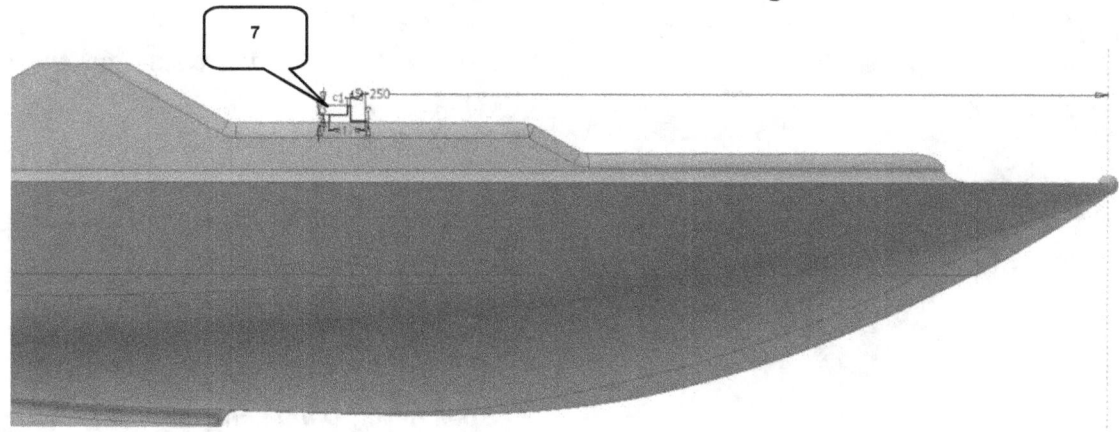

- Aufbauten (Segelboot) -

8.18 Masthalterung als Drehobjekt erzeugen

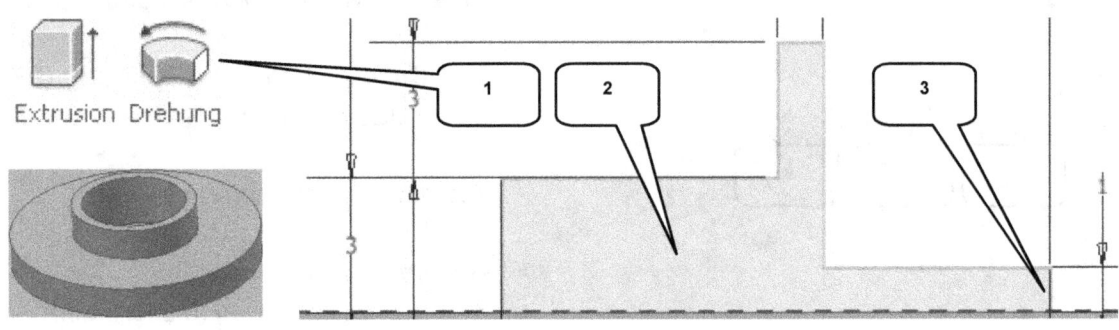

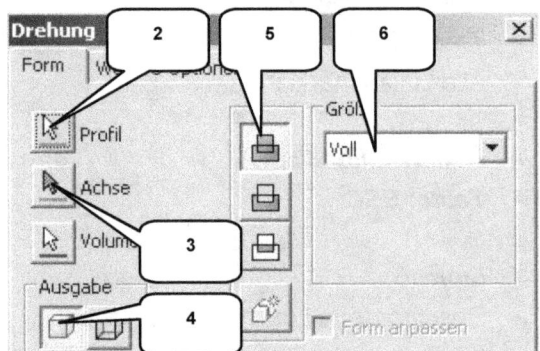

- **Drehung** (1)
- Profil: Kontur (2) wählen
- Achse: Rechte Linie der Kontur (3)
- Ausgabe: Volumenkörper (4)
- Verfahren: Vereinigung (5)
- Größe: Voll (6)
- **OK**

8.19 Farben zuweisen, Datei speichern und schließen

- „Rumpf_Segelboot" im Modellbaum markieren (1)
- Farbe z.B. „Roteiche - Natur" zuweisen (2)
- **Taste: ESC**

- Weitere Flächen markieren und mit eigenen Farben versehen
- Sichtbarkeit der noch sichtbaren Ebenen entfernen

- **Speichern** , **Datei schließen**

9 Ruder und Pinne

Agenda

- Bauteildatei „Ruder" erstellen
- Basisskizze des Ruders zeichnen
- Ruder extrudieren
- Pinne als Quader erzeugen
- Fasen des Ruderblattes
- Pinne abrunden
- Pinne mit Gewinde versehen
- Ruderblatt abrunden
- Farben zuweisen, Datei speichern und schließen

9.1 Bauteil „Ruder" erstellen

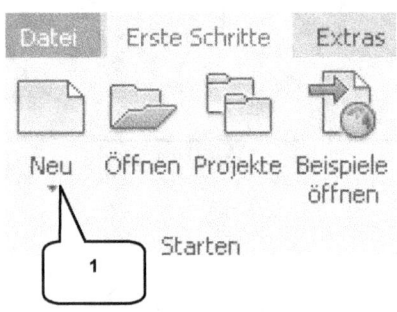

- **Neu** (1)
- Templates (2)
- Bauteil: Norm.ipt (3)
- **Erstellen** (4)

- **Speichern** (5)
- Dateiname: [Ruder] (6)
- **Speichern** (7)

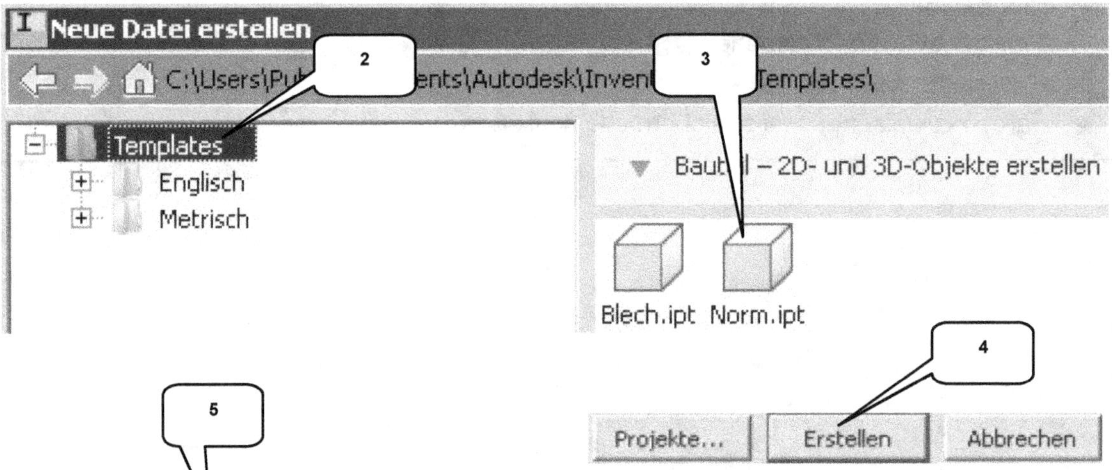

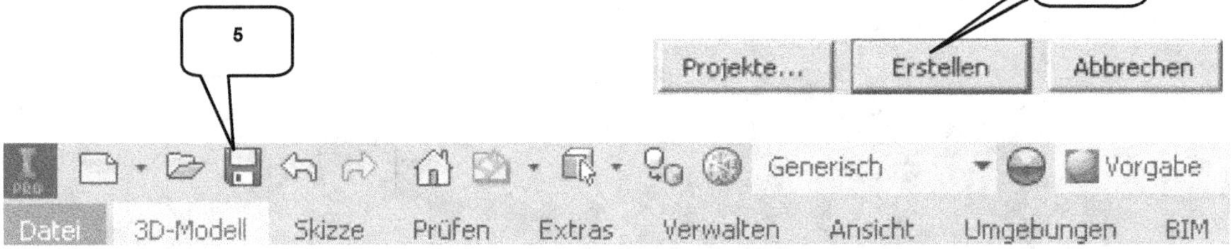

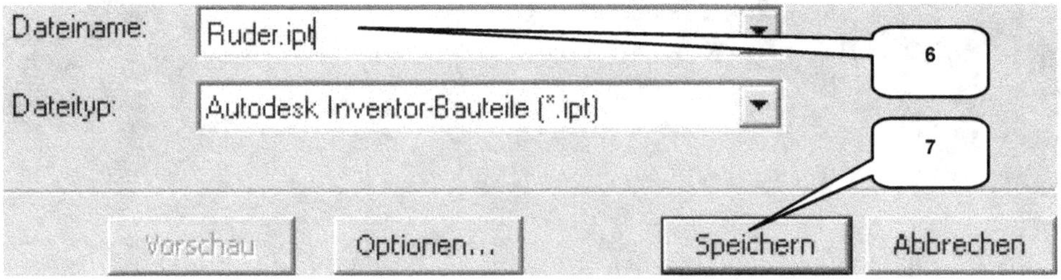

9.2 Basisskizze des Ruders zeichnen

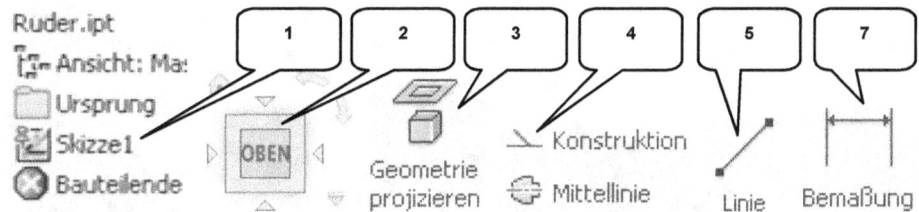

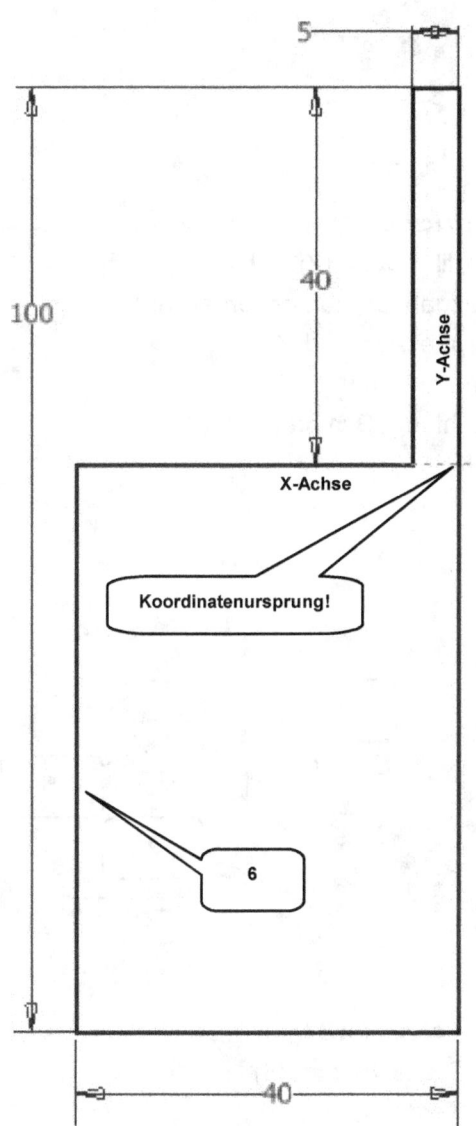

- „Skizze1" per Doppelklick öffnen (1)

- **ViewCube-Ansicht: OBEN** (2)

- **Geometrie projizieren** (3)
- Ordner Ursprung im Modellbaum aufklappen
- X-, Y-, Z-Achse wählen
- **Taste: ESC**
- Alle Linien markieren

- **Konstruktion** (4)
- **Taste: ESC**

- **Linie** (5)
- Kontur (6) zeichnen
- **Taste: ESC**

- **Bemaßung** (7)
- Kontur bemaßen wie dargestellt

- **Skizze fertig stellen**

9.3 Ruder extrudieren

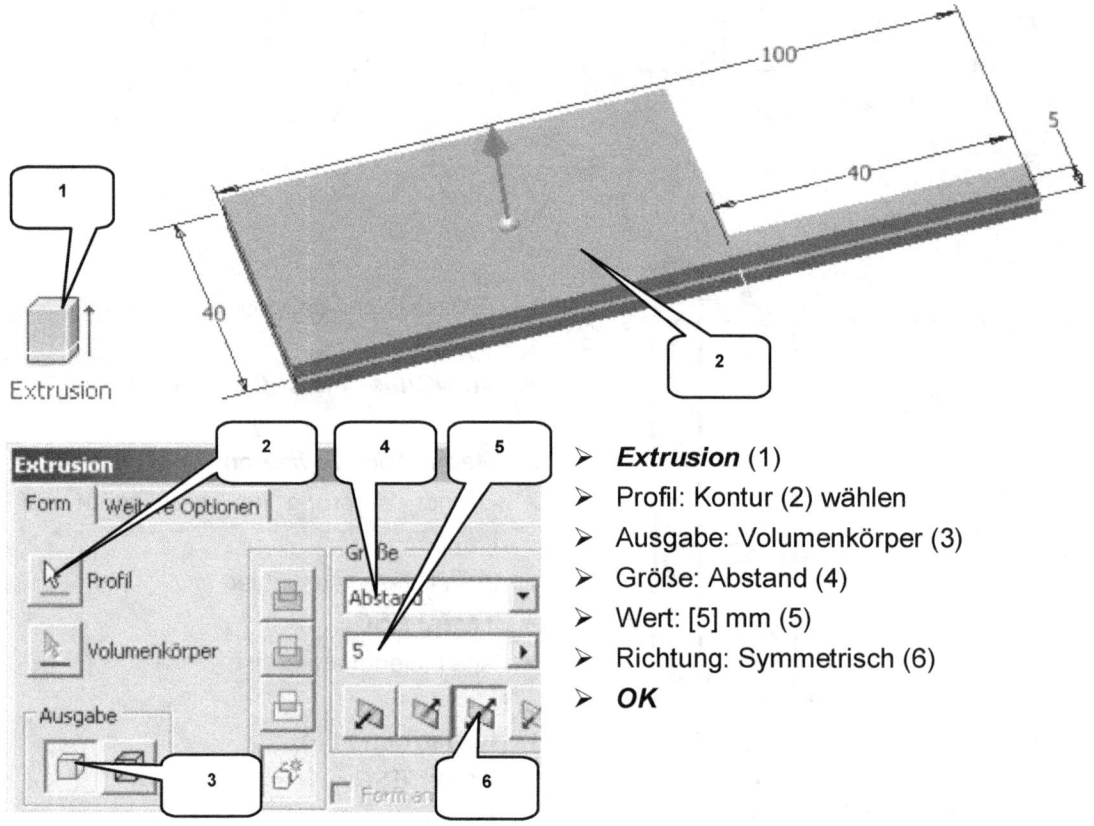

- **Extrusion** (1)
- Profil: Kontur (2) wählen
- Ausgabe: Volumenkörper (3)
- Größe: Abstand (4)
- Wert: [5] mm (5)
- Richtung: Symmetrisch (6)
- **OK**

9.4 Pinne als Quader erzeugen

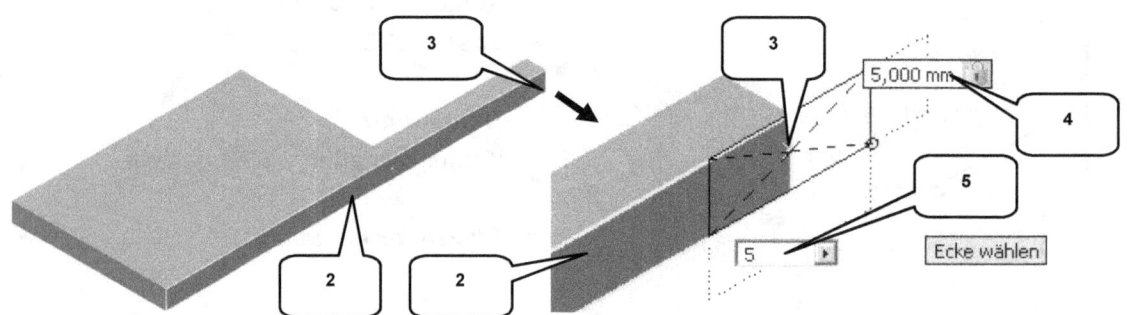

- **Quader** (1)
- Fläche (2) wählen
- Mittelpunkt (Quader) auf Linienmittelpunkt der projizierten Linie setzen (3)

- **Taste: TAB**
- Breite: [5] mm (4)
- **Taste: TAB**
- Höhe: [5] mm (5)
- **Taste: ENTER**

- Ruder und Pinne -

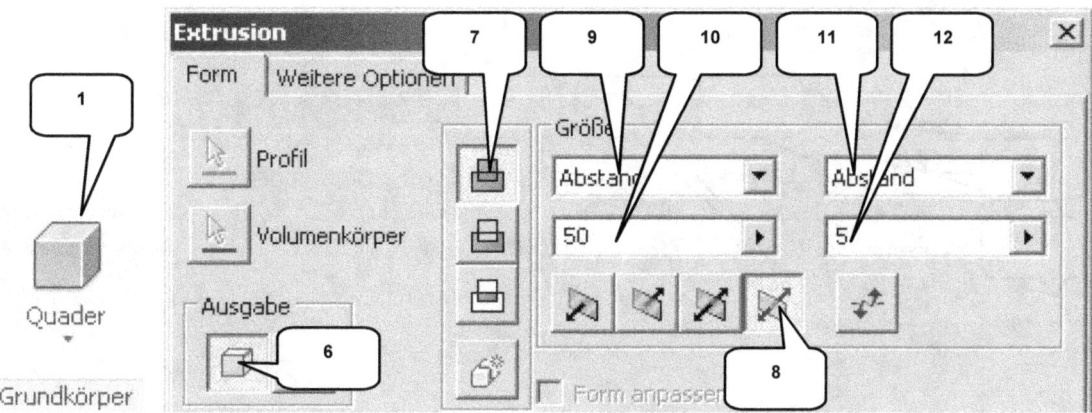

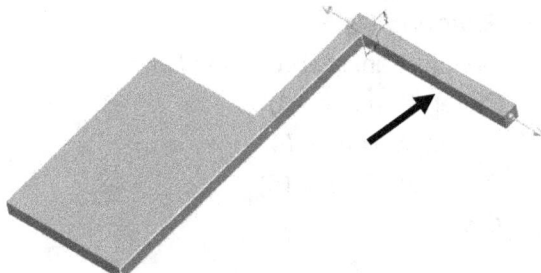

- Ausgabe: Volumenkörper (6)
- Verfahren: Vereinigung (7)
- Option: Asymmetrisch (8)
- Größe 1: Abstand (9)
- Wert 1: [50] mm (10)
- Größe 2: Abstand (11)
- Wert 2: [5] mm (12)
- **OK**

9.5 Ruderblatt fasen

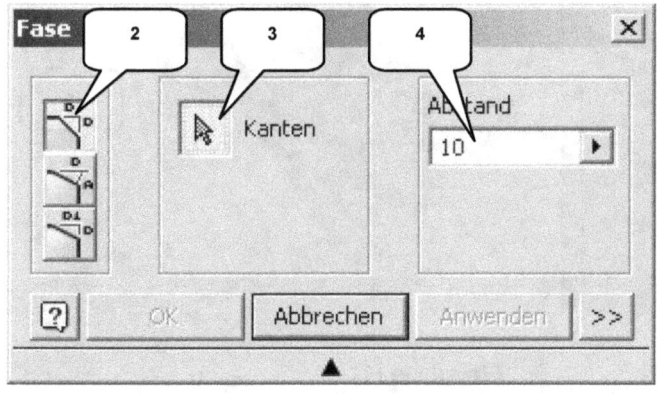

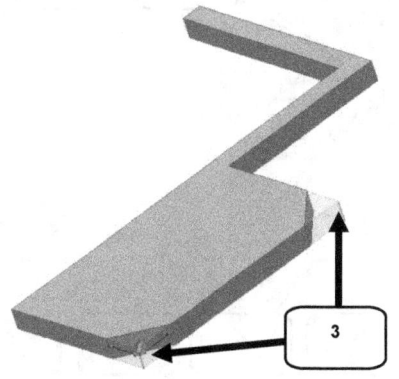

- **Fasen** (1)
- Option: Abstand (2)
- Kanten: Kanten (3) wählen
- Abstand: [10] mm (4)
- **OK**

9.6 Pinne abrunden

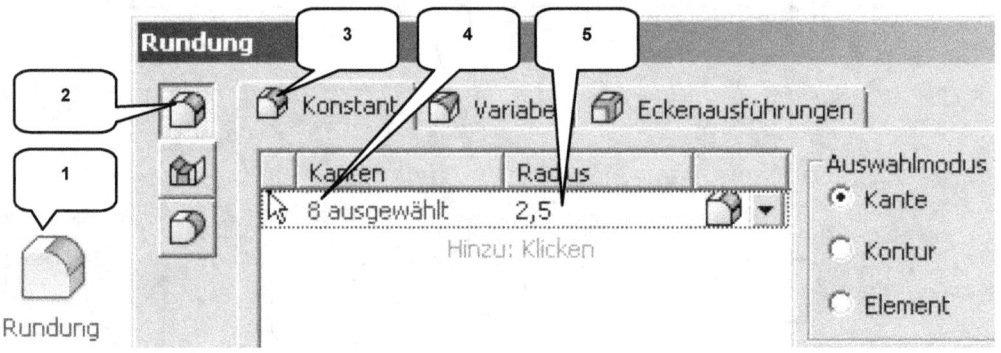

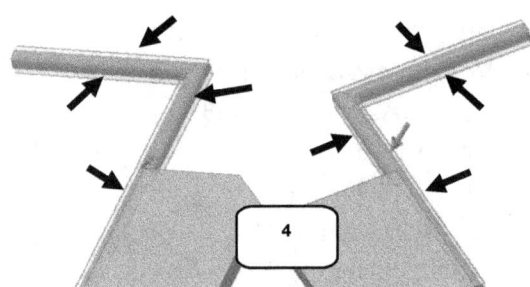

- **Rundung** (1)
- Option: Kantenabrundung (2)
- Reiter: Konstant (3)
- 8 Kanten wählen (4)
- Radius: [2,5] mm (5)
- **OK**

9.7 Pinne mit Gewinde versehen

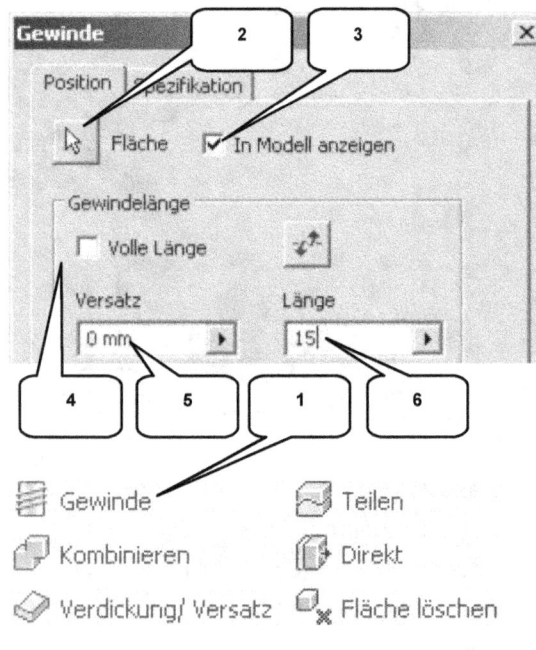

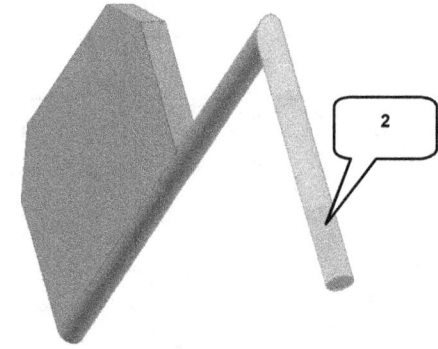

- **Gewinde** (1)
- Fläche: Fläche (2) wählen
- Aktivieren: In Modell anzeigen (3)
- Deaktivieren: Volle Länge (4)
- Versatz: [0] mm (5)
- Länge: [15] mm (6)
- **OK**

9.8 Ruderblatt abrunden

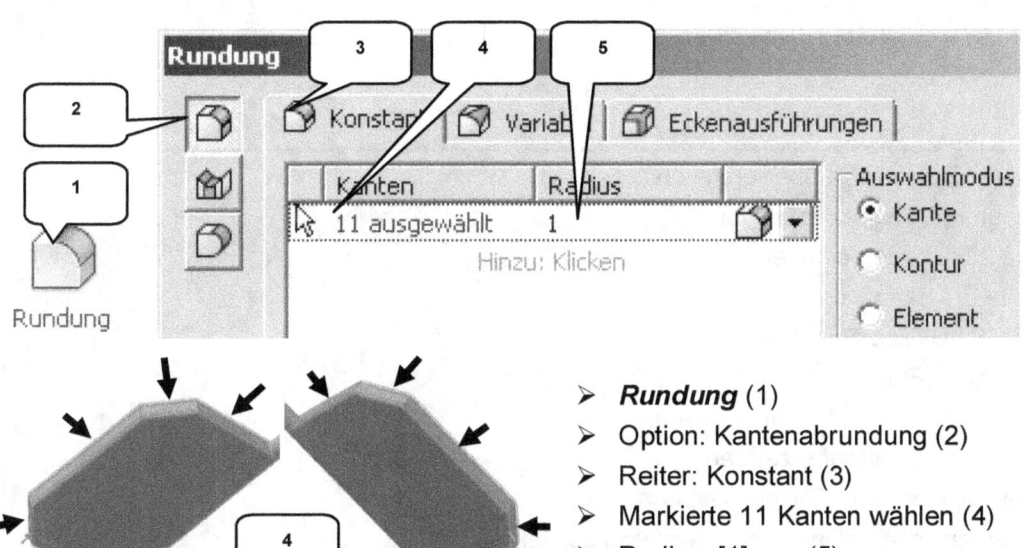

- ➢ **Rundung** (1)
- ➢ Option: Kantenabrundung (2)
- ➢ Reiter: Konstant (3)
- ➢ Markierte 11 Kanten wählen (4)
- ➢ Radius: [1] mm (5)
- ➢ **OK**

9.9 Farben zuweisen, Datei speichern und schließen

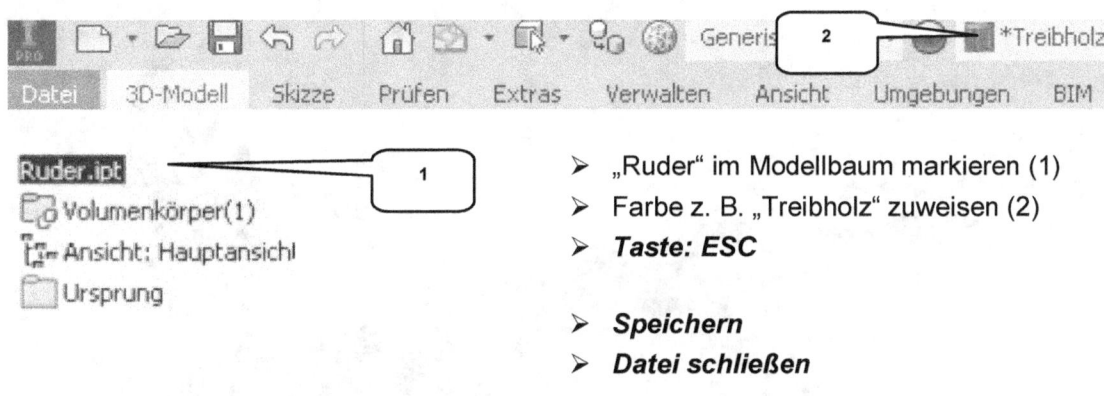

- ➢ „Ruder" im Modellbaum markieren (1)
- ➢ Farbe z. B. „Treibholz" zuweisen (2)
- ➢ **Taste: ESC**

- ➢ **Speichern**
- ➢ **Datei schließen**

10 Schiffsschraube

Agenda

- Bauteil „Schiffsschraube" erstellen
- Ebenen mit Versatz erzeugen
- Erste 2D-Skizze zeichnen
- Zweite 2D-Skizze zeichnen
- Dritte 2D-Skizze zeichnen
- Den ersten Flügel der Schiffsschraube erheben
- Flügel kopieren und polar anordnen
- Zentralen Kugelkopf erzeugen
- Antriebswelle durch Zylinder erzeugen
- Farben zuweisen, Datei speichern und schließen

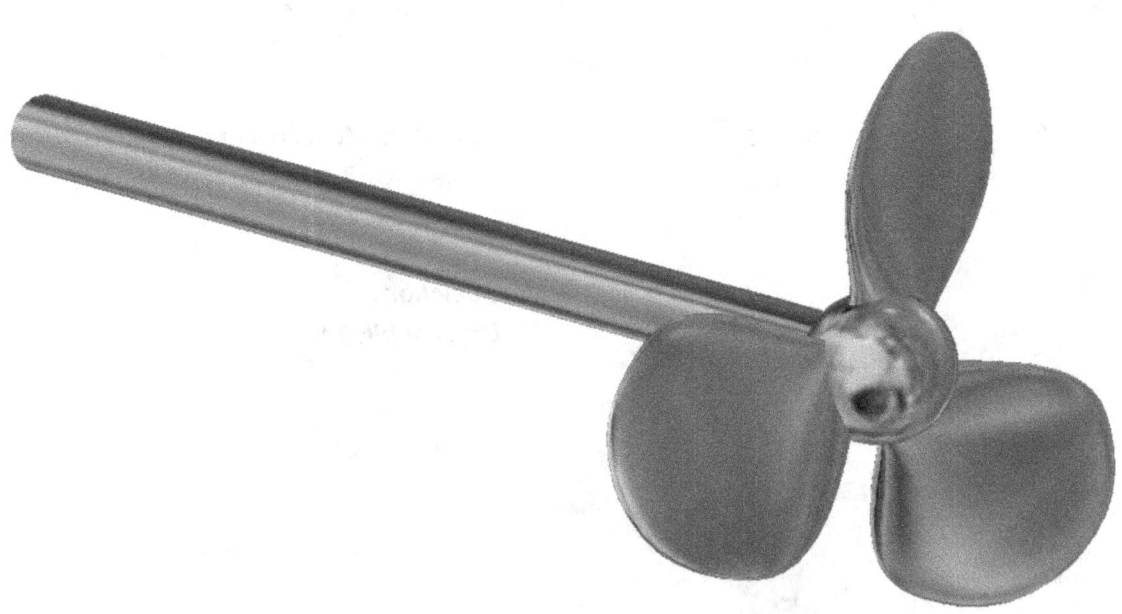

10.1 Bauteil „Schiffsschraube" erstellen

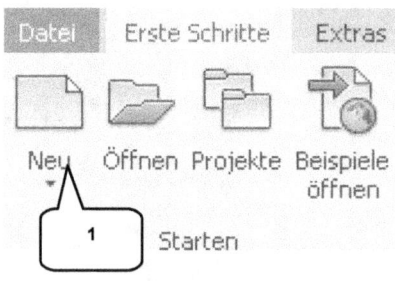

- **Neu** (1)
- Templates (2)
- Bauteil: Norm.ipt (3)
- **Erstellen** (4)

- **Speichern** (5)
- Dateiname: [Schiffsschraube] (6)
- **Speichern** (7)

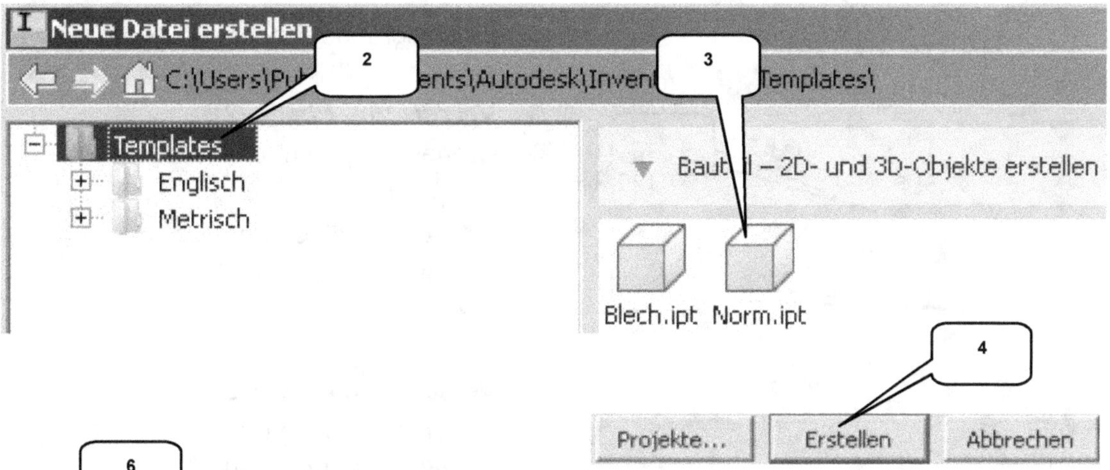

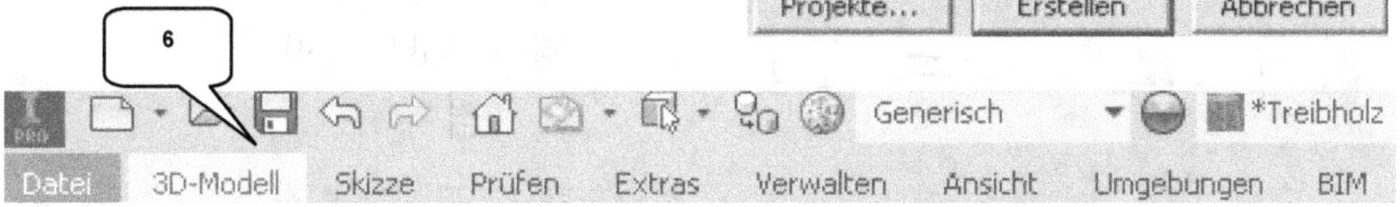

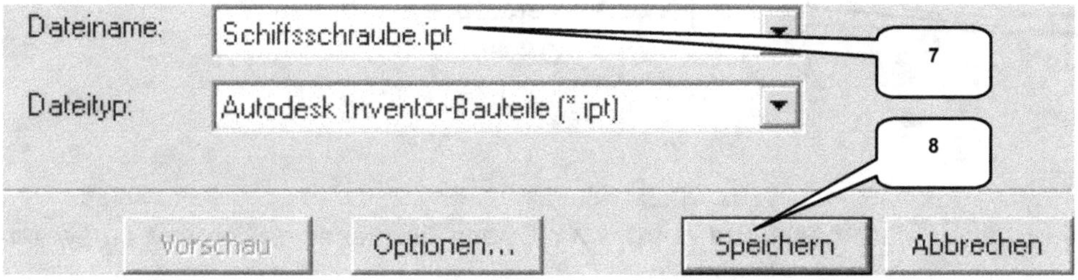

10.2 Ebenen mit Versatz erzeugen

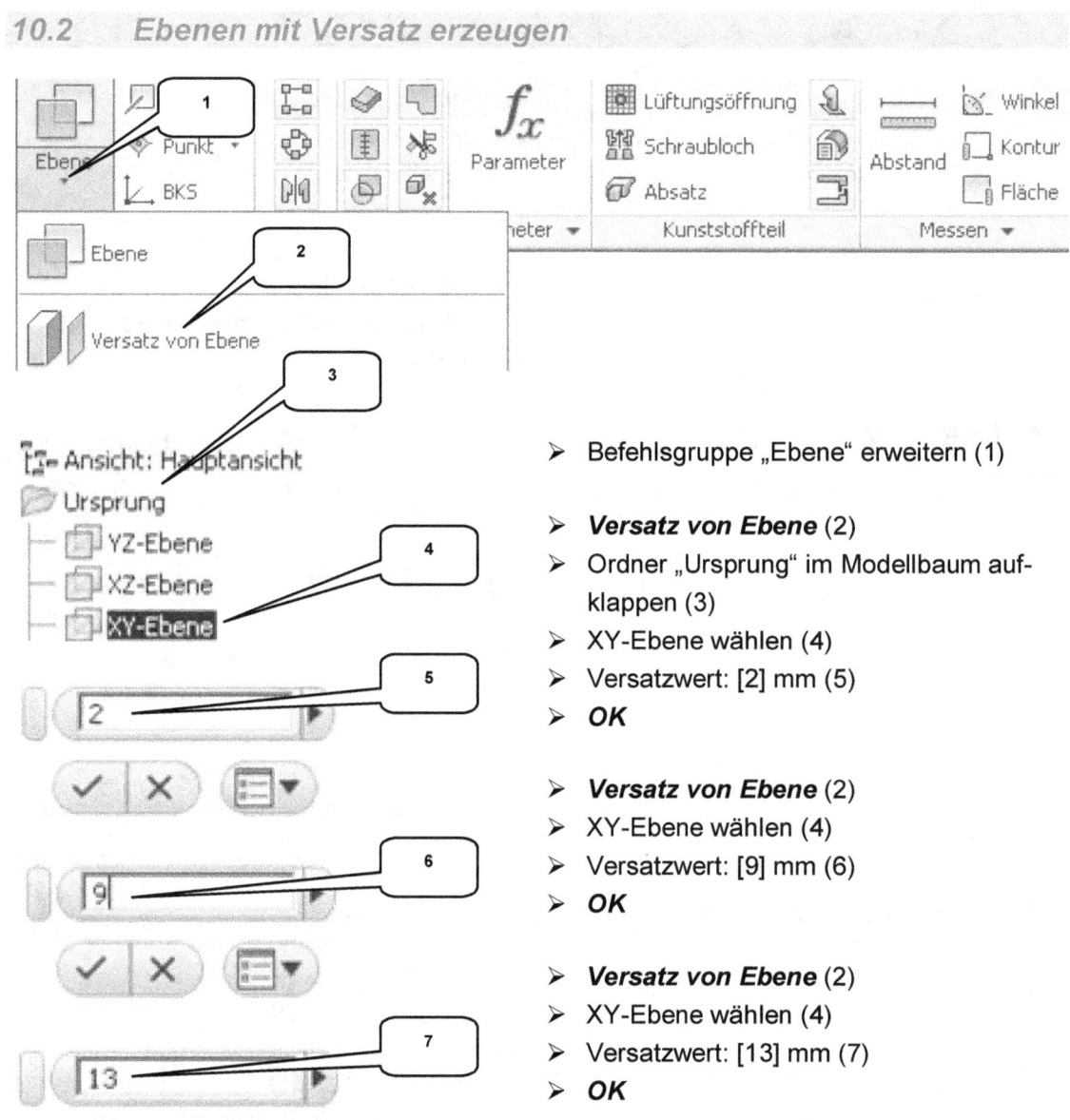

- Befehlsgruppe „Ebene" erweitern (1)
- **Versatz von Ebene** (2)
- Ordner „Ursprung" im Modellbaum aufklappen (3)
- XY-Ebene wählen (4)
- Versatzwert: [2] mm (5)
- **OK**

- **Versatz von Ebene** (2)
- XY-Ebene wählen (4)
- Versatzwert: [9] mm (6)
- **OK**

- **Versatz von Ebene** (2)
- XY-Ebene wählen (4)
- Versatzwert: [13] mm (7)
- **OK**

HINWEIS: Alle Ebenen sind, basierend auf der XY-Ebene, in dieselbe Richtung zu versetzen.

10.3 Erste 2D-Skizze zeichnen

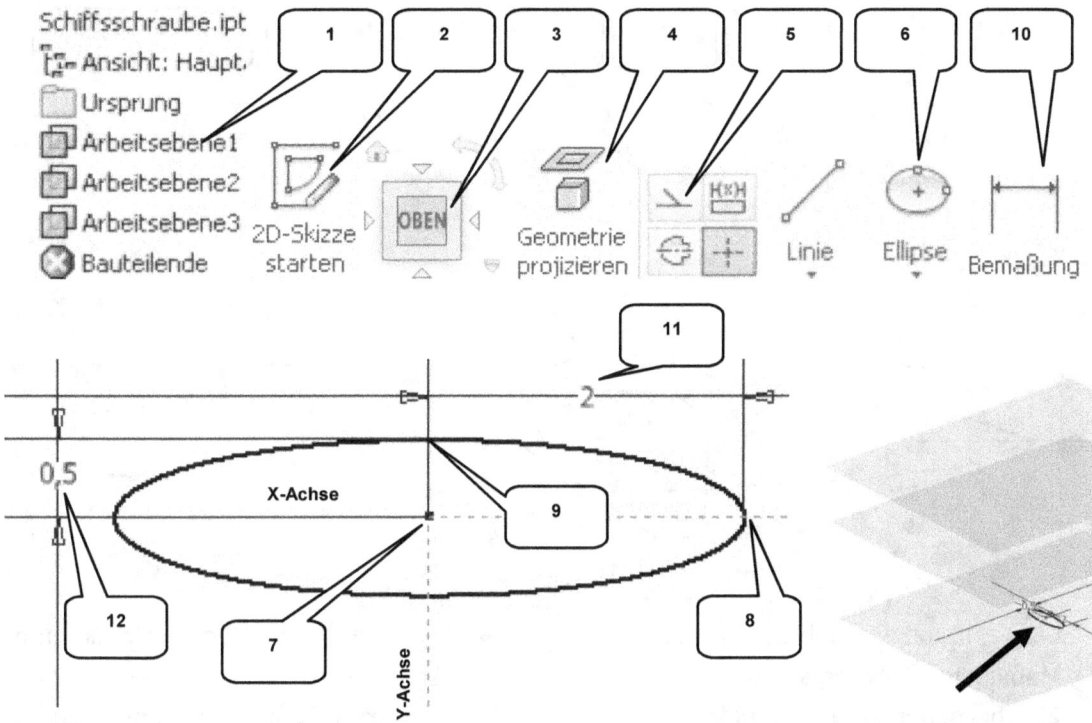

- ➤ 1. Arbeitsebene markieren (1)

- ➤ *2D-Skizze starten* (2)

- ➤ *ViewCube-Ansicht: OBEN* (3)

- ➤ *Geometrie projizieren* (4)
- ➤ X-, Y-, Z-Achse wählen
- ➤ *Taste: ESC*
- ➤ Alle Linien markieren

- ➤ *Konstruktion* (5)
- ➤ *Taste: ESC*

- ➤ *Ellipse* (6)

- ➤ 1. Punkt im Koordinatenursprung ablegen (7)
- ➤ 2. Punkt auf der X-Achse ablegen (8)
- ➤ 3. Punkt auf der Y-Achse ablegen (9)
- ➤ *Taste: ESC*

- ➤ *Bemaßung* (10)
- ➤ Ellipse wählen
- ➤ 1. Maß oberhalb der Ellipse ablegen
- ➤ Wert: [2] mm (11)
- ➤ Ellipse markieren
- ➤ 2. Maß links neben der Ellipse ablegen
- ➤ Wert: [0,5] mm (12)

- ➤ *Skizze fertig stellen*

10.4 Zweite 2D-Skizze zeichnen

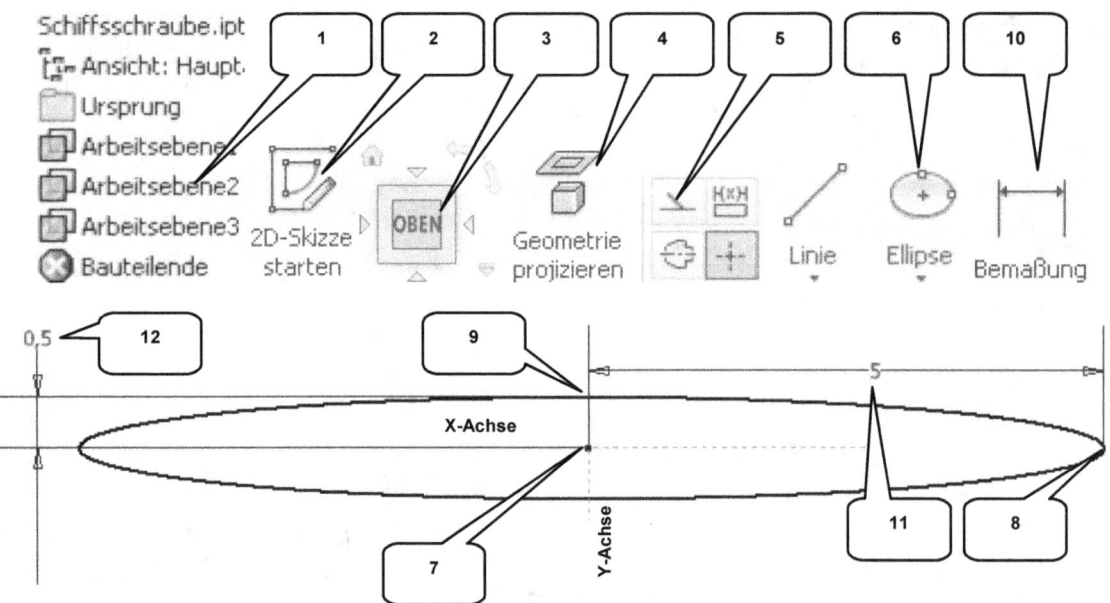

- Letzte Skizze ausblenden (rechte Maustaste > Sichtbarkeit deaktiv.)
- 2. Arbeitsebene markieren (1)

- **2D-Skizze starten** (2)

- **ViewCube-Ansicht: OBEN** (3)

- **Geometrie projizieren** (4)
- X-, Y-, Z-Achse wählen
- **Taste: ESC**
- Alle Linien markieren

- **Konstruktion** (5)
- **Taste: ESC**
- **Ellipse** (6)

- 1. Punkt im Koordinatenursprung ablegen (7)
- 2. Punkt auf der X-Achse ablegen (8)
- 3. Punkt auf der Y-Achse ablegen (9)
- **Taste: ESC**

- **Bemaßung** (10)
- Ellipse markieren
- 1. Maß oberhalb der Ellipse ablegen
- Wert: [5] mm (11)
- Ellipse markieren
- 2. Maß links neben der Ellipse ablegen
- Wert: [0,5] mm (12)
- **Taste: ESC**

- Schiffsschraube -

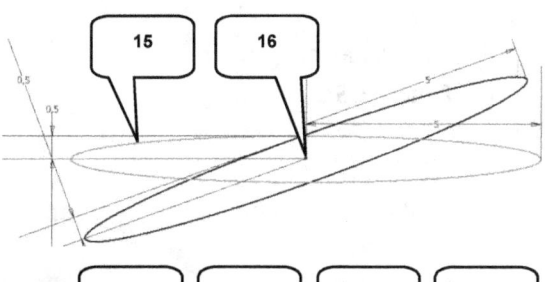
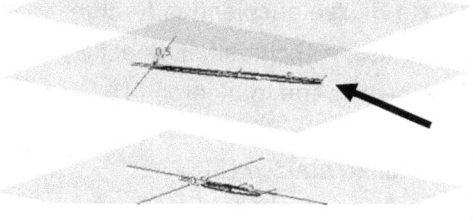

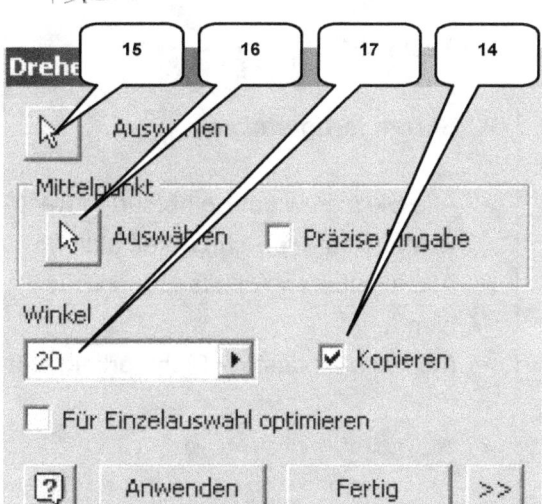

- **Drehen** (13)
- Aktivieren: Kopieren (14)
- Auswählen: Ellipse markieren (15)
- Mittelpunkt: Koordinatenursprung/ Ellipsenmittelpunkt wählen (16)
- Winkel: [20] Grad (17)
- **Anwenden**
- **Fertig**

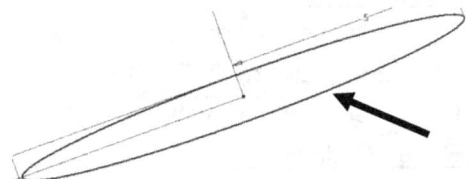

- Die 1. Ellipse markieren (15)
- **Taste: ENTF** (Löschen)

- **Skizze fertig stellen**

10.5 Dritte 2D-Skizze zeichnen

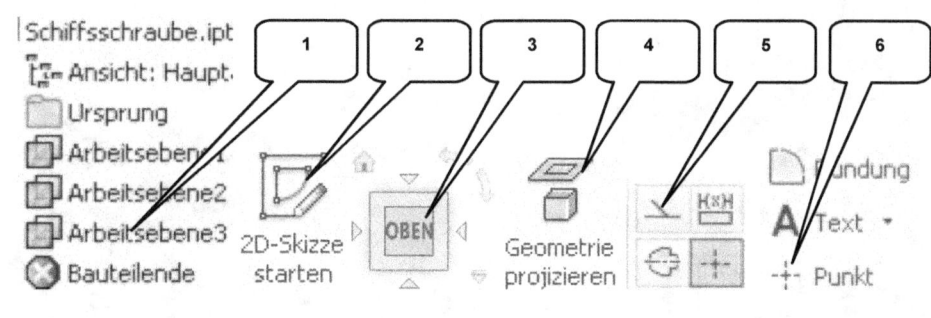

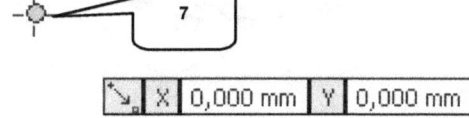

- *Schiffsschraube* -

- Letzte Skizze ausblenden (rechte Maustaste > Sichtbarkeit deaktiv.)
- 3. Arbeitsebene markieren (1)

- **2D-Skizze starten** (2)

- **ViewCube-Ansicht: OBEN** (3)

- **Geometrie projizieren** (4)
- X-, Y-, Z-Achse wählen
- **Taste: ESC**
- Alle Linien markieren

- **Konstruktion** (5)
- **Taste: ESC**

- **Punkt** (6)
- Punkt im Koordinatenursprung ablegen (7)
- **Taste: ESC**

- **Skizze fertig stellen**

- Alle Skizzen wieder einblenden (rechte Maustaste > Sichtbarkeit aktiv.)
- Alle sichtbaren Arbeitsebenen ausblenden
- (rechte Maustaste > Sichtbarkeit)

10.6 Flügel der Schiffsschraube als Erhebung erzeugen

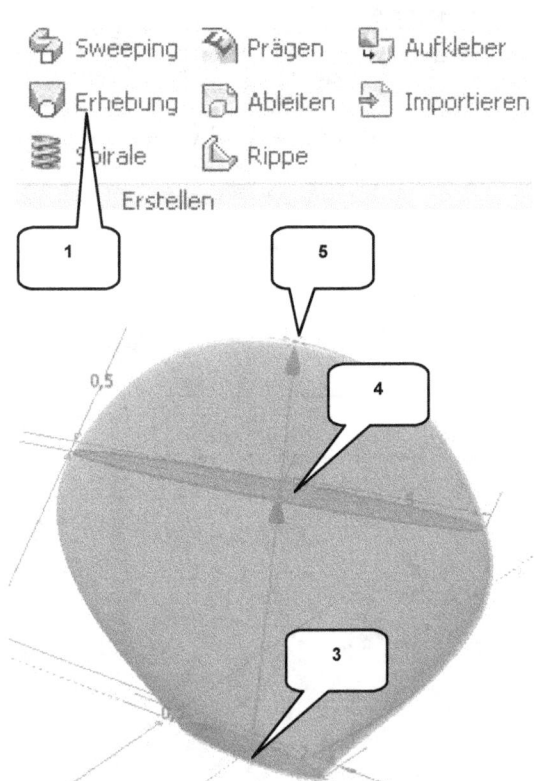

- **Erhebung** (1)
- Reiter: Kurven
- Option: Volumenkörper (2)
- Schnitte: 1. Ellipse, 2. Ellipse und Punkt nacheinander wählen (3, 4, 5)
- Reiter: Bedingungen
- „Bedingung" (2. Zeile) auf „Tangente" ändern (4)
- „Gewicht" (2. Zeile) auf den Wert [4,5] ändern (5)
- **OK**

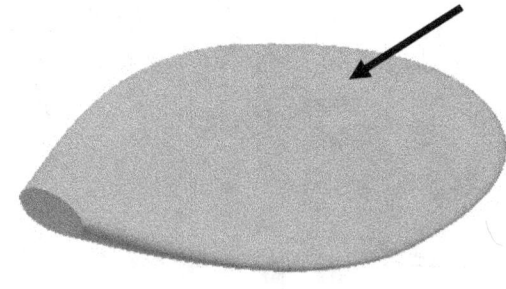

- Schiffsschraube -

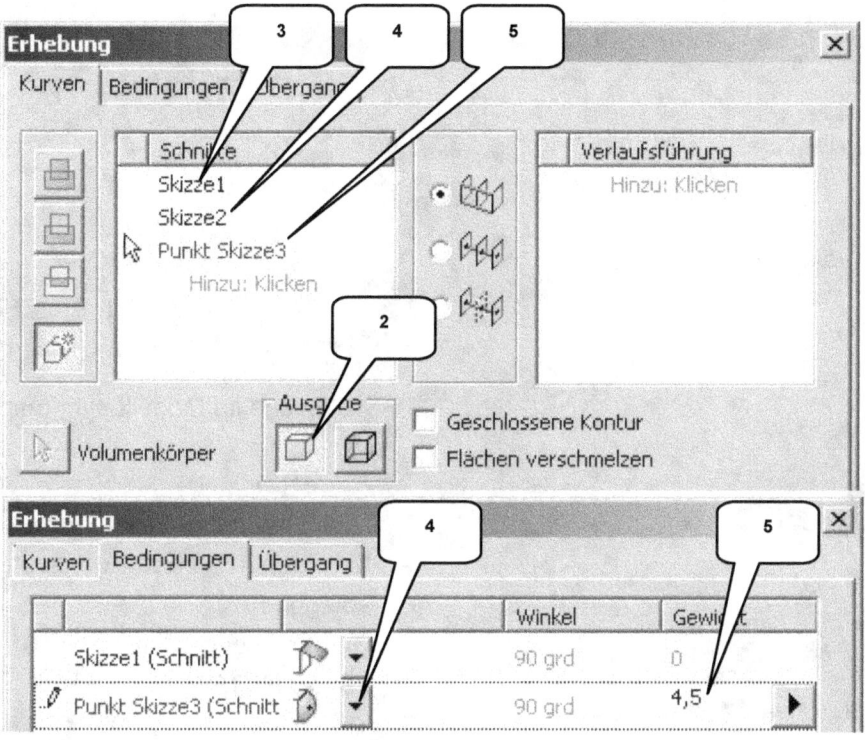

10.7 Flügel polar anordnen

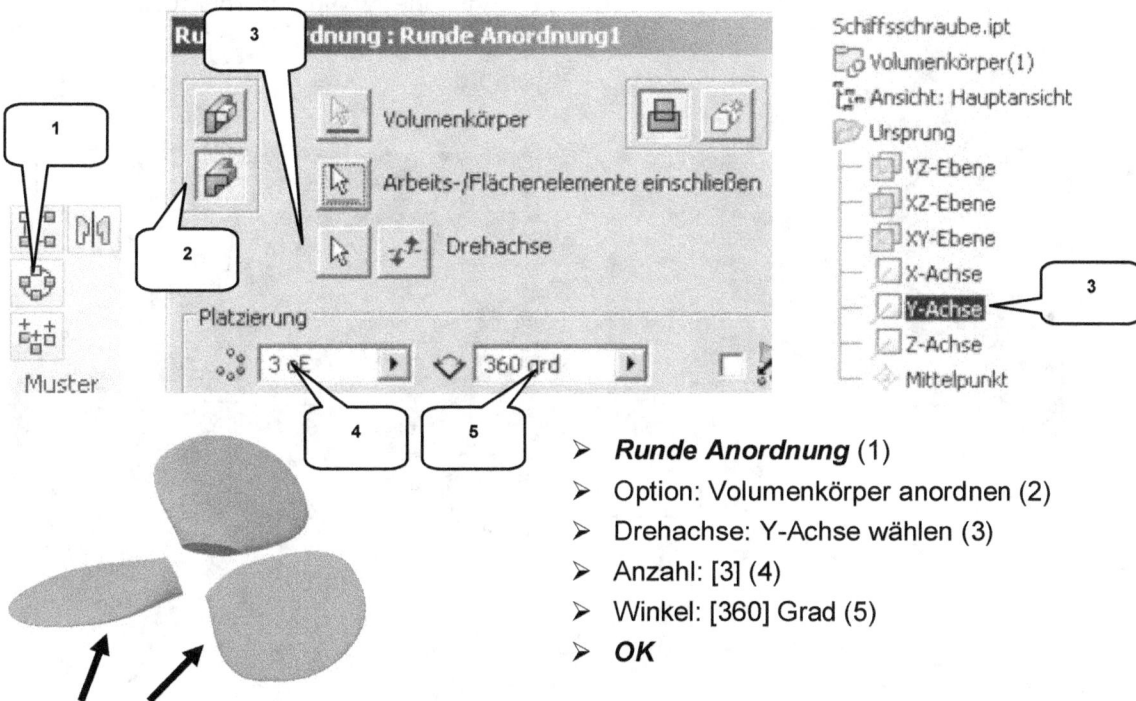

- **Runde Anordnung** (1)
- Option: Volumenkörper anordnen (2)
- Drehachse: Y-Achse wählen (3)
- Anzahl: [3] (4)
- Winkel: [360] Grad (5)
- **OK**

10.8 Zentralen Kugelkopf erzeugen

- XZ-Ebene im Modellbaum markieren (1)

- **Kugel** (2)
- (Befehlsgruppe **Grundkörper**)
- Mittelpunkt im Koordinatenursprung ablegen (3)
- Durchmesser: [6] mm (4)
- **Taste: ENTER**

- Im Befehl: Drehung
- Verfahren: Vereinigung (5)
- Ausgabe: Volumenkörper (6)
- Größe: Voll (7)
- **OK**

10.9 Antriebswelle mittels Zylinder erzeugen

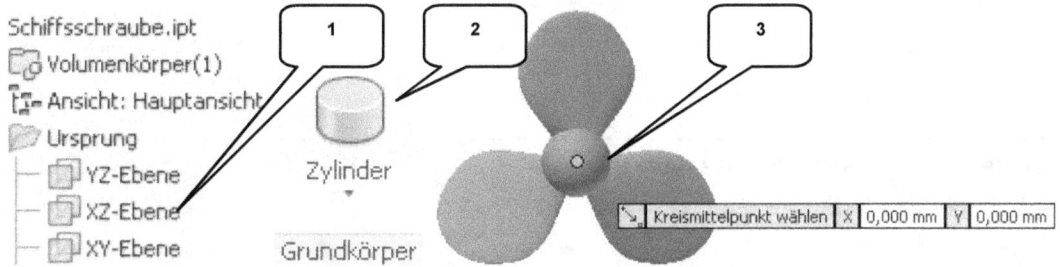

- XZ-Ebene im Modellbaum markieren (1)

- ***Zylinder*** (2)
- (Befehlsgruppe ***Grundkörper***)
- Mittelpunkt im Koordinatenursprung ablegen (3)
- Durchmesser: [3] mm (4)
- ***Taste: ENTER***

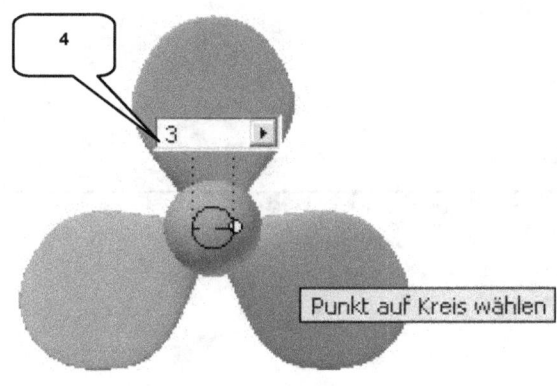

- Im Befehl: Extrusion
- Ausgabe: Volumenkörper (5)
- Verfahren: Vereinigung (6)
- Größe: Abstand (7)
- Wert: [50] mm (8)
- Richtung: 2 (9)
- ***OK***

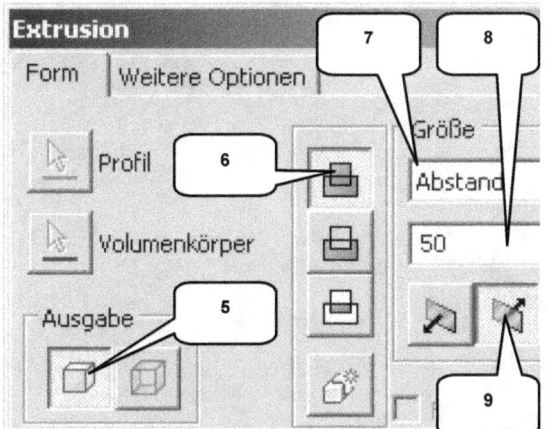

10.10 Farben zuweisen, Datei speichern und schließen

- „Schiffsschraube" im Modellbaum markieren
- Farbe z. B. „Chrom - poliert - blau" (1)

- Datei ***speichern*** und ***schließen***

11 Mast, Baum und Segel

Agenda

- Bauteil „Mast_Baum_Segel" erstellen
- 2D-Skizze des Masts zeichnen
- Mast extrudieren
- 2D-Skizze des Baums zeichnen
- Baum extrudieren
- 2D-Skizze des Segels zeichnen
- Segel als Umgrenzungsfläche erzeugen
- Farben zuweisen, Datei speichern und schließen

11.1 Bauteil „Mast_Baum_Segel" erstellen

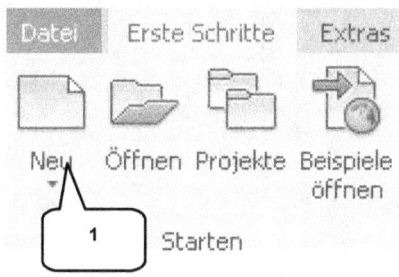

- ➤ **Neu** (1)
- ➤ Templates (2)
- ➤ Bauteil: Norm.ipt (3)
- ➤ **Erstellen** (4)

- ➤ **Speichern** (5)
- ➤ Dateiname: [Mast_Baum_Segel] (6)
- ➤ **Speichern** (7)

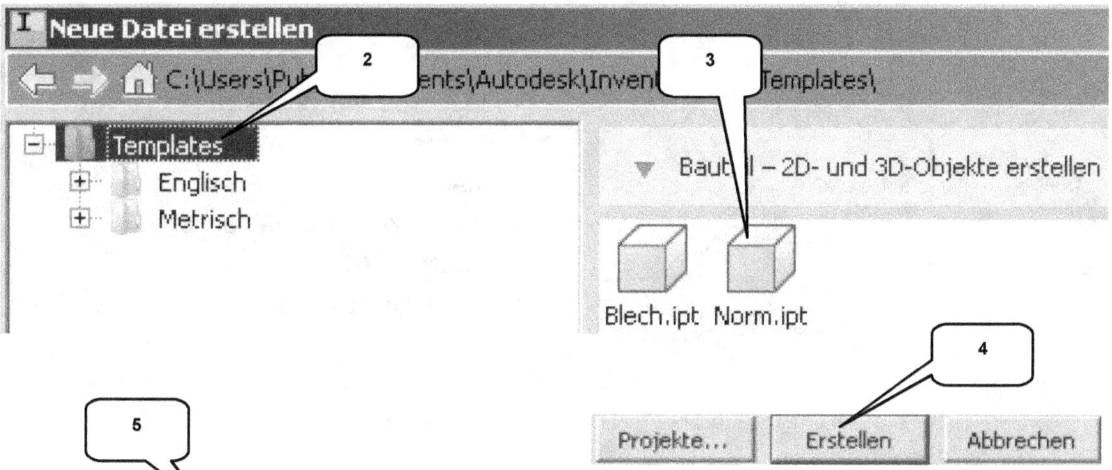

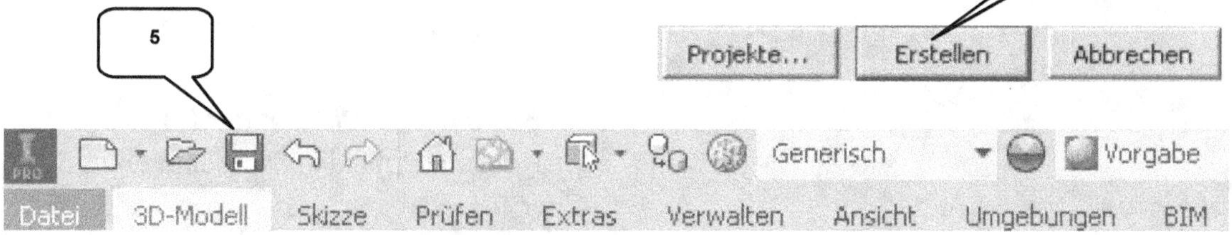

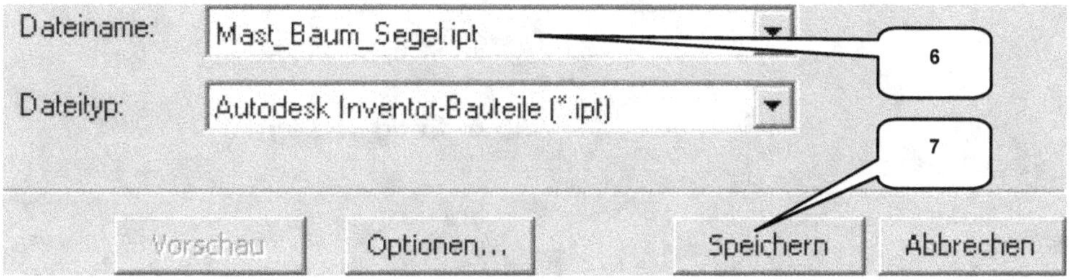

11.2 Basisskizze des Masts zeichnen

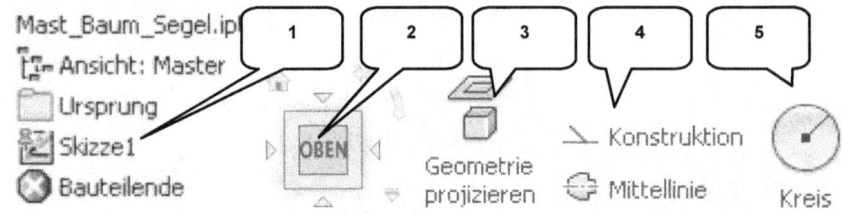

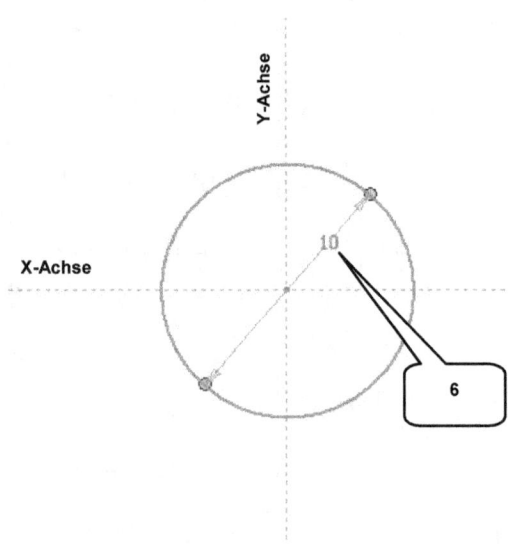

- Im Modellbaum auf „Skizze1" doppelklicken (1)

- **ViewCube-Ansicht: OBEN** (2)

- **Geometrie projizieren** (3)
- Ordner „Ursprung" im Modellbaum aufklappen
- X-, Y-, Z-Achse wählen
- **Taste: ESC**
- Alle Linien markieren

- **Konstruktion** (4)
- **Taste: ESC**

- **Kreis durch Mittelpunkt** (5)
- Kreismittelpunkt im Koordinatenursprung ablegen
- Durchmesser: [10] mm (6)
- **Taste: ENTER**
- **Taste: ESC**

- **Skizze fertig stellen**

11.3 Mast extrudieren

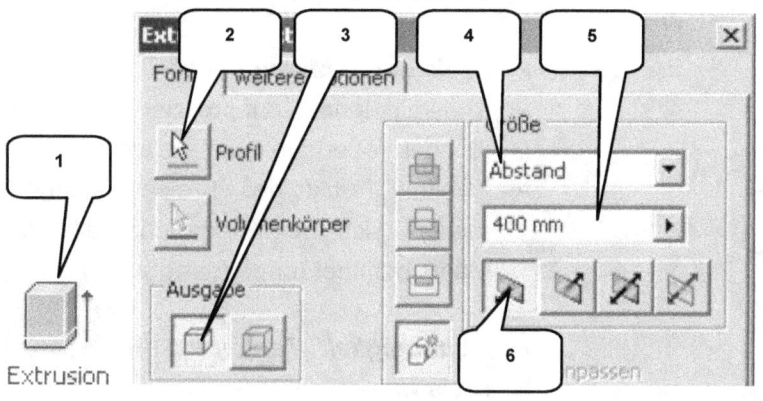
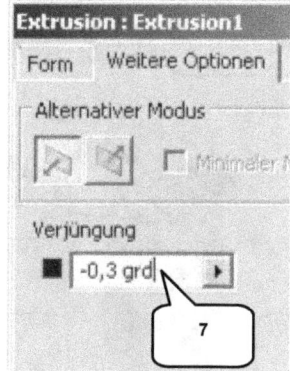
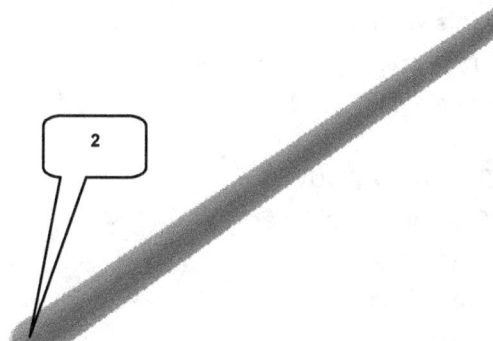

- ➤ **Extrusion** (1)
- ➤ Reiter: Form
- ➤ Profil: Kreis (2) wählen
- ➤ Ausgabe: Volumenkörper (3)
- ➤ Größe: Abstand (4)
- ➤ Wert: [400] mm (5)
- ➤ Richtung: 1 (6)
- ➤ Reiter: Weitere Optionen
- ➤ Verjüngung: [-0,3] Grad (7)
- ➤ **OK**

11.4 Basisskizze des Baums zeichnen

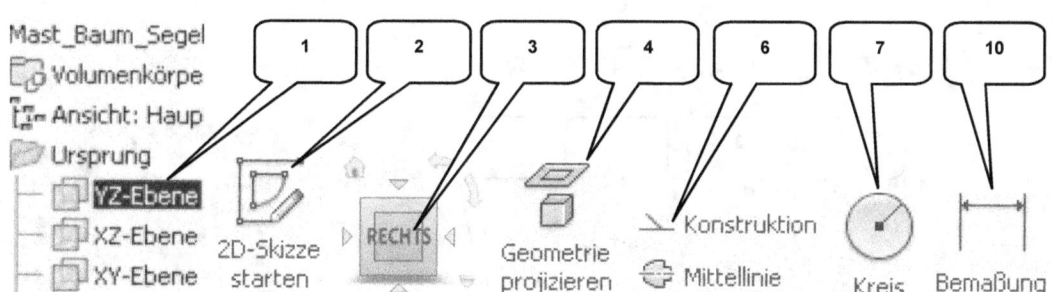

- ➤ YZ-Ebene markieren (1)

- ➤ **2D-Skizze starten** (2)
- ➤ **ViewCube-Ansicht: RECHTS** (3)
- ➤ **Taste: F7** (Skizze schneiden)

- ➤ **Geometrie projizieren** (4)
- ➤ X-, Y-, Z-Achse wählen (Modellbaum)
- ➤ Außenkanten (5, 6) am Mast wählen
- ➤ **Taste: ESC**
- ➤ Alle Linien markieren

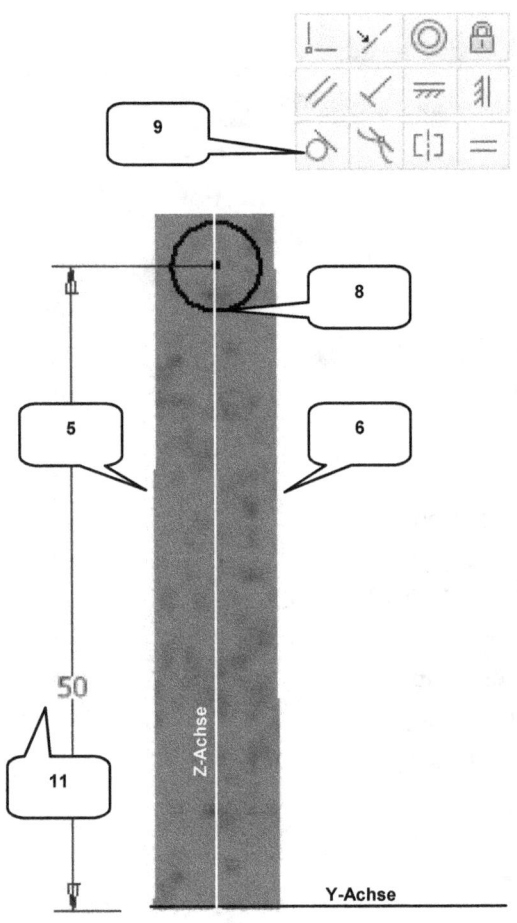

- **Konstruktion** (6)
- **Taste: ESC**

- **Kreis durch Mittelpunkt** (7)
- Kreismittelpunkt auf projizierter Z-Achse ablegen (oberhalb der Y-Achse)
- Zweiten Punkt des Kreises ablegen, sodass sich der Kreis innerhalb des Masts befindet (ohne Bemaßung!) (8)

- **Abhängigkeit: Tangential** (9)
- Kreis wählen (8)
- Projizierte Kante (5) wählen
- Kreis wählen (8)
- Projizierte Kante (6) wählen
- **Taste: ESC**

- **Bemaßung** (10)
- Kreismittelpunkt wählen
- Y-Achse wählen
- Maß ablegen
- Wert: [50] mm (11)
- **Taste: ENTER**

- **Skizze fertig stellen**

11.5 Verjüngten Mastbaum extrudieren

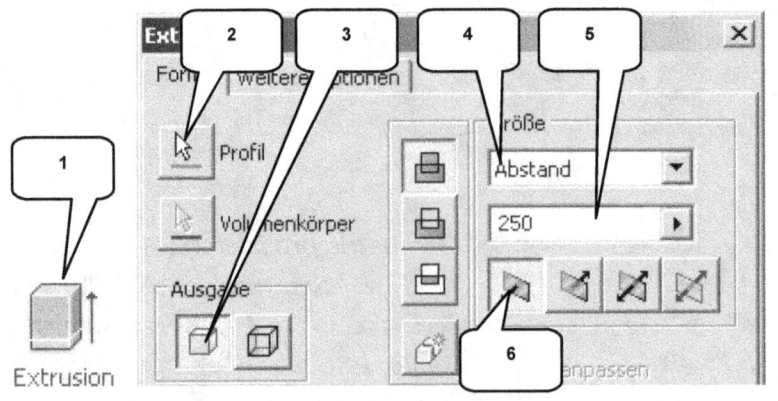
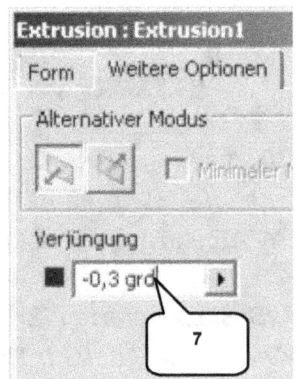

- Mast, Baum und Segel -

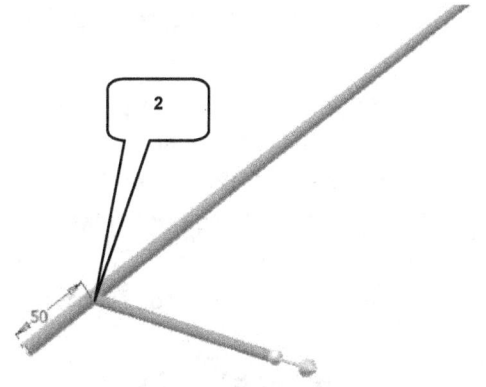

- ➤ **Extrusion** (1)
- ➤ Reiter: Form
- ➤ Profil: Kreis (2) wählen (automatisch)
- ➤ Ausgabe: Volumenkörper (3)
- ➤ Größe: Abstand (4)
- ➤ Wert: [250] mm (5)
- ➤ Richtung: 1 (6)
- ➤ Reiter: Weitere Optionen
- ➤ Verjüngung: [-0,3] Grad (7)
- ➤ **OK**

11.6 Basisskizze des Segels zeichnen

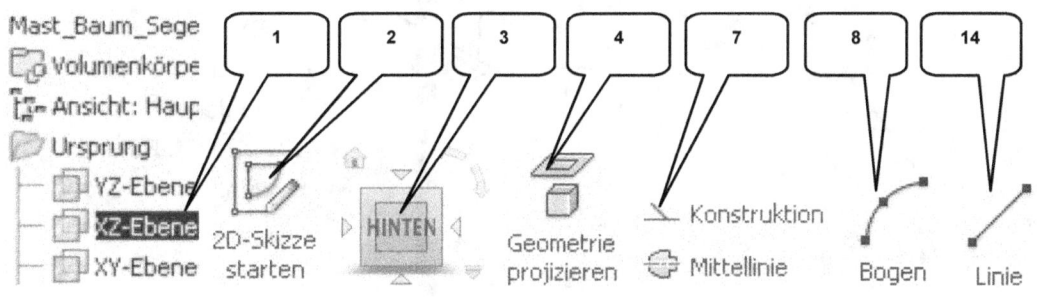

- ➤ XZ-Ebene markieren (1)

- ➤ **2D-Skizze starten** (2)

- ➤ **ViewCube-Ansicht: HINTEN** (3)

- ➤ **Geometrie projizieren** (4)
- ➤ Außenkante des Masts (5) und Außenkante des Baums (6) projizieren
- ➤ **Taste: ESC**
- ➤ Alle Linien markieren

- ➤ **Konstruktion** (7)
- ➤ **Taste: ESC**

- Mast, Baum und Segel -

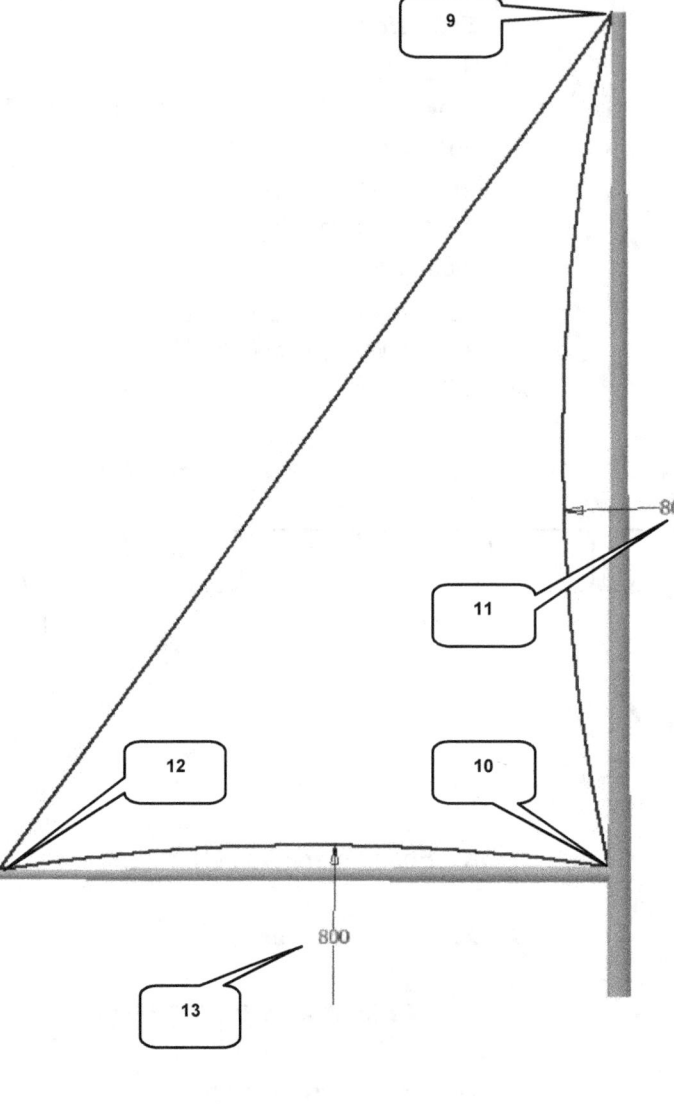

- ➢ **Bogen durch drei Punkte** (8)
- ➢ 1. Punkt: Punkt (9) wählen
- ➢ 2. Punkt: Punkt (10) wählen
- ➢ Maus etwas nach links ziehen
- ➢ Bogenradius: [800] mm (11)
- ➢ *Taste: ENTER*
- ➢ *Taste: ESC*

- ➢ **Bogen durch drei Punkte** (8)
- ➢ 1. Punkt: Punkt (10) wählen
- ➢ 2. Punkt: Punkt (12) wählen
- ➢ Maus etwas nach oben ziehen
- ➢ Bogenradius: [800] mm (13)
- ➢ *Taste: ENTER*
- ➢ *Taste: ESC*

- ➢ *Linie* (14)
- ➢ 1. Punkt: Punkt (9) wählen
- ➢ 2. Punkt: Punkt (12) wählen
- ➢ *Taste: ESC*

- ➢ **Skizze fertig stellen**

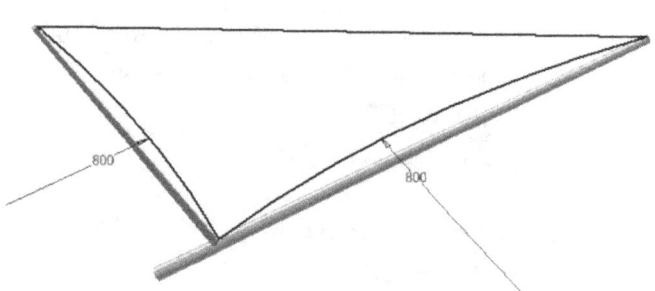

11.7 Segel als Flächenelement (Umgrenzungsfläche) erzeugen

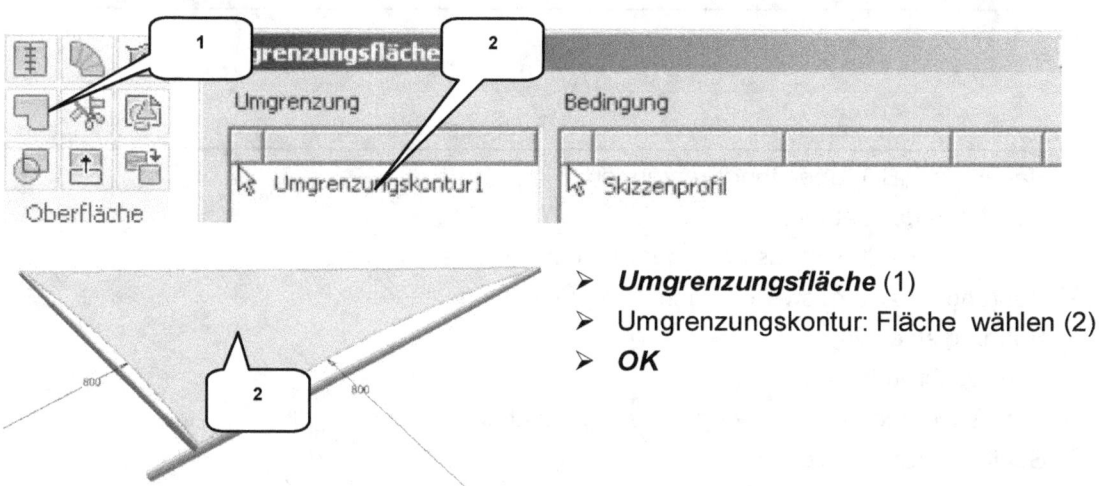

- **Umgrenzungsfläche** (1)
- Umgrenzungskontur: Fläche wählen (2)
- **OK**

11.8 Farben zuweisen, Datei speichern und schließen

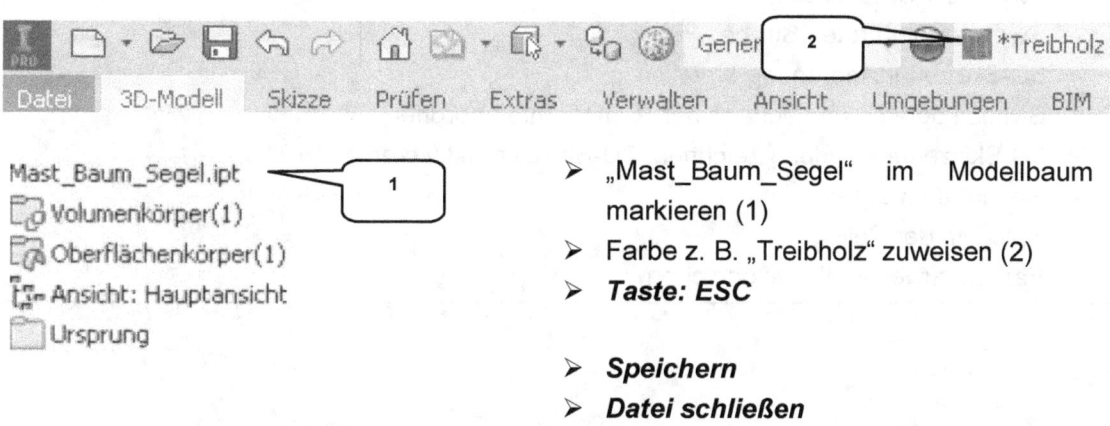

- „Mast_Baum_Segel" im Modellbaum markieren (1)
- Farbe z. B. „Treibholz" zuweisen (2)
- **Taste: ESC**

- **Speichern**
- **Datei schließen**

HINWEIS: Voraussetzung für den Befehl „Umgrenzungsfläche" ist eine vorhandene geschlossene 2D-Kontur. Sollte die Kontur nicht erkannt werden, muss in die Skizze zurückgewechselt werden und die Kontur dort geschlossen werden (rechte Maustaste auf eine der Linien > Kontur schließen). Eine Umgrenzungsfläche ist ein reines Flächenobjekt ohne Masse und Gewicht, welche allerdings mit dem Befehl „Verdickung/ Versatz" nachträglich in einen Volumenkörper konvertiert werden kann.

12 Baugruppe „BG_Speedboot"

Agenda

- Baugruppe „BG_Speedboot" erzeugen
- Platzieren der Bauteile
- „Rumpf_Speedboot" aus der Baugruppe heraus bearbeiten
- Bohrung für Antriebswelle in den Rumpf einfügen
- Bohrung spiegeln
- Schiffsschraube drehen
- Schiffsschraube von Bohrung abhängig machen
- Schiffsschraube spiegeln
- Bauteil „Reling" aus der Baugruppe heraus erstellen
- Erste 2D-Skizze zeichnen
- Zweite 2D-Skizze zeichnen
- Sweepen der ersten Strebe
- 3D-Skizze für Anordnung erstellen
- Strebe kopieren und entlang der Rumpfkante anordnen
- 2D-Skizze für Handgriff zeichnen, 3D-Skizze reaktivieren
- Handgriff sweepen
- Spiegeln der Reling
- Farben zuweisen, Datei speichern

12.1 Baugruppe „BG_Speedboot" erzeugen

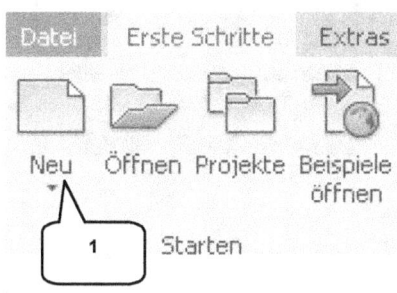

- **Neu** (1)
- Templates (2)
- Baugruppe: Norm.iam (3)
- **Erstellen** (4)

- **Speichern** (5)
- Dateiname: [BG_Speedboot] (6)
- **Speichern** (7)

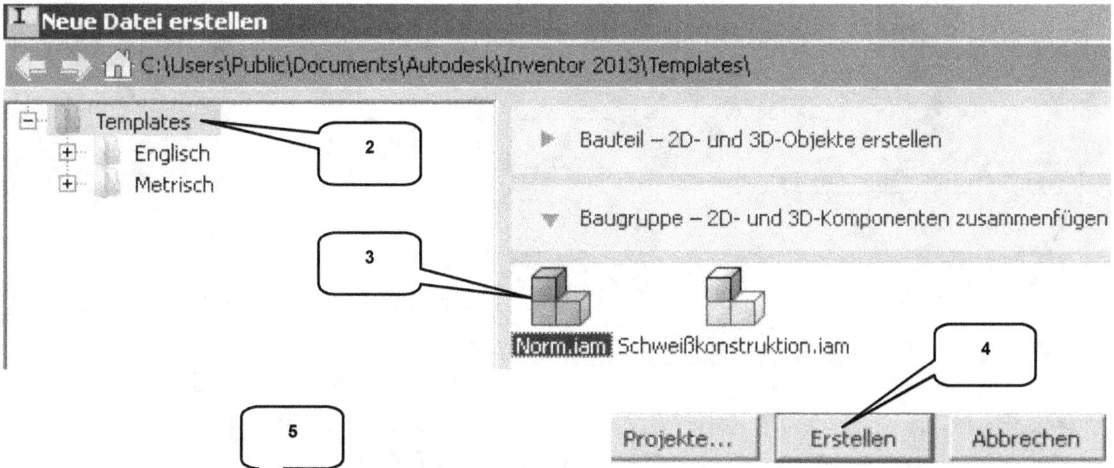

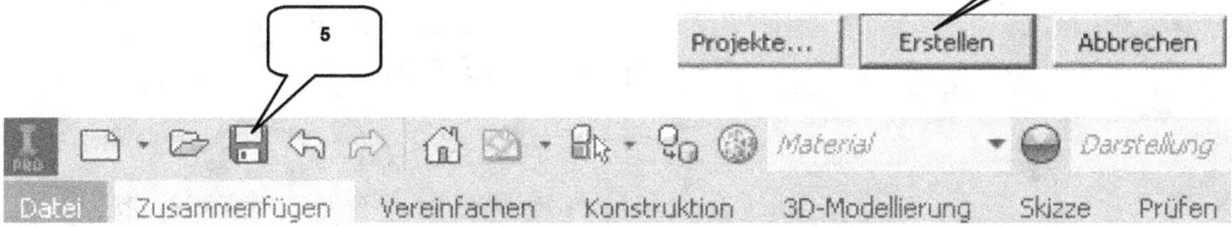

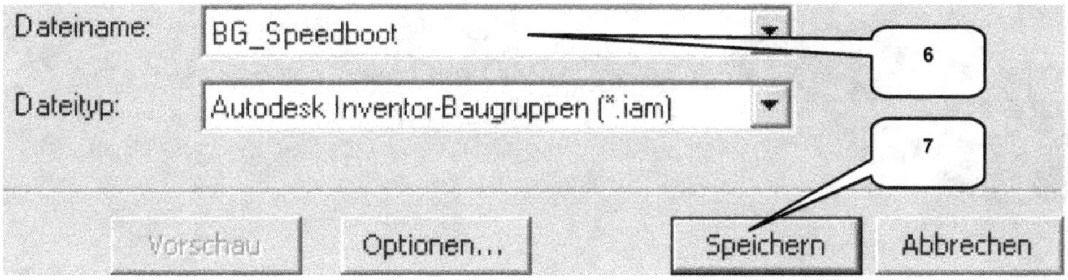

12.2 Bauteile platzieren

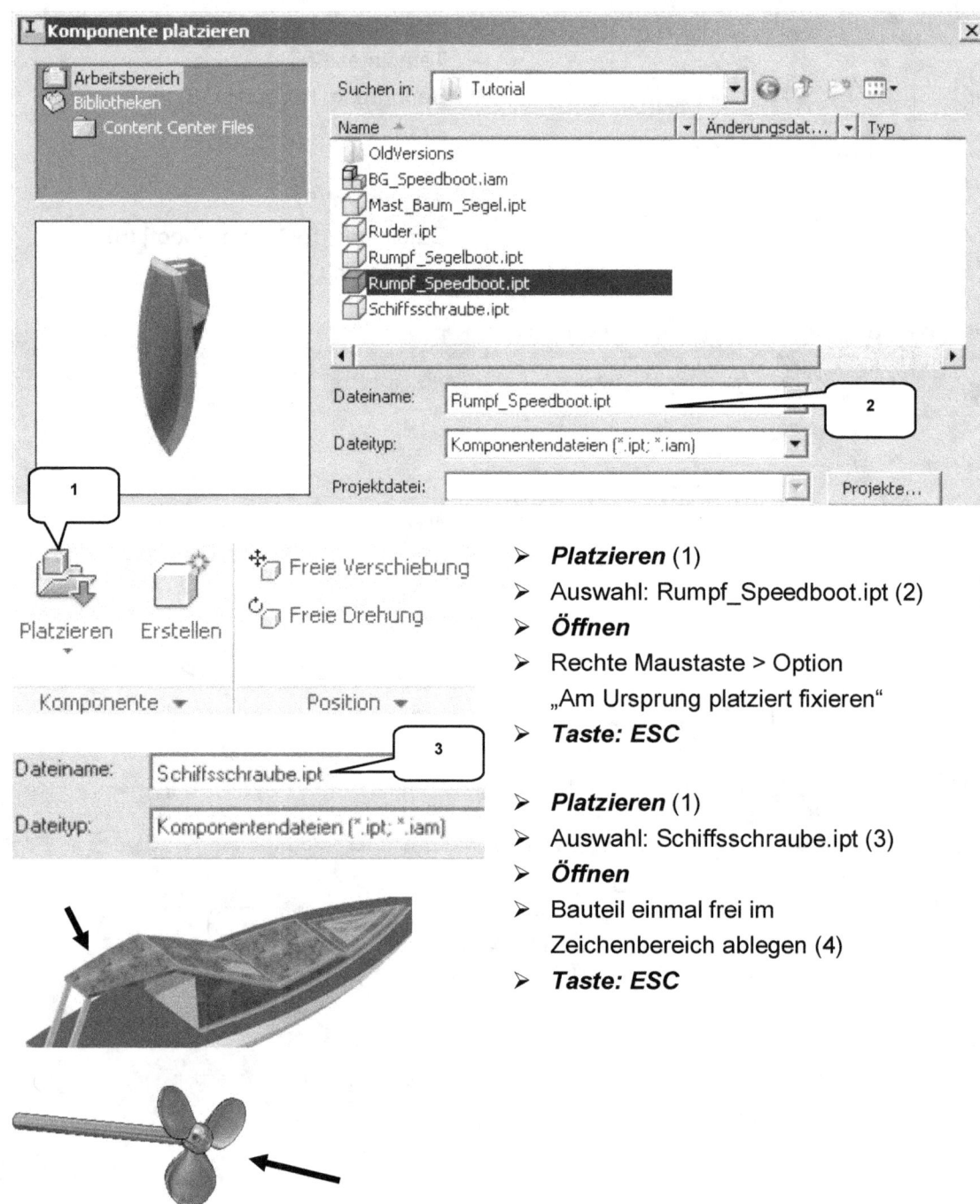

- **Platzieren** (1)
- Auswahl: Rumpf_Speedboot.ipt (2)
- **Öffnen**
- Rechte Maustaste > Option „Am Ursprung platziert fixieren"
- **Taste: ESC**

- **Platzieren** (1)
- Auswahl: Schiffsschraube.ipt (3)
- **Öffnen**
- Bauteil einmal frei im Zeichenbereich ablegen (4)
- **Taste: ESC**

12.3 „Rumpf_Speedboot" innerhalb der Baugruppe bearbeiten

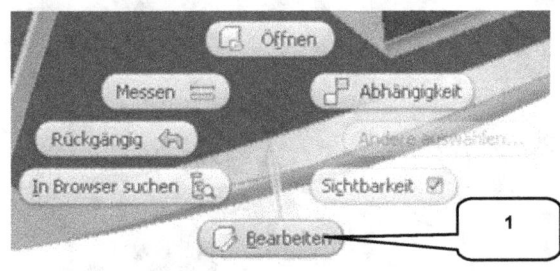

- Rechte Maustaste auf Bauteil „Rumpf_Speedboot"
- Option: Bearbeiten (1)
- (Programm wechselt in den Modellbereich des Bauteils)

12.4 Bohrung für Antriebswelle in den Rumpf einbringen

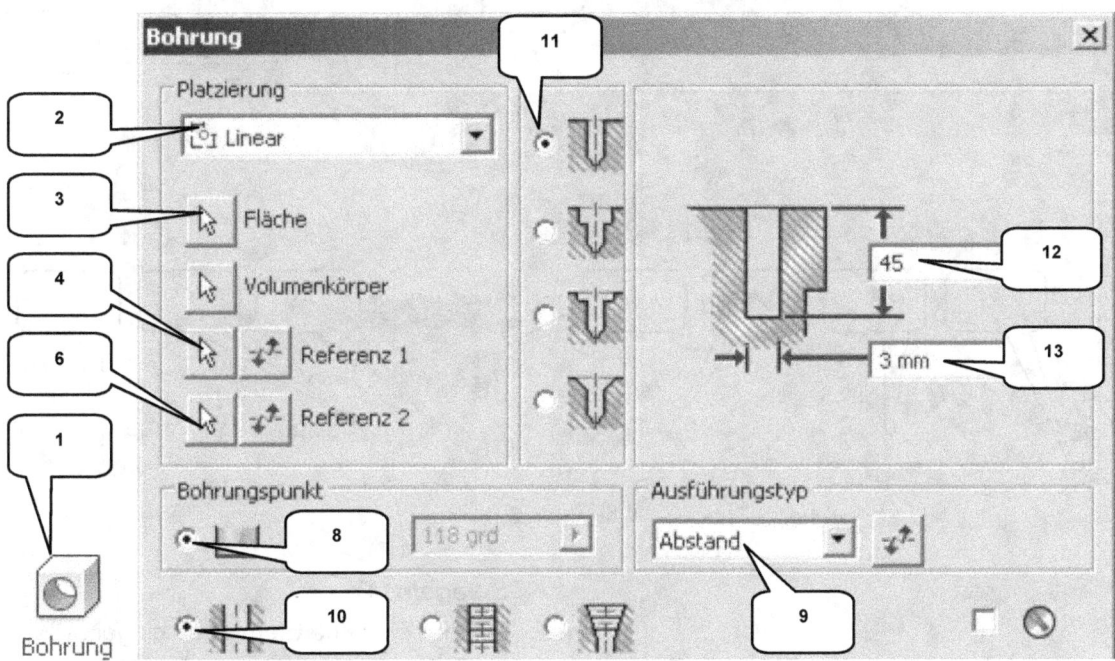

- **Bohrung** (1)
- Platzierungstyp: Linear (2)
- Fläche: Fläche (3) wählen (<u>unterer Teil des Rumpfes, Fläche am Heckbereich</u>)
- Referenz 1: Kante (4) wählen (Rumpf)
- Abstand: [45] mm (5)
- Referenz 2: Kante (6) wählen (Strebe)

- Abstand: [0] mm (7)
- Bohrungspunkt: Flach (8)
- Ausführungstyp: Abstand (9)
- Option: Einfache Bohrung (10)
- Option: Bohren (11)
- Bohrungstiefe: [45] mm (12)
- Bohrungsdurchmesser: [3] mm (13)
- **OK**

- Baugruppe „BG_Speedboot" -

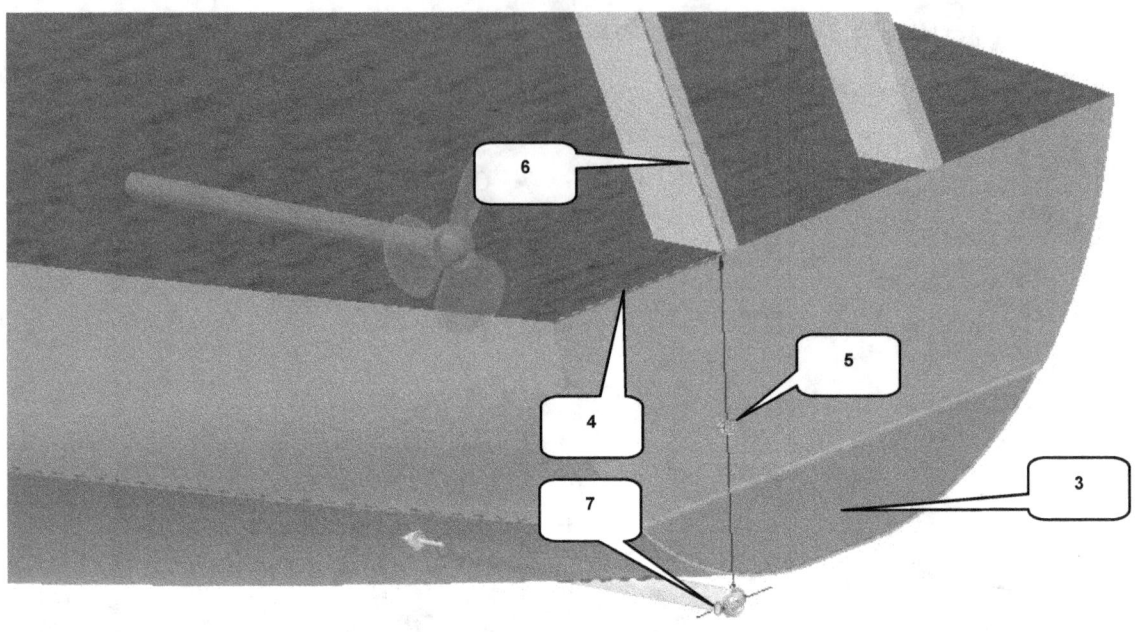

12.5 Bohrung für Antriebswelle spiegeln

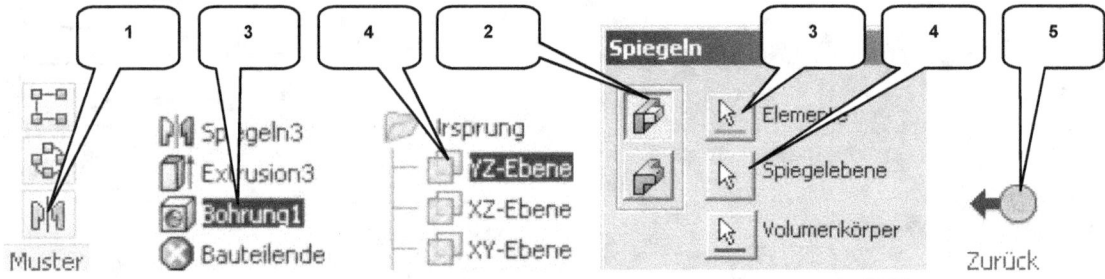

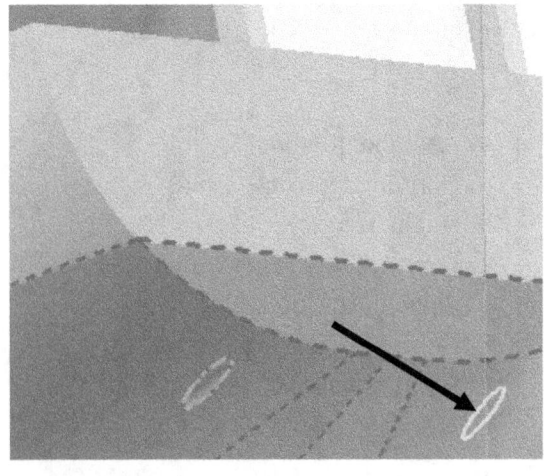

- ➤ **Spiegeln** (1)
- ➤ Option: Einzelne Elemente spiegeln (2)
- ➤ Elemente: Bohrung wählen (3)
- ➤ Spiegelebene: YZ-Ebene des Bauteils „Rumpf_Speedboot" (4) wählen (<u>nicht</u> die YZ-Ebene der Baugruppe!)
- ➤ **OK**

- ➤ **Zurück** (5)

- ➤ (Programm wechselt in den Baugruppenbereich zurück)

12.6 Ausrichtung der Schiffsschraube optimieren

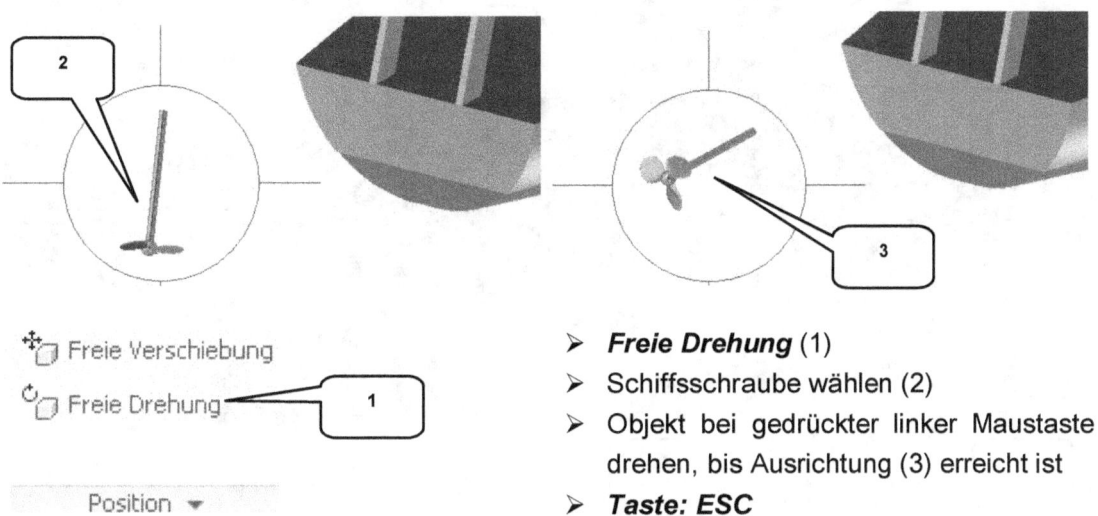

- **Freie Drehung** (1)
- Schiffsschraube wählen (2)
- Objekt bei gedrückter linker Maustaste drehen, bis Ausrichtung (3) erreicht ist
- **Taste: ESC**

12.7 Antriebswelle in Bohrung platzieren

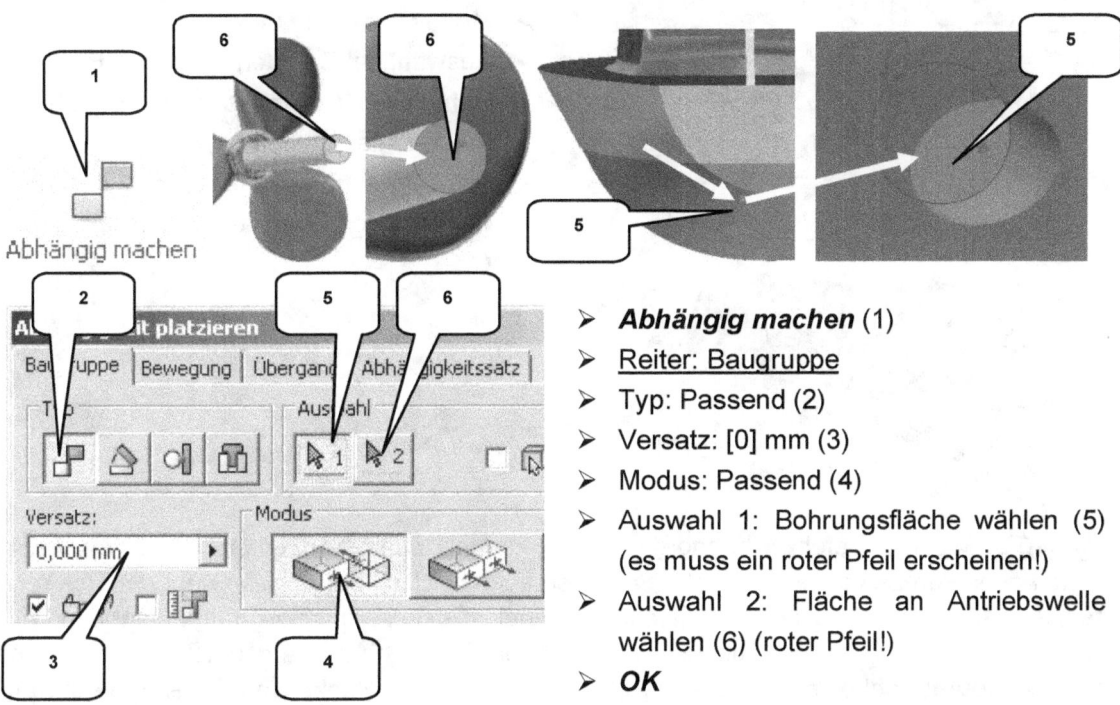

- **Abhängig machen** (1)
- Reiter: Baugruppe
- Typ: Passend (2)
- Versatz: [0] mm (3)
- Modus: Passend (4)
- Auswahl 1: Bohrungsfläche wählen (5) (es muss ein roter Pfeil erscheinen!)
- Auswahl 2: Fläche an Antriebswelle wählen (6) (roter Pfeil!)
- **OK**

HINWEIS: Das Drehen der Schiffsschraube vor dem Setzen der Abhängigkeit verhindert eine falsche Positionierung.

- Baugruppe „BG_Speedboot" -

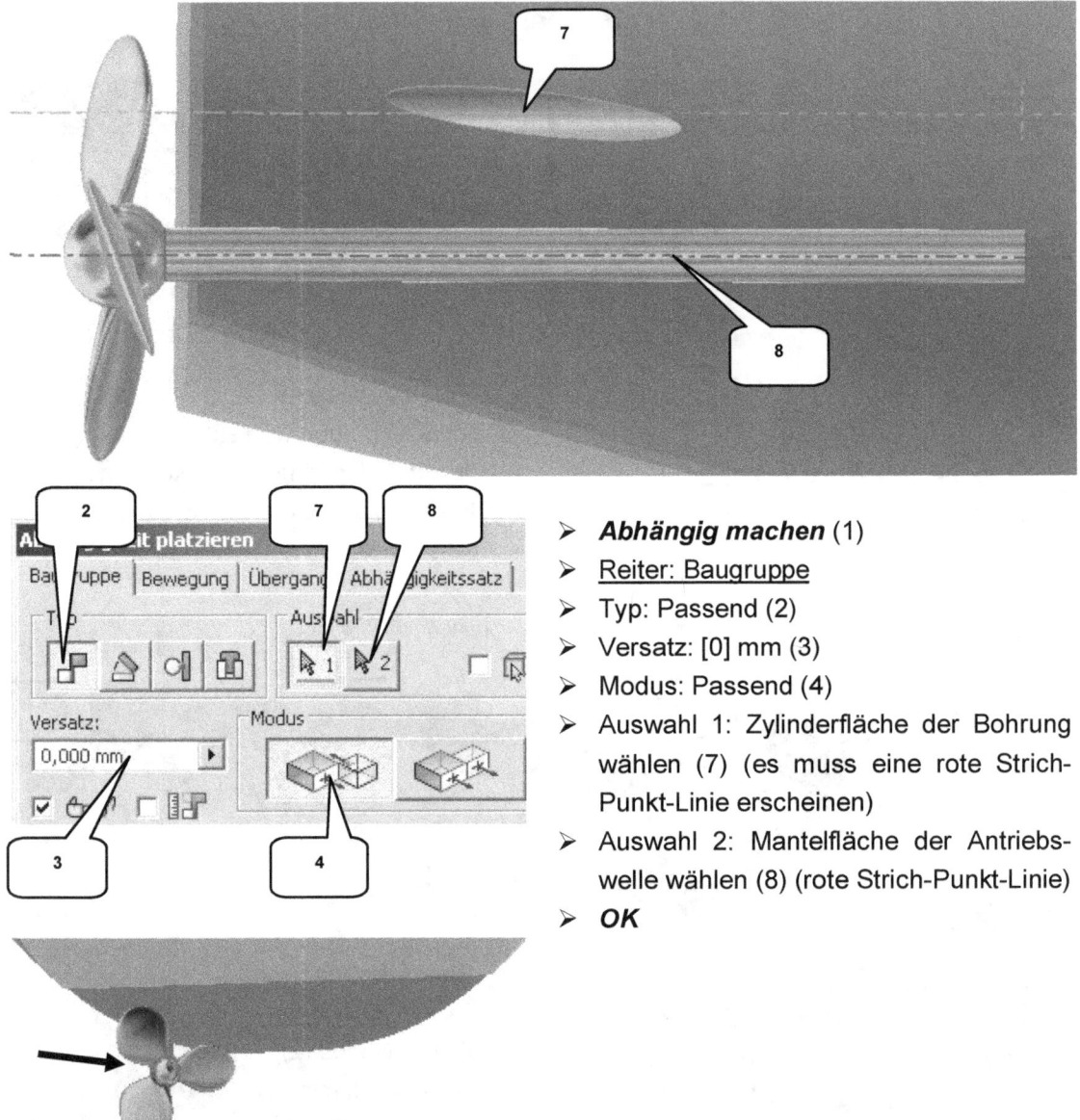

- **Abhängig machen** (1)
- Reiter: Baugruppe
- Typ: Passend (2)
- Versatz: [0] mm (3)
- Modus: Passend (4)
- Auswahl 1: Zylinderfläche der Bohrung wählen (7) (es muss eine rote Strich-Punkt-Linie erscheinen)
- Auswahl 2: Mantelfläche der Antriebswelle wählen (8) (rote Strich-Punkt-Linie)
- **OK**

HINWEIS: Mit dem Befehl „Abhängig machen" können Ebenen, Flächen, Kanten, Achsen, Ecken oder Punkte voneinander abhängig gemacht werden. Bei der Auswahl der Referenzen ist daher darauf zu achten, welches Symbol in der Voranzeige dargestellt wird. Ein kleiner Pfeil symbolisiert die Auswahl einer Ebene/ Fläche, eine rote gestrichelte Linie symbolisiert die Auswahl einer Kante oder Achse, und ein grüner Punkt symbolisiert die Auswahl einer Ecke/ eines Punktes.

12.8 Schiffsschraube spiegeln

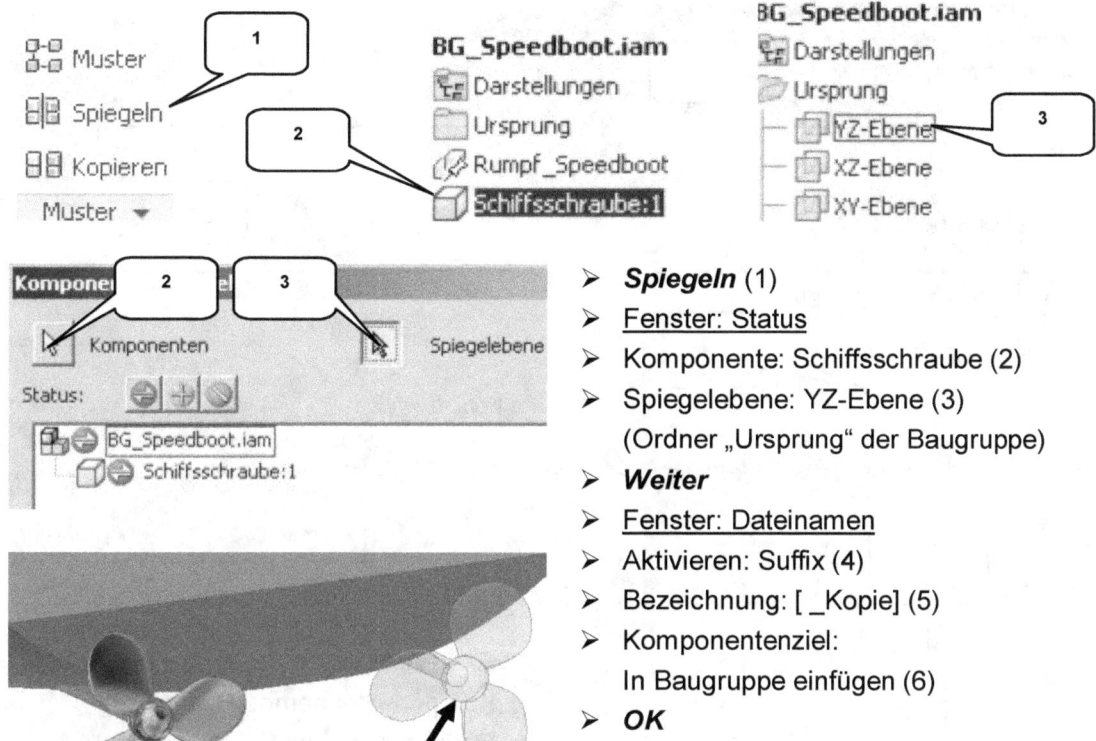

- ➤ **Spiegeln** (1)
- ➤ Fenster: Status
- ➤ Komponente: Schiffsschraube (2)
- ➤ Spiegelebene: YZ-Ebene (3)
  (Ordner „Ursprung" der Baugruppe)
- ➤ **Weiter**
- ➤ Fenster: Dateinamen
- ➤ Aktivieren: Suffix (4)
- ➤ Bezeichnung: [_Kopie] (5)
- ➤ Komponentenziel:
  In Baugruppe einfügen (6)
- ➤ **OK**

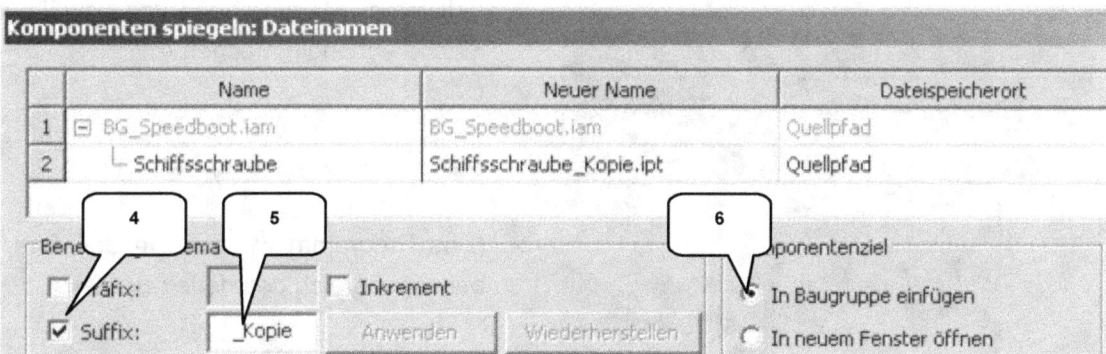

HINWEIS: Wurde eine Kopie eines Bauteils in einer Baugruppe erstellt, wird diese Kopie zwar auf die gewünschte Position gesetzt, ist allerdings noch frei beweglich. Alle Abhängigkeiten müssen daher erneut vergeben werden. Alternative: rechte Maustaste > Fixiert.

12.9 Bauteil „Reling.ipt" aus der Baugruppe heraus erstellen

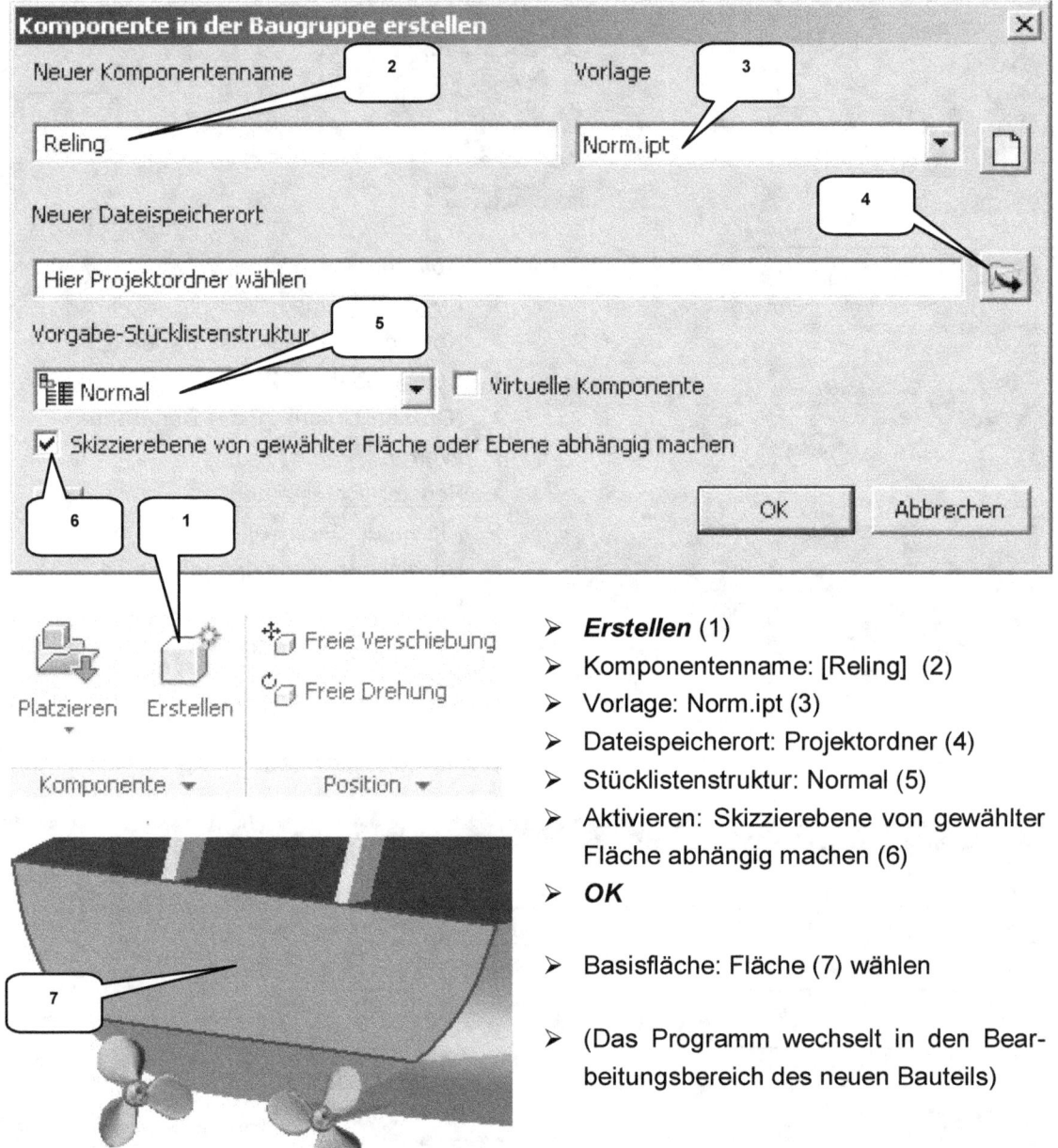

- **Erstellen** (1)
- Komponentenname: [Reling] (2)
- Vorlage: Norm.ipt (3)
- Dateispeicherort: Projektordner (4)
- Stücklistenstruktur: Normal (5)
- Aktivieren: Skizzierebene von gewählter Fläche abhängig machen (6)
- **OK**

- Basisfläche: Fläche (7) wählen

- (Das Programm wechselt in den Bearbeitungsbereich des neuen Bauteils)

12.10 Erste 2D-Skizze zeichnen

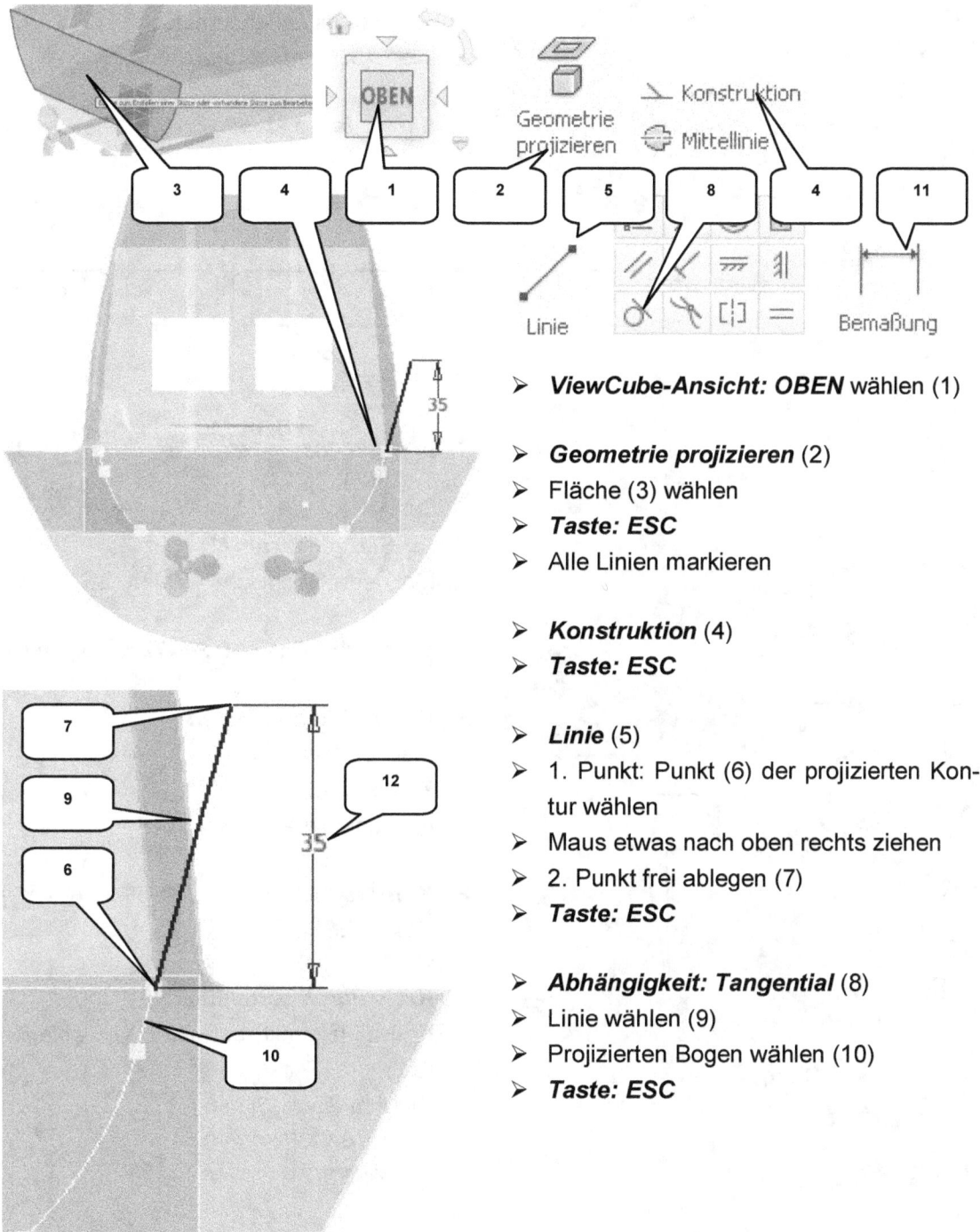

- **ViewCube-Ansicht: OBEN** wählen (1)

- **Geometrie projizieren** (2)
- Fläche (3) wählen
- **Taste: ESC**
- Alle Linien markieren

- **Konstruktion** (4)
- **Taste: ESC**

- **Linie** (5)
- 1. Punkt: Punkt (6) der projizierten Kontur wählen
- Maus etwas nach oben rechts ziehen
- 2. Punkt frei ablegen (7)
- **Taste: ESC**

- **Abhängigkeit: Tangential** (8)
- Linie wählen (9)
- Projizierten Bogen wählen (10)
- **Taste: ESC**

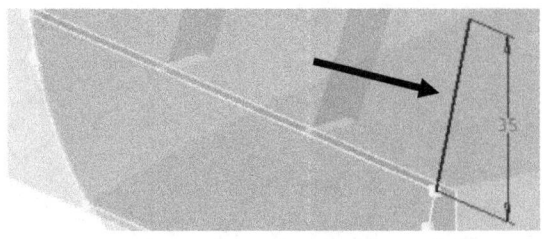

- ➤ **Bemaßung** (11)
- ➤ Linie wählen (9)
- ➤ Maß rechts daneben ablegen (12)
- ➤ Wert: [35] mm (vertikale Ausrichtung)

- ➤ **Skizze fertig stellen**

12.11 Zweite 2D-Skizze zeichnen

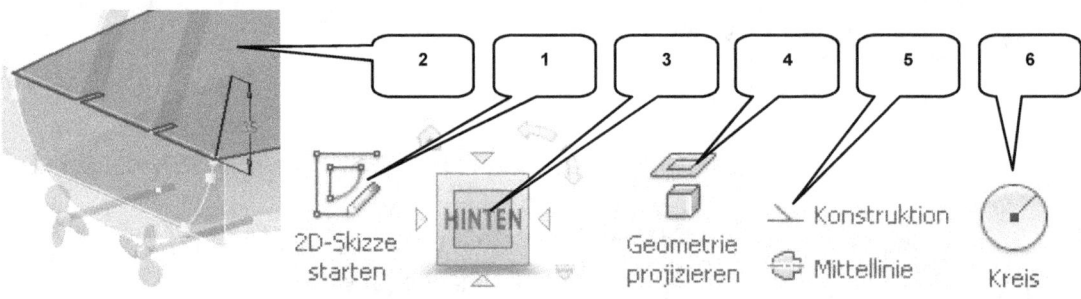

- ➤ **2D-Skizze starten** (1)
- ➤ Markierte Oberfläche wählen (2)

- ➤ **ViewCube-Ansicht: HINTEN** wählen (3)

- ➤ **Geometrie projizieren** (4)
- ➤ Fläche (2) wählen
- ➤ **Taste: ESC**
- ➤ Alle Linien markieren

- ➤ **Konstruktion** (5)
- ➤ **Taste: ESC**

- ➤ **Kreis durch Mittelpunkt** (6)
- ➤ Kreismittelpunkt auf Pos. (7) ablegen (ca.)
- ➤ Durchmesser: [3] mm (8)
- ➤ **Taste: ENTER**
- ➤ **Taste: ESC**

- Baugruppe „BG_Speedboot" -

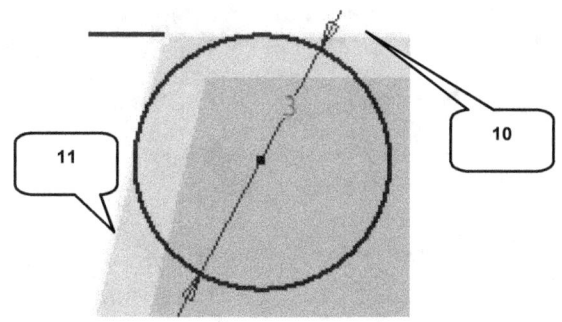

- **Abhängigkeit: Tangential** (9)
- Projizierte Linie wählen (10)
- Kreis wählen
- Projizierte Linie wählen (11)
- Kreis wählen
- **Taste: ESC**

- **Skizze fertig stellen**

12.12   Sweepen der Strebe

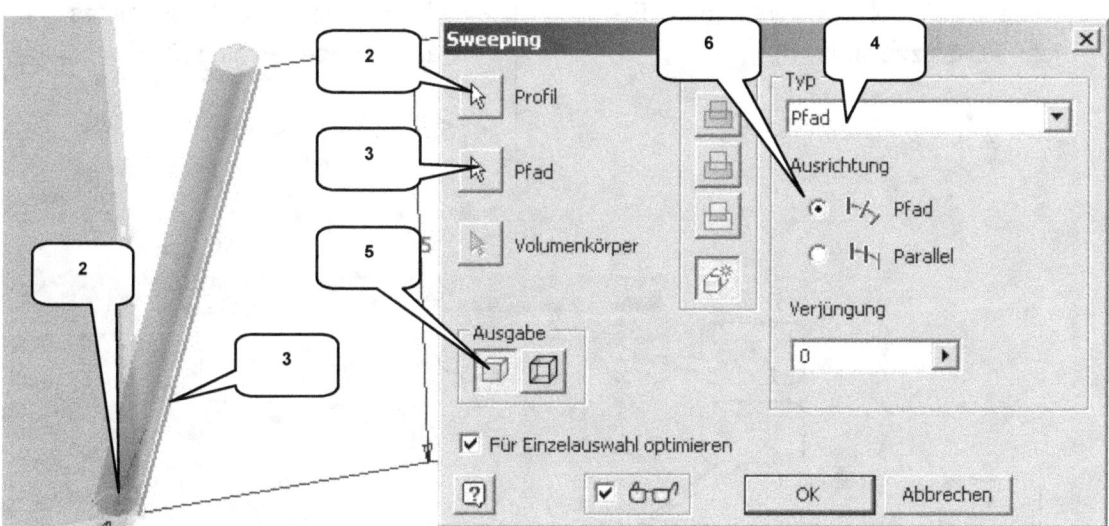

- **Sweeping** (1)
- Profil: Kreis wählen (2)
- Pfad: Linie wählen (3)
- Typ: Pfad (4)
- Ausgabe: Volumenkörper (5)
- Ausrichtung: Pfad (6)
- **OK**

- „Pfad schneidet Profil nicht" mit „JA" bestätigen

- Arbeitsebene ausblenden (7) (rechte Maustaste > Sichtbarkeit deaktivieren)

12.13 3D-Skizze für Anordnung erstellen

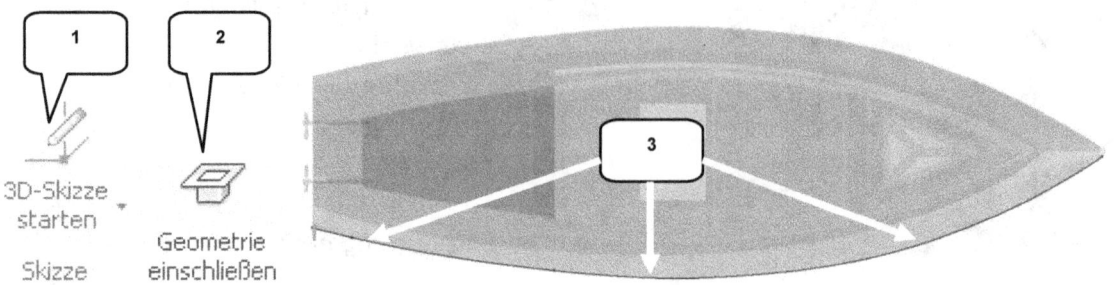

> **3D-Skizze starten** (1)
> (Befehl befindet sich hinter dem Befehl „2D-Skizze starten")

> **Geometrie einschließen** (2)
> 3 Bogensegmente des Rumpfes nacheinander wählen (3)

> **Skizze fertig stellen**

12.14 Strebe entlang der Rumpfkante anordnen

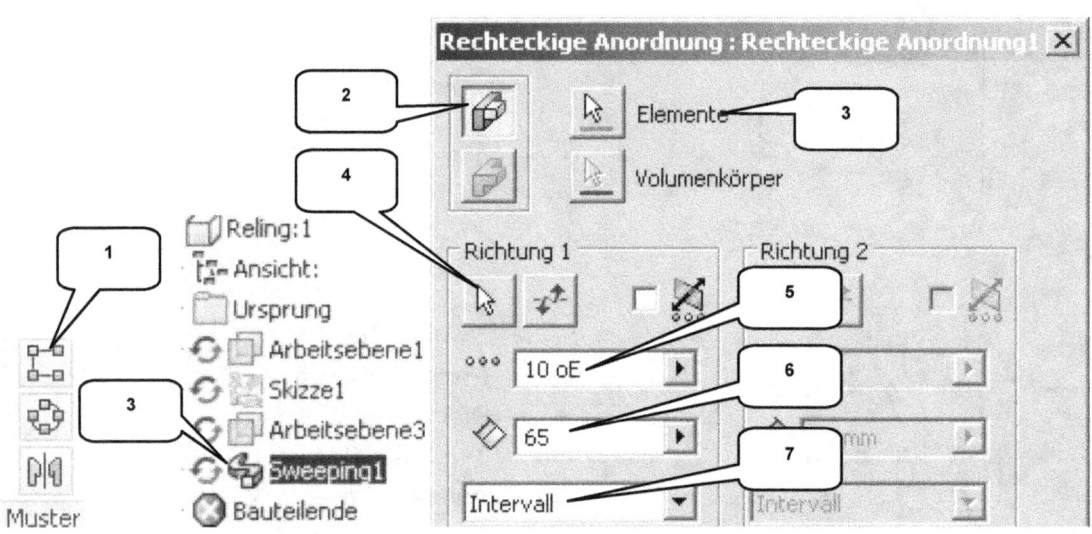

> **Rechteckige Anordnung** (1)
> Option: Einzelne Elemente (2)
> Elemente: „Sweeping1" wählen (3)
> Richtung1: Projizierte Kante aus 3D-Skizze wählen (4)

> Anzahl: [10] o. E. (5)
> Abstand: [65] mm (6)
> Option: Intervall (7)
> **OK**

- Baugruppe „BG_Speedboot" -

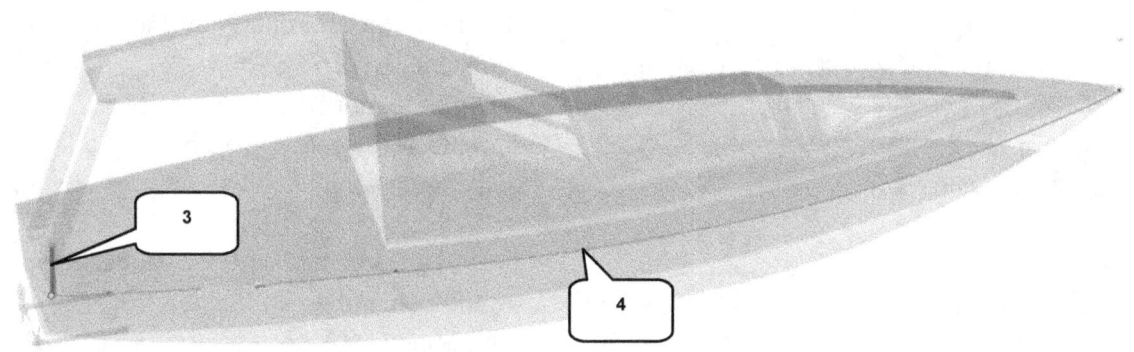

12.15 2D-Skizze für Handgriff zeichnen, 3D-Skizze reaktivieren

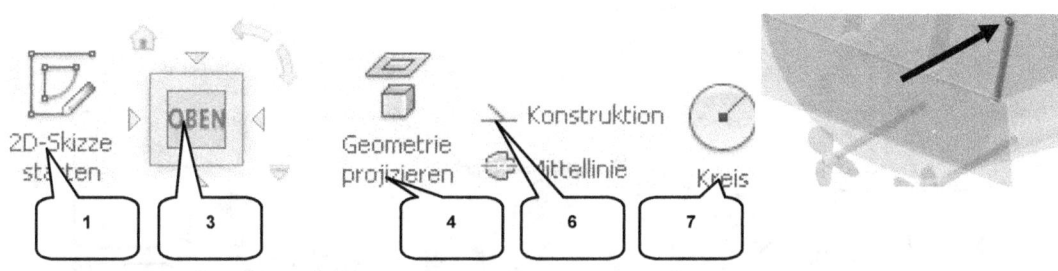

- ➢ **2D-Skizze starten** (1)
- ➢ Fläche wählen (2)

- ➢ **ViewCube-Ansicht: OBEN** wählen (3)

- ➢ **Geometrie projizieren** (4)
- ➢ Erste Strebe wählen (5)
- ➢ **Taste: ESC**
- ➢ Alle Linien markieren

- ➢ **Konstruktion** (6)
- ➢ **Taste: ESC**

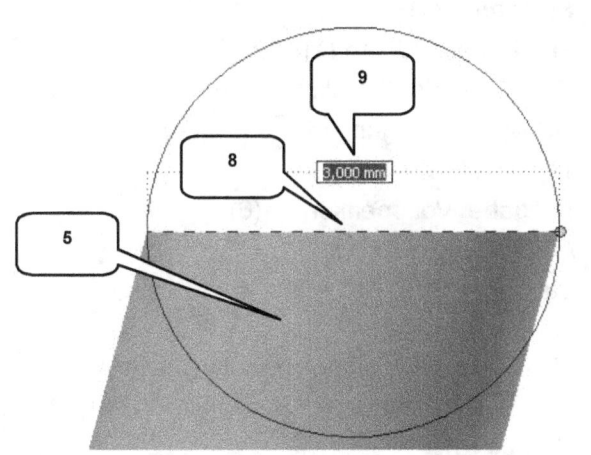

- ➢ **Kreis durch Mittelpunkt** (7)
- ➢ Mittelpunkt: Mittelpunkt der oberen projizierten Linie der 1. Strebe wählen (8)
- ➢ Durchmesser: [3] mm (9)
- ➢ **Taste: ESC**
- ➢ **Skizze fertig stellen**

- Baugruppe „BG_Speedboot" -

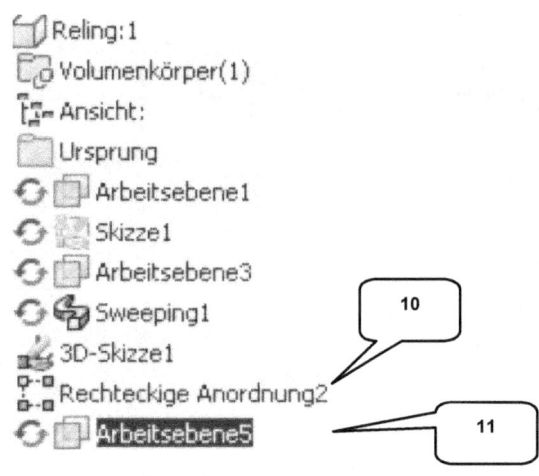

- ➢ Rechteckige Anordnung im Modellbaum aufklappen (10)
- ➢ 3D-Skizze markieren
- ➢ Rechte Maustaste > Skizze wieder verwenden

- ➢ Unterste Arbeitsebene im Modellbaum markieren und deren Sichtbarkeit entfernen (11)

12.16 Handgriff sweepen

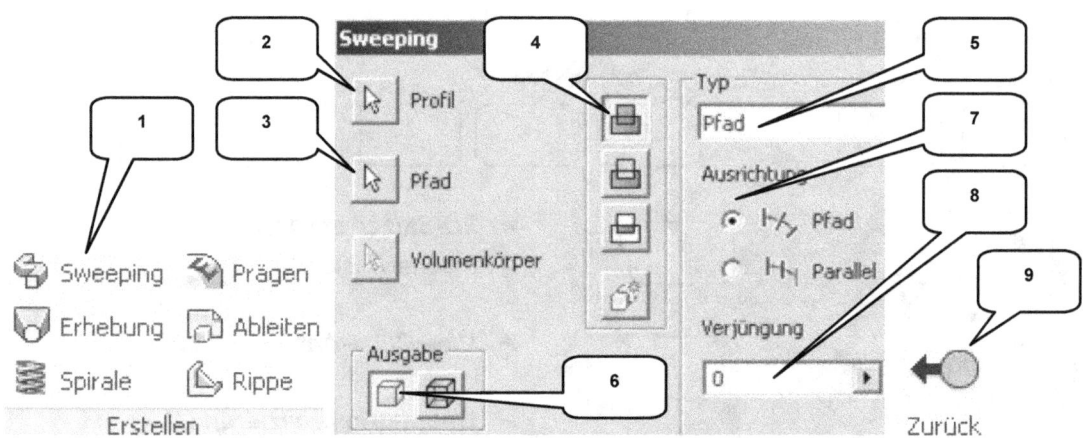

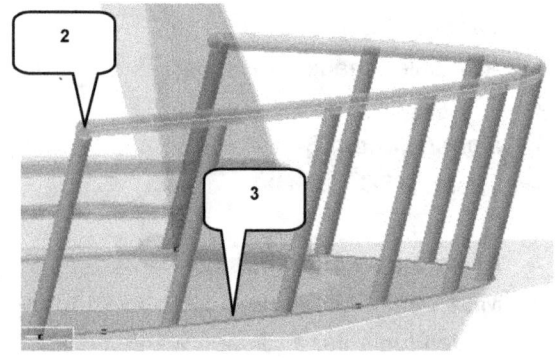

- ➢ **Sweeping** (1)
- ➢ Profil: Kreis wählen (2)
- ➢ Pfad: Linie der 3D-Skizze wählen (3)
- ➢ Option: Vereinigung (4)
- ➢ Typ: Pfad (5)
- ➢ Ausgabe: Volumenkörper (6)
- ➢ Ausrichtung: Pfad (7)
- ➢ Verjüngung: [0] Grad (8) > **OK**

- ➢ 3D-Skizze ausblenden (rechte Maustaste > Sichtbarkeit deaktivieren)
- ➢ **Zurück** (9)

- Baugruppe „BG_Speedboot" -

12.17 Reling spiegeln

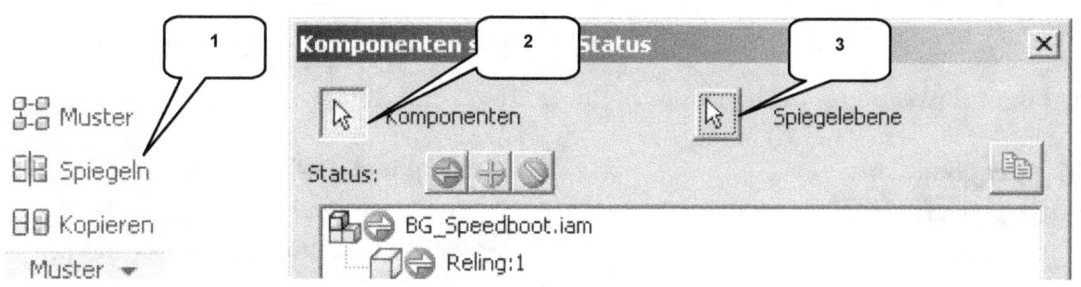

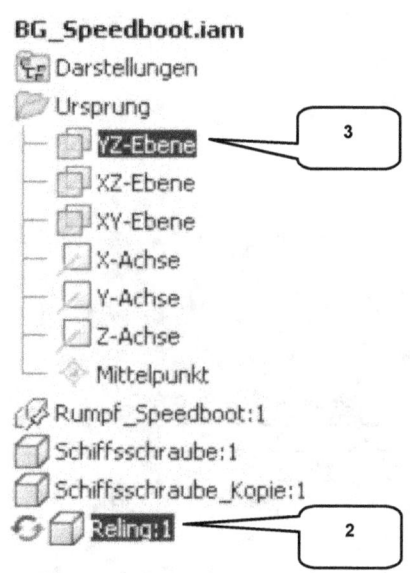

- **Spiegeln** (1)
- Fenster: Status
- Komponente: Reling (2)
- Spiegelebene: YZ-Ebene (3)
  (Ordner „Ursprung" der Baugruppe)
- **Weiter**

- Fenster: Dateinamen
- Aktivieren: Suffix (4)
- Bezeichnung: [_Kopie] (5)
- Komponentenziel:
  In Baugruppe einfügen (6)
- **OK**

- Bauteil „Reling_Kopie" im Modellbaum markieren
- Rechte Maustaste > Fixiert

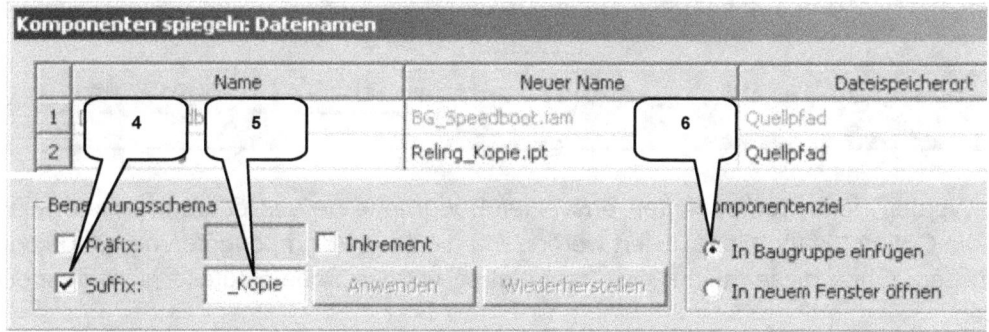

- Baugruppe „BG_Speedboot" -

12.18 Farben zuweisen, Datei speichern

> „Reling" und „Reling_Kopie" im Modellbaum markieren (1)
> Farbe z. B.: „Chrom - poliert - blau" (2)
> **Taste: ESC**

> **Speichern**
> **Ja für alle** (3)
> **OK**

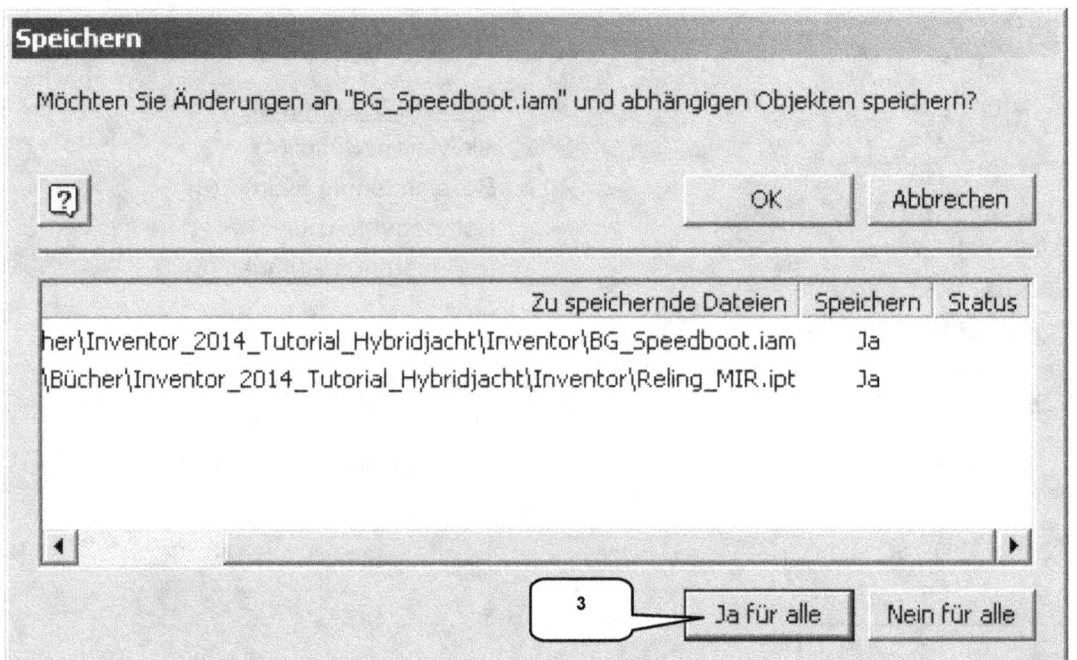

HINWEIS: Wurden neue Komponenten aus einer Baugruppe heraus erzeugt, muss beim Speichern die Option „Ja für alle" aktiviert werden, da die neuen Komponenten neu angelegt werden müssen. Ohne diese zusätzliche Bestätigung würden neue Bauteile nicht gespeichert werden.

13 Baugruppe „BG_Segelboot"

Agenda

- Kopie der Baugruppe als „BG_Segelboot" speichern
- Schiffsschrauben aus der Baugruppe entfernen
- Bearbeiten der Reling-Höhe aus der Baugruppe heraus
- „Rumpf_Speedboot" durch „Rumpf_Segelboot" ersetzen
- „Mast_Baum_Segel" und „Ruder" platzieren
- Mast an den Aufbauten befestigen
- Ruder am Heck befestigen
- Speichern der Baugruppe

- Baugruppe „BG_Segelboot" -

13.1 Baugruppe als „BG_Segelboot" speichern

- Register: **Datei** (1)
- **Speichern unter** (2)
- Dateiname: [BG_Segelboot] (3)
- Dateityp: *.iam
- **Speichern**

13.2 Schiffsschrauben aus Baugruppe entfernen

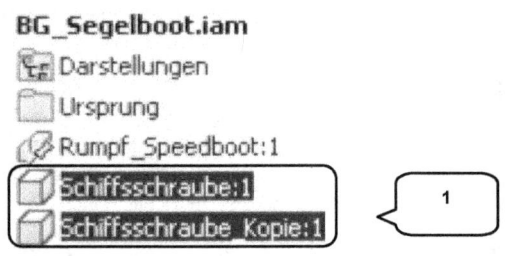

- Bauteile „Schiffsschraube" und „Schiffsschraube_Kopie" im Modellbaum markieren (1)
- **Taste: ENTF** (Löschen)

13.3 Reling-Höhe bearbeiten

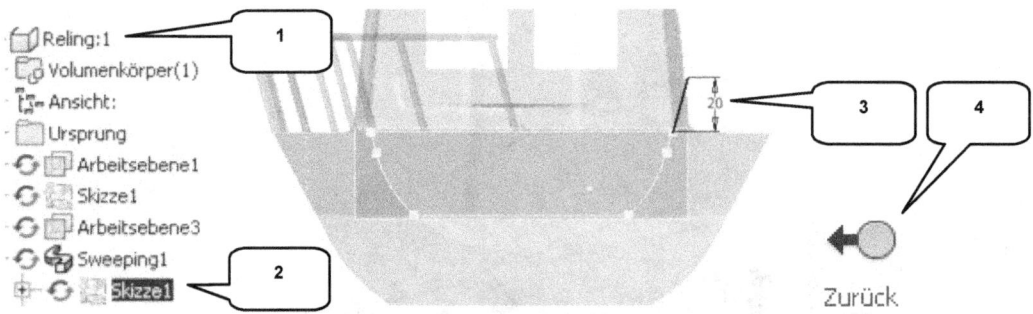

- Bauteil „Reling" im Modellbaum doppelklicken (1)
- „Sweeping1" erweitern und „Skizze1" doppelklicken (2)
- Maß „35 mm" doppelklicken und durch den Wert „20 mm" ersetzen (3)

- **Skizze fertig stellen**

- Baugruppe „BG_Segelboot" -

> ***Zurück*** (4)

(Die Höhe der Reling sollte sich automatisch auf den neuen Wert aktualisieren und auch die Kopie passt sich daran an.)

13.4 „Rumpf_Speedboot" durch „Rumpf_Segelboot" ersetzen

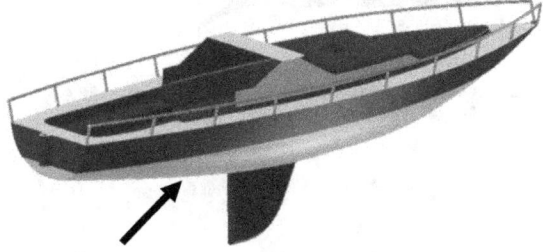

> „Rumpf_Speedboot" im Modellbaum markieren (1)

> Befehlsgruppe „Komponente" erweitern (2)

> ***Ersetzen*** (3)
> (Befehl befindet sich in der erweiterten Befehlsgruppe „Komponente")
> Dateiname: Rumpf_Segelboot (4) wählen
> ***Öffnen***

HINWEIS: Werden Komponenten einer Baugruppe mit dem Befehl „Ersetzen" durch eine andere Komponente ersetzt, werden alle Abhängigkeiten übernommen, sofern es die geometrischen Bedingungen zulassen.

13.5 Bauteil „Mast_Baum_Segel" und „Ruder" platzieren

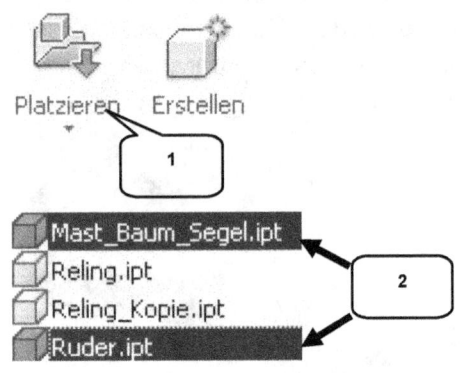

- ➢ **Platzieren** (1)
- ➢ Auswahl: Bei gedrückter **Taste: STRG** die Bauteile „Mast_Baum_Segel" und „Ruder" markieren (2)
- ➢ **Öffnen**

- ➢ Beide Bauteile einmal frei im Zeichenbereich ablegen
- ➢ **Taste: ESC**

13.6 Mast platzieren

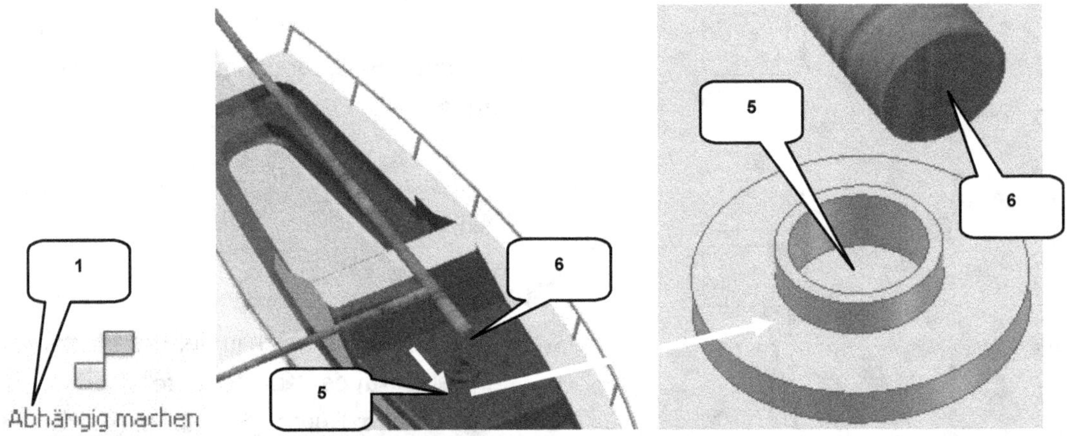

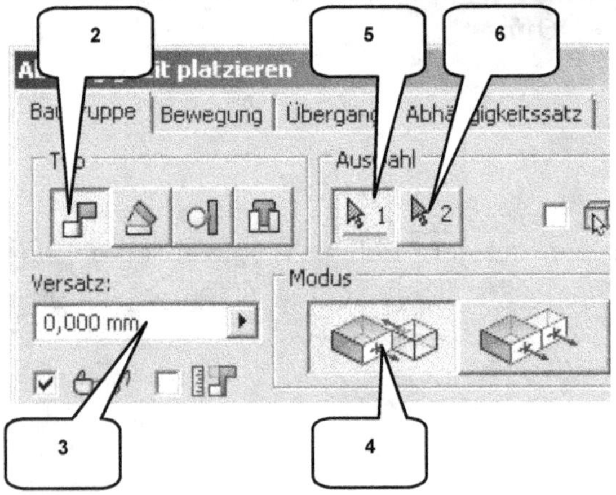

- ➢ **Abhängig machen** (1)
- ➢ Typ: Passend (2)
- ➢ Versatz: [0] mm (3)
- ➢ Modus: Passend (4)
- ➢ Auswahl 1: Fläche an den Aufbauten wählen (5) (es muss ein roter Pfeil erscheinen!)
- ➢ Auswahl 2: Untere Fläche am Mast wählen (6) (roter Pfeil!)
- ➢ **OK**

- Baugruppe „BG_Segelboot" -

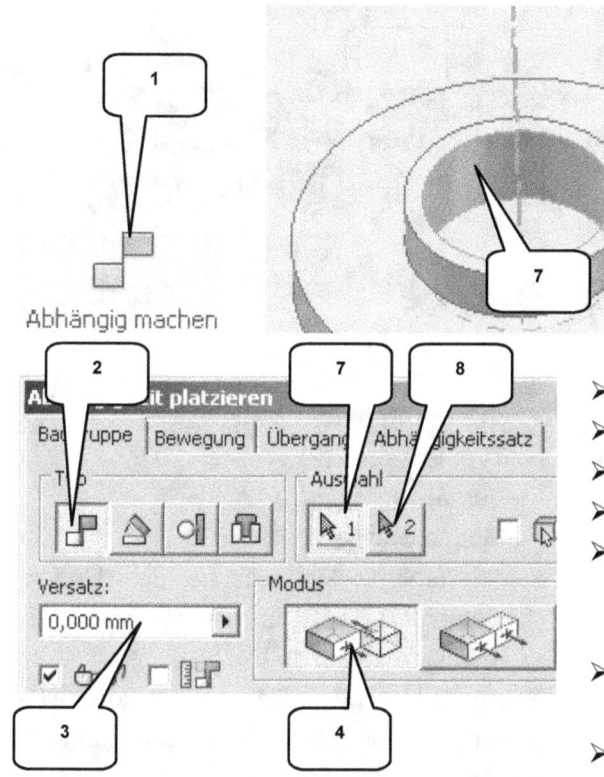

- **Abhängig machen** (1)
- Typ: Passend (2)
- Versatz: [0] mm (3)
- Modus: Passend (4)
- Auswahl 1: Zylinderfläche an den Aufbauten wählen (7) (es muss eine rote gestrichelte Linie erscheinen!)
- Auswahl 2: Mantelfläche am Mast wählen (8) (rote gestrichelte Linie!)
- **OK**

13.7 Ruder am Heck befestigen

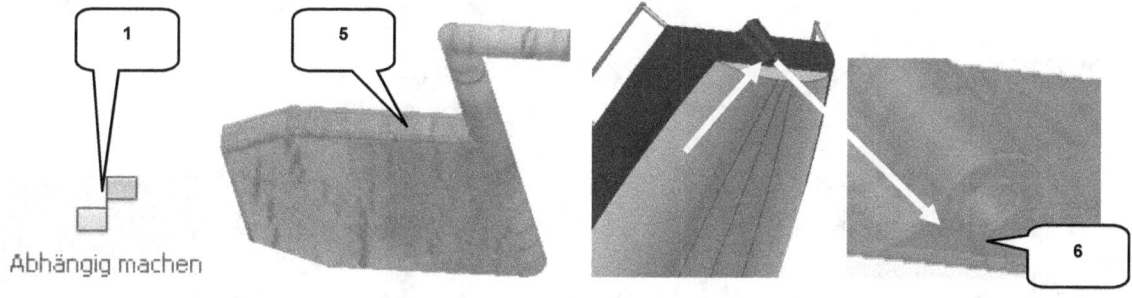

- **Abhängig machen** (1)
- Typ: Passend (2)
- Versatz: [0] mm (3)
- Modus: Passend (4)

- Auswahl 1: Fläche am Ruder wählen (5) (ein kleiner roter Pfeil muss erscheinen!)
- Auswahl 2: Untere Fläche der Ruderhalterung wählen (6) (roter Pfeil!)
- **OK**

- Baugruppe „BG_Segelboot" -

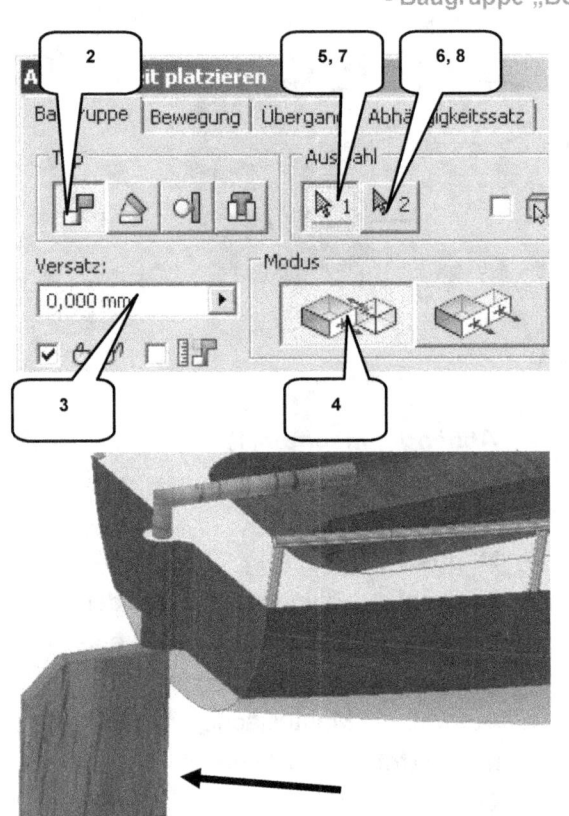

- **Abhängig machen** (1)
- Typ: Passend (2)
- Versatz: [0] mm (3)
- Modus: Passend (4)
- Auswahl 1: Mantelfläche des Ruders wählen (7) (es muss eine rote gestrichelte Linie erscheinen!)
- Auswahl 2: Mantelfläche der Ruderhalterung wählen (8) (rote gestrichelte Linie!)
- **OK**

13.8 Baugruppe sichern

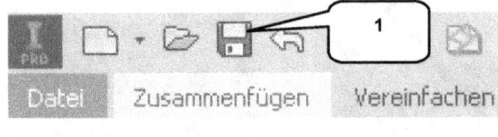

- **Speichern** (1)
- **Ja für alle** (2)
- **OK**

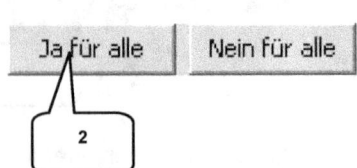

14 Rendern der Baugruppe

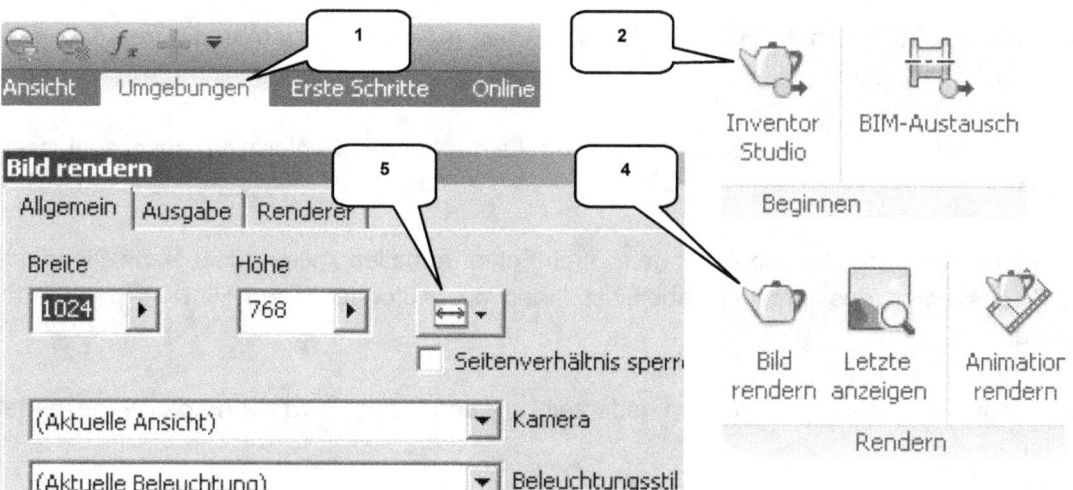

- **Register: Umgebungen** (1)

- **Inventor Studio** (2)
- Ansicht des Segelboots drehen und zoomen, bis eine optimale Größe und Position erreicht ist

- **Bild rendern** (4)
- Reiter: Allgemein
- Breite x Höhe: [1024] x [768] Pixel (5)
- **Rendern**

- **Bild Speichern** (7)
- Name: [Bild_1_BG_Segelboot]
- **OK**

15 Schlusswort

Der Autor des Buches hofft, dass Sie bei der Arbeit mit dem Programm und dem Übungsprojekt viel Spaß hatten.

Der Inhalt des Buches wurde sorgfältig geprüft. Leider können Fehler nicht ausgeschlossen werden.

Wenn Ihnen während der Arbeit mit dem Buch Fehler auffallen sollten, oder wenn Sie Ideen zur Verbesserung des Inhaltes haben, ist Ihnen der Autor für jeden Hinweis per E-Mail dankbar.

Konstruktive Anmerkungen können jederzeit an *schlieder@cad-trainings.de* gesendet werden.

Vielen Dank.

Auszug aus dem Inventor-Grundlagenbuch

Die folgenden Seiten zeigen Auszüge aus dem Buch:

> *Autodesk® Inventor® 2017 - Grundlagen in Theorie und Praxis*

Dieses Buch ist ein Grundlagenbuch für Autodesk® Inventor® 2017. Anhand eines komplexen Übungsbeispiels, lernt der Leser den Umgang mit dem Programm. In kleinen, nachvollziehbaren Schritten, werden Skizzen gezeichnet, Bauteile erzeugt, Baugruppen zusammengefügt und animiert, Zeichnungen abgeleitet, Präsentationen erstellt, Bleche bearbeitet und parametrische Konstruktionen erzeugt. Der Leser erfährt nützliche Hinweise zum Umgang mit dem Programm und kann die Theorie, parallel zum Buch, in kleinen praktischen Schritten umsetzen.

Die folgenden Bereiche werden in diesem Buch behandelt:

> *Projekte erstellen, verwalten und exportieren*
> *Skizzen erstellen und Konturen zeichnen*
> *Bauteile aus Skizzen erzeugen*
> *Baugruppen zusammenfügen und animieren*
> *Normteile aus dem Inhaltscenter generieren*
> *Bauteile und Baugruppen als Zeichnung ableiten*
> *Bilder rendern*
> *Baugruppen präsentieren*
> *Bleche erzeugen und bearbeiten*
> *Schweißbaugruppen erstellen*
> *Parametrisches Konstruieren*

Weitere Informationen zu diesem und anderen Büchern erhalten Sie auf der Website:

> *http://www.cad-trainings.de/*

Christian Schlieder

Autodesk® Inventor® 2017

Grundlagen in Theorie und Praxis
7. Auflage

Viele praktische Übungen am Konstruktionsobjekt
4-TAKT-MOTOR

LEICHT VERSTÄNDLICH - KOMPLEXES ÜBUNGSBEISPIEL

Projekte
Bauteile
Parameter
Baugruppen
Zeichnungen
Präsentationen
Inventor Studio
Blechbearbeitung
Schweißbaugruppen

Leicht verständlich, mit zahlreichen Abbildungen!

INHALTSVERZEICHNIS

1	**GRUNDLEGENDES ZUM BUCH**	**8**
1.1	Zielgruppe und Aufbau des Buches	8
1.2	Erzeugen des Projektordners/ Herunterladen der Übungsdateien	8
2	**INSTALLATION VON AUTODESK® INVENTOR® 2017**	**9**
2.1	Systemanforderungen	9
2.2	Anforderungen an das Betriebssystem	9
2.3	Download des Programms	10
2.4	Installationsvoraussetzungen	10
2.5	Installation von Autodesk® Inventor® 2017	11
2.6	Aktivierung von Autodesk® Inventor® 2017	12
3	**PROGRAMMAUFBAU UND PROGRAMMOBERFLÄCHE**	**14**
3.1	Programmaufbau	14
3.2	Hauptmenü	15
3.3	Schnellzugriff-Werkzeuge	16
3.4	Multifunktionsleiste	16
3.5	Browser	17
3.6	Arbeitsbereich	18
3.6.1	Startbildschirm	18
4	**DIE ERSTEN SCHRITTE**	**19**

4.1	Programmhilfe und neue Funktionen	19
4.2	Videos und Lernprogramme	20
4.3	Zusatzmodule (empfohlene Einstellungen)	21
4.4	Anwendungsoptionen (empfohlene Einstellungen)	22
5	**ERSTELLEN EINES EINZELBENUTZERPROJEKTS**	**32**
6	**SKIZZEN UND BAUTEILE**	**34**
6.1	**Bauteil: Ventil**	**34**
6.1.1	Erstellen einer neuen Datei	34
6.1.2	Projizieren der drei Hauptachsen	35
6.1.3	Das Register SKIZZE im Überblick	36
6.1.4	Zeichnen der ersten Linien	37
6.1.5	Bemaßung und Bearbeitung von Zeichenelementen	40
6.1.6	Das Register 3D-MODELL im Überblick	44
6.1.7	Volumenkörper erzeugen	44
6.2	**Bauteil: Kurbelwelle-Riemenrad**	**46**
6.2.1	Erzeugen der Basisskizze	46
6.2.2	Volumenkörper erzeugen	48
6.2.3	Erzeugen einer Passfederaussparung	48
6.3	**Bauteil: Nockenwelle-Riemenrad**	**50**
6.3.1	Bearbeiten bereits vorhandener Objekte	51
6.4	**Bauteil: Zündkerze**	**51**
6.4.1	Hinzufügen einer Sechskant-Form	52
6.4.2	Abrunden des Isolators	53
6.4.3	Gewinde an vorhandenen Zylinderflächen erzeugen	55
6.4.4	Erzeugen einer Fase	56
6.5	**Bauteil: Kolben**	**57**
6.5.1	Basisskizze zeichnen und in einen Volumenkörper konvertieren	57
6.5.2	Aussparungen für den Kolbenbolzen einfügen	59
6.5.3	Einen Zylinder als Grundkörper erstellen	61
6.5.4	Abrunden des oberen Kolbenbereiches	62

6.5.5	Erzeugen einer Wandung	63
6.6	**Bauteile: Pleuel-Oberseite und Pleuel-Unterseite**	**64**
6.6.1	Erzeugen des Basiskörpers	64
6.6.2	Befestigungslaschen für eine Schraubverbindung	66
6.6.3	Bohren der ersten Lasche	67
6.6.4	Fasen und Runden der unteren Schale	68
6.6.5	Bohrung mit Gewinde versehen	69
6.6.6	Erzeugen einer neuen Arbeitsebene	69
6.6.7	Unterer Pleuelschaftbereich	70
6.6.8	Oberer Pleuelschaft	71
6.6.9	Erstellen einer Erhebung	72
6.6.10	Basiskörper des Pleuelauges	73
6.6.11	Erzeugen einer Rippe	74
6.6.12	Spiegeln der Rippe	76
6.6.13	Bohren, Fasen und Runden	77
6.7	**Bauteil: Motorgehäuse**	**78**
6.7.1	Konstruktion des Basiskörpers	78
6.7.2	Grundkörper der Kurbelwellenlagerung konstruieren	82
6.7.3	Gewindebohrungen mit linearen Referenzen einfügen	83
6.7.4	Fasen der Kurbelwellenlagerung	84
6.7.5	Elemente mittels rechteckiger Anordnung kopieren	84
6.7.6	Dichtungsflansch zum Zylinderkopf	85
6.7.7	Bohrungen nach Skizze einfügen	87
6.7.8	Übergangsbereich zum Flansch abrunden	90
6.8	**Bauteil: Zylinderblock**	**92**
6.8.1	Kühlrippen sweepen	92
6.9	**Bauteil: Zylinderkopf**	**94**
6.9.1	Einfügen einer geneigten Ebene	94
6.9.2	Zündkerzeneinsätze bohren und extrudieren	96
6.9.3	Vorhandene Anordnungen erweitern	99
6.10	**Bauteil: Nockenwelle**	**100**
6.10.1	Passfederaussparung und Gewindebohrung am Wellenende	100
6.11	**Bauteil: Kurbelwelle**	**103**
6.11.1	Kurbelwangen zeichnen, extrudieren und kopieren	103
6.11.2	Pleuel- und Führungslager	108

6.11.3	Passfederaussparung und Gewindebohrung	112
6.11.4	Spiegeln des Volumenkörpers	115

7 BAUGRUPPEN 116

7.1 Unterbaugruppe: BG_Kolben 116
7.1.1	Erzeugen der ersten Baugruppe	116
7.1.2	Das Register ZUSAMMENFÜGEN im Überblick	116
7.1.3	Komponenten platzieren	117
7.1.4	Kolben und Pleueloberseite voneinander abhängig machen	118
7.1.5	Pleuelober- und -unterseite miteinander verbinden	120
7.1.6	Schrauben aus dem Inhaltscenter platzieren	122
7.1.7	Erstellen einer Komponente aus der Baugruppe heraus	123
7.1.8	Materialien zuweisen	125

7.2 Unterbaugruppe: BG_Kurbelwelle 127
7.2.1	Erstellen der neuen Datei und Platzieren der Komponenten	127
7.2.2	Passfedern aus dem Inhaltscenter einfügen	128
7.2.3	Platzieren der Riemenräder	130
7.2.4	Konstruktion der Sicherungsscheibe aus der Baugruppe heraus	131
7.2.5	Schrauben aus dem Inhaltscenter einfügen	134
7.2.6	Materialien zuweisen	135

7.3 Unterbaugruppe: BG_Nockenwelle 136
7.3.1	Platzieren der Komponenten	136
7.3.2	Passfeder aus dem Inhaltscenter einfügen	137
7.3.3	Riemenrad auf der Nockenwelle befestigen	139
7.3.4	Sicherungsscheibe auf der Nockenwelle befestigen	140
7.3.5	Schraube aus dem Inhaltscenter einfügen	141
7.3.6	Materialien zuweisen	142

7.4 Unterbaugruppe: BG_Zylinderblock 143
7.4.1	Einfügen der Komponenten	143
7.4.2	Laufbuchse im Zylinderblock befestigen	144
7.4.3	Laufbuchse als Muster anordnen	144
7.4.4	Materialien zuweisen	145

7.5 Unterbaugruppe: BG_Zylinderkopf 146
7.5.1	Einfügen der Komponenten	146
7.5.2	Zündkerzen im Zylinderkopf platzieren	147

7.5.3	Nockenwellenhalter im Zylinderkopf platzieren	148
7.5.4	Lineares Anordnen von Zündkerze und Nockenwellenhalter	149
7.5.5	Schrauben aus dem Inhaltscenter einfügen	150
7.5.6	Wellendichtring aus dem Inhaltscenter einfügen und positionieren	151
7.5.7	Ordnerstrukturen im Browser anlegen	153
7.5.8	Materialien zuweisen	153
7.6	**Hauptbaugruppe: BG_4-Takt-Motor**	**154**
7.6.1	Einfügen der ersten Komponenten	154
7.6.2	Flexibilität von Unterbaugruppen	155
7.6.3	BG_Kurbelwelle im Motorgehäuse platzieren	155
7.6.4	BG_Kolben im Motorgehäuse platzieren	156
7.6.5	Kurbelwellenhalter platzieren, positionieren und linear anordnen	157
7.6.6	Schrauben aus dem Inhaltscenter einfügen	160
7.6.7	Dichtung zwischen Motorgehäuse und Zylinderblock erstellen	161
7.6.8	BG_Zylinderblock einfügen und platzieren	162
7.6.9	Dichtung einfügen und auf dem Zylinderblock positionieren	164
7.6.10	BG_Zylinderkopf und BG_Nockenwelle platzieren und positionieren	165
7.6.11	Ventile platzieren und mit Übergangsabhängigkeiten versehen	167
7.6.12	Schrauben aus dem Inhaltscenter einfügen	169
7.6.13	Erstellen der Ventildeckeldichtung	170
7.6.14	Materialien zuweisen	172
7.6.15	Ventildeckel einfügen	173
7.6.16	Prägen und Gravieren von Flächen	174
7.6.17	Schrauben aus dem Inhaltscenter einfügen	175
7.6.18	Bewegungsabhängigkeit zwischen Kurbelwelle und Nockenwelle	176
7.6.19	Erstellen des Steuerriemens aus der Hauptbaugruppe heraus	177
7.6.20	Animation einer Bewegungsabhängigkeit	181
8	**ZEICHNUNGSABLEITUNGEN**	**184**
8.1	**Öffnen der vorhandenen Zeichnungsvorlage**	**184**
8.2	**Das Register ANSICHTEN PLATZIEREN im Überblick**	**185**
8.3	**Das Register MIT ANMERKUNG VERSEHEN im Überblick**	**185**
8.4	**Zeichnungsableitung der Baugruppe: BG_Kolben**	**186**
8.4.1	Blattformat und Schriftfeld bearbeiten	186
8.4.2	Platzieren einer schattierten Ansicht	187

8.4.3	Einfügen einer Teileliste (Stückliste)	188
8.4.4	Einfügen der Positionsnummern	194
8.5	**Zeichnungsableitung des Bauteils: Pleuel-Unterseite**	**195**
8.5.1	Erstellen und Bearbeiten eines neuen Blattes	195
8.5.2	Platzieren von Erst- und Parallelansicht	196
8.5.3	Erzeugen einer Detailansicht	197
8.5.4	Mittellinien und Mittelpunkte markieren	199
8.5.5	Bemaßen der Ansichten	200
8.5.6	Platzieren von Oberflächenangaben	204
8.5.7	Allgemeinangaben, Kantenangaben und Projektionsmethode	205
9	**PRÄSENTATION / EXPLOSIONSDARSTELLUNG**	**208**
9.1	**Erstellen einer neuen Präsentation**	**208**
9.2	**Das Register PRÄSENTATION im Überblick**	**208**
9.3	**Einfügen der Baugruppe BG_Nockenwelle**	**209**
9.4	**Komponentenposition ändern**	**209**
9.5	**Animation der Explosionsdarstellung**	**210**
10	**RENDERN EINES BILDES**	**212**
10.1	**Inventor Studio**	**212**
11	**BLECHBEARBEITUNG**	**214**
11.1	**Erstellen einer neuen Datei**	**214**
11.2	**Das Register BLECH im Überblick**	**214**
11.3	**Die Blechwanne**	**215**
11.3.1	Zeichnen der Basisskizze	215
11.3.2	Fläche extrudieren	216
11.3.3	Definition der Blechstärke in den Blechstandards	217
11.3.4	Hinzufügen von Laschen an den oberen vier Blechkanten	217
11.3.5	Falzen	219

12	SCHWEISSKONSTRUKTION	220
12.1	Erstellen einer neuen Schweißbaugruppe	220
12.2	Das Register SCHWEISSEN im Überblick	220
12.3	Einfügen der Schweißverbindungen	221
12.4	Generieren eines Schweißnahtberichtes	222
13	**PARAMETRISCHE ABHÄNGIGKEITEN**	**223**
13.1	Parameter - Grundlagen	223
13.2	Parametrisieren und Ableiten von Konturen einer Skizze	223
13.2.1	Basisskizze	223
13.2.2	Parameter bearbeiten	224
13.2.3	Bauteile aus der Basisskizze heraus exportieren	226
13.3	Parametrische Extrusion der Bauteile	229
13.4	Parametrische Steuerung der Baugruppe	232
13.4.1	Materialien zuweisen	232
13.4.2	Fenster nebeneinander anordnen	232
13.4.3	Ausgangswert bearbeiten	233
13.5	Parametrische Steuerung mit externen Datenquellen	234
13.5.1	Speichern mehrerer Dateien	236
14	**ARCHIVIERUNG MIT DEM BEFEHL PACK AND GO**	**237**
15	**SCHLUSSWORT**	**240**
16	**INDEX**	**241**
17	**AUSZUG AUS DEM BUCH AUFBAUKURS KONSTRUKTION**	**248**
18	**AUSZUG AUS DEM BUCH DYNAMISCHE SIMULATION**	**249**

1 Grundlegendes zum Buch

1.1 Zielgruppe und Aufbau des Buches

Dieses Übungsbuch für **Autodesk® Inventor® 2017** richtet sich an alle interessierten Personen, die den Umgang mit dieser Software von Grund auf erlernen möchten. Die Bereiche 2D-Skizze, 3D-Modell, Baugruppe (Zusammenfügen), Zeichnungserstellung (Ansichten platzieren, Mit Anmerkung versehen) und Präsentation werden ausführlich behandelt.

Viele wichtige Befehle des Programms werden erläutert und in kleinen Schritten praktisch gefestigt. Als Übungsbeispiel dient ein Viertaktmotor, dessen Bauteile schrittweise erzeugt und später in einer Hauptbaugruppe miteinander verbunden werden.

1.2 Erzeugen des Projektordners/ Herunterladen der Übungsdateien

Bevor Sie mit der Umsetzung des Projekts beginnen, sollten die folgenden Arbeiten erledigt werden:

Erzeugen eines neuen Projektordners

Erstellen Sie auf Ihrem PC an geeigneter Stelle einen neuen Ordner:

➢ *Inventor-2017-Übung-4-Takt-Motor*

Herunterladen der Übungsdateien

Besuchen Sie im Internet die folgende Website:

➢ *http://www.cad-trainings.de/html/Download.html*

Suchen Sie das passende Buch und klicken Sie auf den nebenstehenden Link, um die zum Buch gehörende Übungsdatei (ZIP-Format) auf Ihrem PC zu speichern. Speichern Sie die Datei in dem vorher erzeugten Projektordner *Inventor-2017-Übung-4-Takt-Motor* und entpacken Sie die Datei dort hinein. Die darin enthaltenen Dateien werden später benötigt.

5 Erstellen eines Einzelbenutzerprojekts

In Inventor® sollte möglichst in Projekten gearbeitet werden, um die Koordination zusammenhängender Dateien und Einstellungen zu vereinfachen. Hierfür bietet das Programm im Register **Erste Schritte** (Befehlsgruppe **Starten**) den Befehl **Projekte** (1).

Zu jedem Projekt wird eine eigene Projektdatei (*.ipj) erzeugt. Sie sichert alle Informationen und Querverweise eines Projekts. Das ist wichtig, wenn später komplexe Projekte archiviert oder von einem PC auf einen anderen übertragen werden sollen.

Erzeugen Sie im folgenden Arbeitsschritt ein neues Einzelbenutzer-Projekt mit der Bezeichnung **Inventor-2017-4-Takt-Motor**. Das Projekt sollte im gleichnamigen Projektordner **gespeichert** werden.

- **Projekte** (1)
- **Neu** (2)
- Option: **Einzelbenutzer-Projekt**
- **Weiter**
- Name: **Inventor-2017-4-Takt-Motor** (3)

- Projektordner: Ordner **Inventor-2017-Übung-4-Takt-Motor** wählen (4)
- **Fertigstellen** (5)
- **Fertig** (6)

Das neue Projekt wird automatisch aktiviert, was durch einen kleinen Haken in der Zeile des aktiven Projekts signalisiert wird. Bei der späteren Arbeit mit dem Programm sollte das jeweils aktive Projekt nach Programmstart stets kontrolliert werden.

So kann vermieden werden, dass Dateien unbeabsichtigt an einem falschen Speicherort gesichert und damit einem anderen Projekt zugeordnet werden.

- Erstellen eines Einzelbenutzerprojekts -

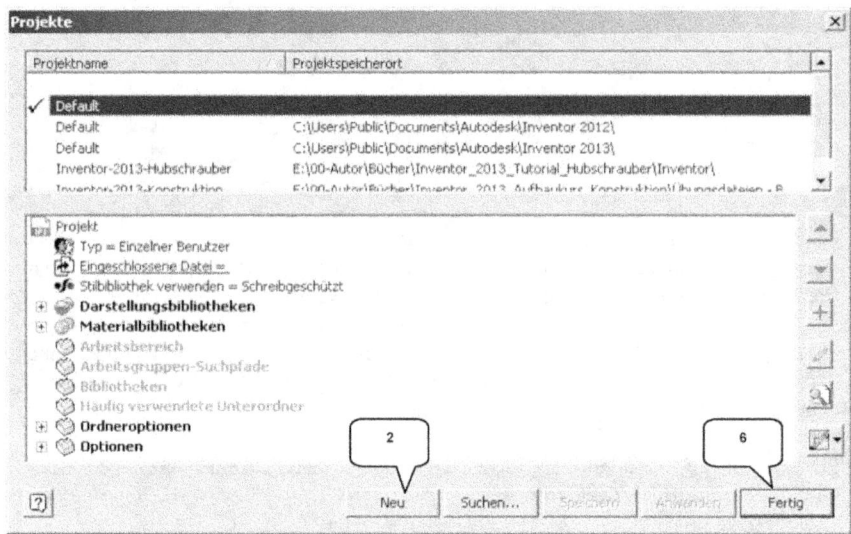

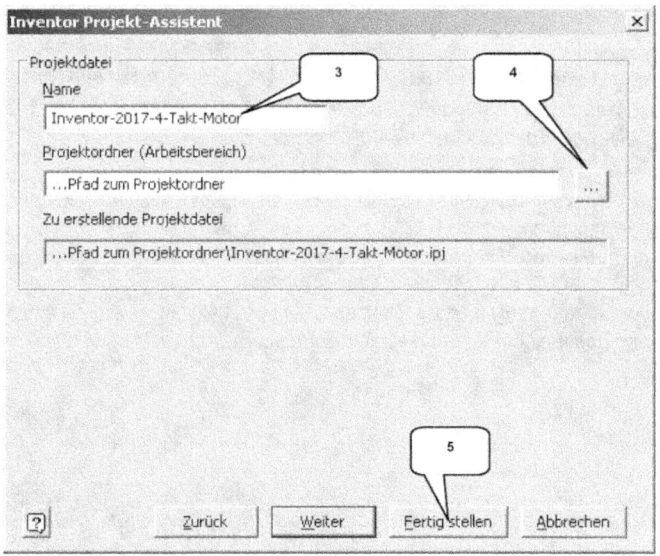

- SKIZZEN und BAUTEILE -

6 SKIZZEN und BAUTEILE

6.1 Bauteil: Ventil

6.1.1 Erstellen einer neuen Datei

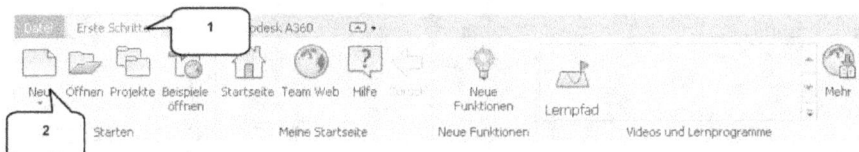

Um eine neue Datei zu erstellen, ist im Register *Erste Schritte* (1) der Befehl Neu (2) zu starten. Im Fenster *Neue Datei erstellen* (3) kann dann aus den vorhandenen Vorlagen ausgewählt werden, welche in Ordner eingeteilt sind (Englisch, Metrisch, Mold Design). Wurden die *Templates* (4) aktiviert, erscheinen auf der rechten Seite des Fensters die Bereiche *Bauteil*, *Baugruppe*, *Zeichnung* und *Präsentation*.

Darin befinden sich die folgenden Optionen:

> *Blech.ipt*   erzeugt ein neues Blechbauteil
> *Norm.ipt*   erzeugt ein neues Bauteil
> *Norm.iam*   erzeugt eine neue Baugruppe
> *Schweißkonstruktion.iam*   erzeugt eine neue Schweißbaugruppe
> *Norm.dwg*   erzeugt eine neue AutoCAD-Zeichnung (*.dwg)
> *Norm.idw*   erzeugt eine neue Inventor®-Zeichnung (*.idw)
> *Norm.ipn*   erzeugt eine neue Präsentation (Sprengbild)

- SKIZZEN und BAUTEILE -

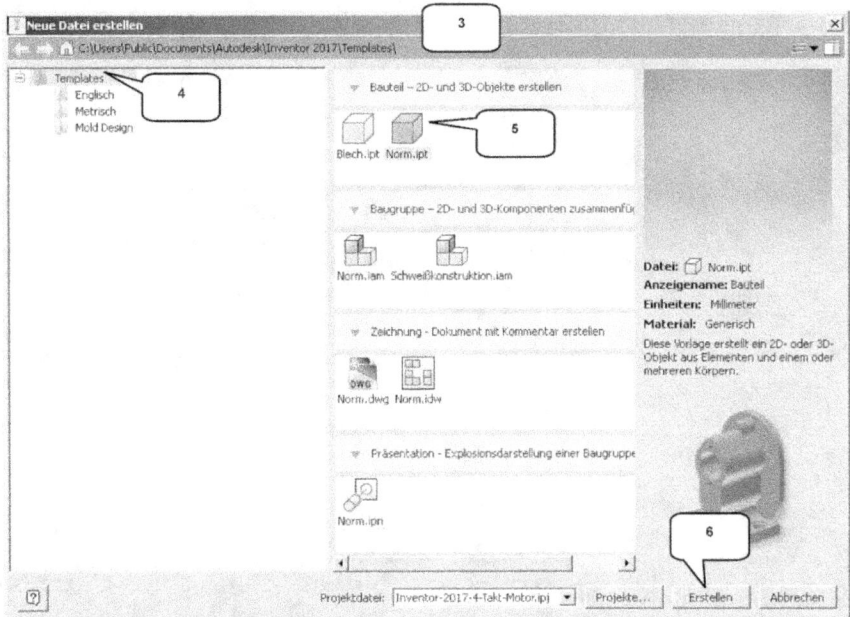

Wählen Sie die Vorlage *Norm.ipt* (5) und erzeugen Sie damit ein neues Bauteil.

- Neu (2)
- Templates (4)
- *Norm.ipt* (5)
- Erstellen *Erstellen* (6)

Durch die angepassten Voreinstellungen in den Anwendungsoptionen (vorangegangenes Kapitel), erzeugt das Programm automatisch eine neue 2D-Skizze auf der XY-Ebene und wechselt danach in den Skizzenbereich.

6.1.2 Projizieren der drei Hauptachsen

Bauteile und Baugruppen verfügen grundsätzlich über die **Hauptachsen** (X, Y, Z) und die **Hauptebenen** (XY, XZ, YZ). Auf den Ebenen können neue Skizzen erzeugt werden, die Achsen dienen u. a. zur Ausrichtung geometrischer Zeichenelemente im Skizzenbereich. Grundlegend sollten alle Objekte im Skizzenbereich am Koordinatensystem ausgerichtet und auch möglichst symmetrisch dazu gezeichnet werden. Das vereinfacht die Konstruktion eines Bauteils und eröffnet dem Anwender in späteren Konstruktionsschritten viele neue Möglichkeiten.

- SKIZZEN und BAUTEILE -

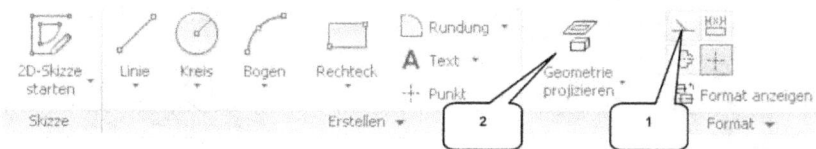

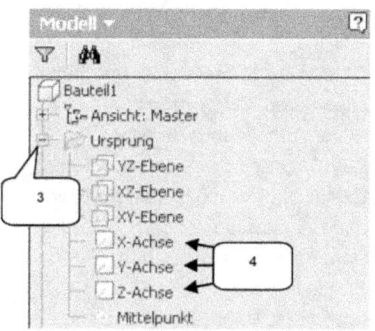

Bauteile/ Baugruppen verfügen über ein Koordinatensystem, das allerdings nicht sofort im Skizzenbereich verwendet werden kann: es muss zuerst dorthin übertragen werden. Es sollte als Hilfslinie (Konstruktionslinie) in die Skizze übernommen werden, um spätere Probleme im 3D-Modellbereich zu vermeiden. Folgen Sie jetzt Schritt für Schritt der nachfolgenden Befehlskette, um das Koordinatensystem in den Skizzenbereich zu übernehmen und die entstandenen Linien als Hilfslinien (Konstruktionslinien) zu definieren.

- Konstruktion aktivieren (1)
- Geometrie projizieren (2)
- Ordner **Ursprung** aufklappen (3)
- 3 Achsen nacheinander anklicken (4)

- Taste: **ESC** drücken (Beendet den Befehl Geometrie projizieren)
- Konstruktion deaktivieren (1)

HINWEIS: Dieser erste Schritt (Projizieren des Koordinatensystems in den Skizzenbereich eines Bauteils - Geometrie projizieren) sollte in jeder neuen Skizze angewandt werden. Anschließend ist dringend darauf zu achten, die Option Konstruktion wieder zu deaktivieren, da ansonsten alle weiteren Zeichenobjekte fehlerhaft erzeugt werden könnten.

6.1.3 Das Register SKIZZE im Überblick

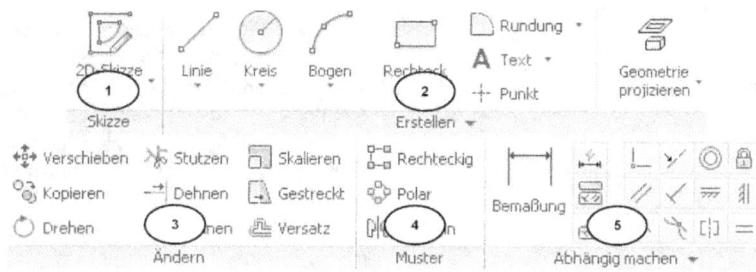

Auszug aus dem Buch: Autodesk® Inventor® 2017 - GRUNDLAGEN IN THEORIE UND PRAXIS

- SKIZZEN und BAUTEILE -

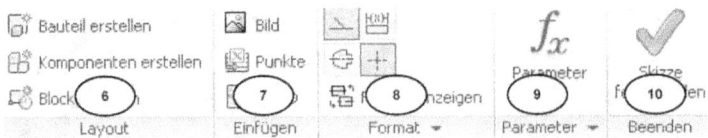

OPTIONEN

1) Erzeugen einer neuen Skizze (2D/3D)
2) Erstellen neuer Zeichenobjekte
3) Bearbeiten von Zeichenobjekten
4) Rechteckige, polare oder gespiegelte Kopien erzeugen
5) Bemaßungen und Abhängigkeiten einfügen
6) Objekte als Bauteile oder Baugruppen exportieren, Gruppieren
7) Bilder, Tabellenpunkte oder AutoCAD-Zeichnungen importieren
8) Eigenschaften von Linien, Punkten und Bemaßungen ändern
9) Parametermanager starten
10) Skizze beenden

6.1.4 Zeichnen der ersten Linien

Nachdem das Koordinatensystem in den Skizzenbereich übernommen wurde, kann mit dem Zeichnen der ersten Linien begonnen werden. Hierfür ist der Befehl **Linie** (1) zu starten. Es sollte jetzt noch einmal kontrolliert werden, ob die Option **Konstruktion** (2) wirklich wieder deaktiviert wurde, also nicht blau sondern grau hinterlegt ist.

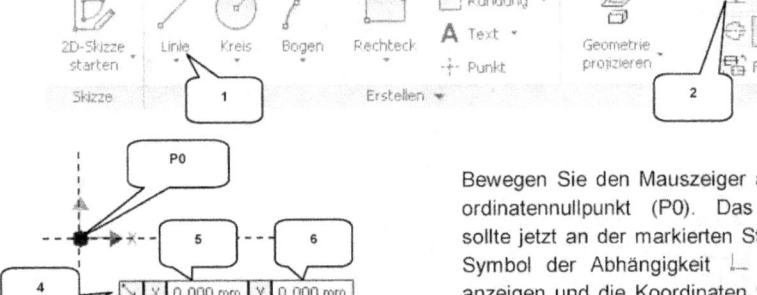

Bewegen Sie den Mauszeiger auf den Koordinatennullpunkt (P0). Das Programm sollte jetzt an der markierten Stelle (4) das Symbol der Abhängigkeit **Koinzident** anzeigen und die Koordinaten für X und Y müssten jeweils auf **0** (Null) stehen (5, 6). Sobald diese Bedingungen erfüllt sind, können Sie den ersten Linienpunkt mit einem Klick (linke Maustaste) bestätigen.

- 37 -

Auszug: Seite 16

- SKIZZEN und BAUTEILE -

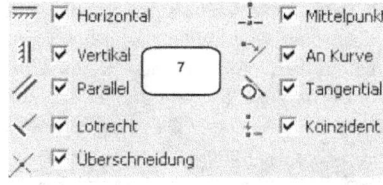

An dieser Stelle folgt ein kurzer Hinweis zu den Abhängigkeiten: Inventor® wird (so wie in den Anwendungsoptionen vorgegeben) alle Abhängigkeiten (7) in den Skizzenbereich übernehmen, wenn diese während des Zeichnens vom Programm erkannt und angezeigt werden. Folgende Abhängigkeiten stehen hierbei zur Verfügung:

> **Horizontal**   eine Linie wird parallel zur X-Achse ausgerichtet
> **Vertikal**   eine Linie wird parallel zur Y-Achse ausgerichtet
> **Parallel**   zwei Linien werden parallel zueinander ausgerichtet
> **Lotrecht**   zwei Linien werden in einem Winkel von 90° zueinander angeordnet
> **Überschneidung**   ein Punkt wird am Schnittpunkt zweier Objekte befestigt
> **Mittelpunkt**   ein Punkt wird am Mittelpunkt eines Objektes (Linie/ Bogen) befestigt
> **An Kurve**   ein Punkt wird auf einen Strahl gelegt
> **Tangential**   zwei Objekte werden tangential aneinander befestigt
> **Koinzident**   zwei Punkte werden aufeinandergelegt

HINWEIS: Beim Zeichnen sollte stets darauf geachtet werden, ob das Programm eine dieser Abhängigkeiten anzeigt. Wird an dieser Stelle dann mit der linken Maustaste geklickt, wird die Abhängigkeit automatisch in den Skizzenbereich übernommen. Beim späteren Bemaßen der Zeichenobjekte kann es dann ggf. zu Problemen kommen, weil unbeabsichtigt gesetzte Abhängigkeiten in Widerspruch zu den gewollt erzeugten Maßen stehen könnten.

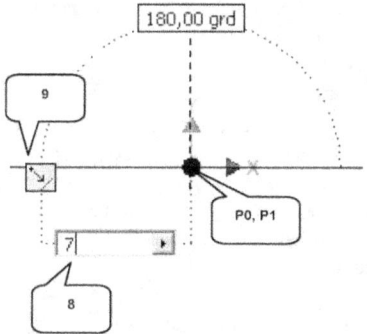

Der erste Punkt der Linie (P1) wurde bereits im Koordinatenursprung abgelegt, und das Programm erwartet jetzt weitere Punkte, um ein Linienobjekt erzeugen zu können. Ziehen Sie die Maus entlang der projizierten X-Achse nach links (die Abhängigkeit **Koinzident** (9) sollte angezeigt werden) und tragen Sie in das Eingabefeld für die Linienlänge (8) den Wert **7 mm** ein. Bestätigen Sie mit der Taste: **ENTER**. Wenn es in den Anwendungsoptionen so festgelegt wurde, wird die Bemaßung anschließend automatisch erzeugt.

- SKIZZEN und BAUTEILE -

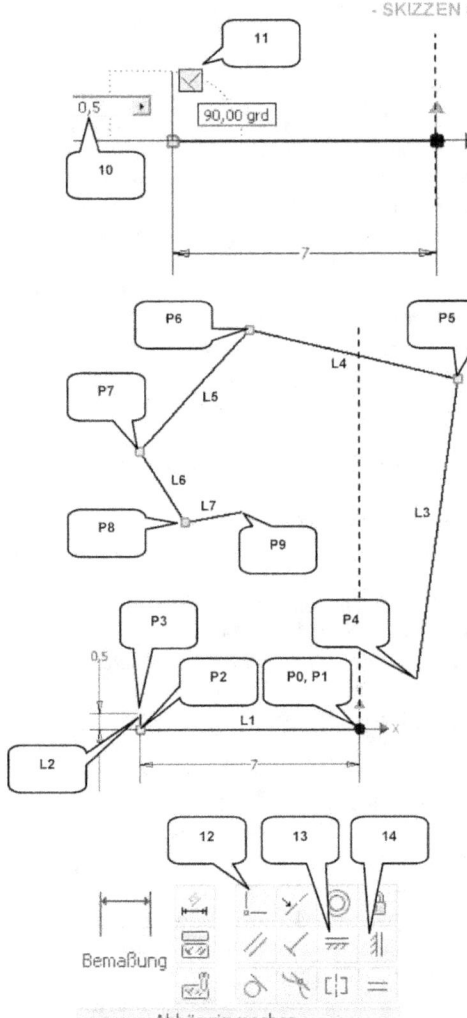

Ziehen Sie die Maus in gerader Linie nach oben und tragen Sie in das Eingabefeld der Linienlänge den Wert **0,5 mm** ein (10). Achten Sie darauf, dass während des Zeichnens die Abhängigkeit Lotrecht (11) angezeigt wird. Bestätigen Sie die Eingabe mit der Taste: ENTER und beenden Sie den Zeichenbefehl mit der Taste: ESC.

Starten Sie den Linienbefehl erneut und zeichnen Sie fünf zusammenhängende Linien durch Setzen der einzelnen Linienpunkte (P4...P9). Alle Linien sind leicht schräg zu zeichnen, so wie in der linken Abbildung dargestellt. Achten Sie darauf, dass beim Ablegen der Punkte keine Abhängigkeiten angezeigt werden.

> Linie
> (P4) frei ablegen (linke Maustaste)
> (P5) frei ablegen (linke Maustaste)
> (P6) frei ablegen (linke Maustaste)
> (P7) frei ablegen (linke Maustaste)
> (P8) frei ablegen (linke Maustaste)
> (P9) frei ablegen (linke Maustaste)
> Taste: ESC

Abhängigkeiten können bereits während des Zeichnens gesetzt (wie bei den ersten beiden Linien L1, L2) oder nachträglich platziert werden. Um die Linien (L3...L7) nachträglich in Form zu bringen, soll die zuletzt erwähnte Option verwendet werden.

Starten Sie die Abhängigkeit Koinzident (12), um den Punkt (P4) auf den Koordinatenursprung (P0) zu platzieren.

- SKIZZEN und BAUTEILE -

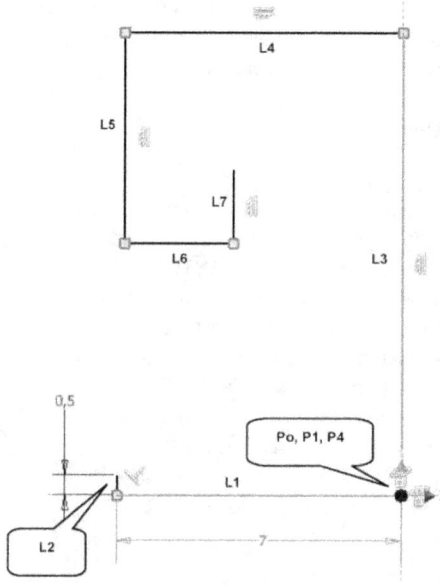

- ∟ Koinzident (12)
- (P0) wählen (linke Maustaste)
- (P4) wählen (linke Maustaste)
- Taste: ESC

Mit den Abhängigkeiten ═ Horizontal (13) und ∥ Vertikal (14) sind die restlichen Linien zu bearbeiten.

- ═ Horizontal (13)
- Linien (L4) und (L6) wählen
- Taste: ESC

- ∥ Vertikal (14)
- Linien (L3), (L5) und (L7) wählen
- Taste: ESC

HINWEIS: Alle in einer Skizze existierenden Abhängigkeiten können mit der Taste: F8 ein- und mit der Taste: F9 wieder ausgeblendet werden. Kleine Symbole deuten die jeweiligen Abhängigkeiten an. Um eine falsch gesetzte Abhängigkeit zu löschen, klicken Sie auf das entsprechende Abhängigkeitssymbol (es wird dann rot dargestellt) und drücken die Taste: ENTF (Alternativ: *Rechte Maustaste > Löschen*).

6.1.5 Bemaßung und Bearbeitung von Zeichenelementen

Die ersten beiden Linien (L1, L2), die mit dynamischer Werteeingabe gezeichnet wurden, sind bereits bemaßt. Bei den restlichen Linien (L3...L7) muss das noch nachgeholt werden. Hierfür ist der Befehl Bemaßung (1) zu verwenden.

Dieser Befehl kann verschiedene Objekte anhand ihrer Eigenschaften bemaßen (Längen, Winkel, Abstände, Radien, Durchmesser, Bogenlängen u. v. m.). Nach der Auswahl des zu bemaßenden Objektes wird in der Regel das Maß selbst abgelegt. Der Klick mit der rechten Maustaste vor dem Ablegen eines Maßes eröffnet weitere Optionen.

- SKIZZEN und BAUTEILE -

Eine Linie z. B. kann horizontal, vertikal oder ausgerichtet bemaßt werden (*rechte Maustaste* vor dem Ablegen des Maßes, um die Optionen zu wählen).

Bemaßen Sie die Linien jetzt wie folgt:

➢ Bemaßung (1)
➢ Linie (L1) wählen, dann Linie (L4) wählen und Maß an Pos. (2) ablegen
➢ Wert eingeben: [49 mm] > Taste: ENTER
➢ Linie (L4) wählen und Maß an Pos. (3) ablegen
➢ Wert eingeben: [5 mm] > Taste: ENTER
➢ Linie (L5) wählen und Maß an Pos. (4) ablegen
➢ Wert eingeben: [5 mm] > Taste: ENTER
➢ Linie (L6) wählen und Maß an Pos. (5) ablegen
➢ Wert eingeben: [1 mm] > Taste: ENTER
➢ Linie (L7) wählen und Maß an Pos. (6) ablegen
➢ Wert eingeben: [0,5 mm] > Taste: ENTER
➢ Taste: ESC

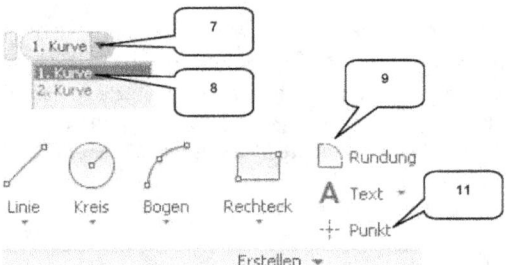

HINWEIS: Liegen mehrere Objekte sehr dicht aneinander (oder übereinander), kann das gesuchte Objekt möglicherweise nicht ausgewählt werden. Hier bietet das Programm die Möglichkeit, die Auswahl zu differenzieren. Halten Sie in diesem Fall den Mauszeiger eine Weile auf das gewünschte Objekt und warten Sie, bis das Fenster (7) erscheint. Im Popup-Menü (8) kann das gesuchte Objekt dann ohne Probleme ausgewählt werden.

- SKIZZEN und BAUTEILE -

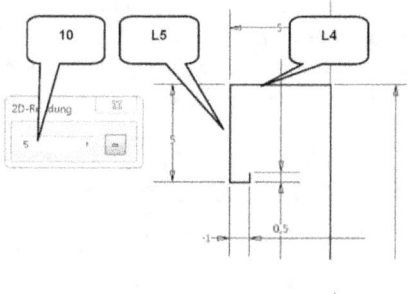

In der folgenden Übung soll die Ecke im oberen Bereich mit einem Radius von **5 mm** abgerundet werden.

- Rundung (9)
- Radius: [5 mm] eingeben (10)
- Linie (L4), dann Linie (L5) wählen
- Taste: ESC

Im unteren Bereich der Skizze sollen zwei Punkte erzeugt werden. Sie sind mittels Koordinateneingabe per Tastatur zu positionieren.

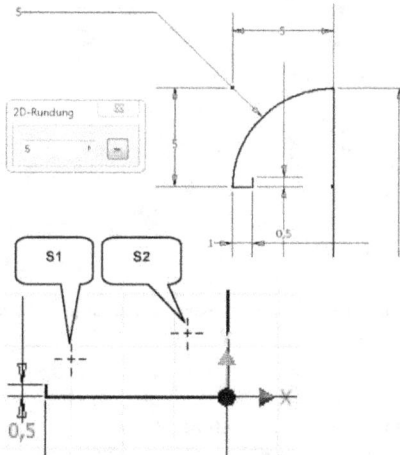

- Punkt (11)
- Taste: TAB > X-Koordinate: [-6 mm]
- Taste: TAB > Y-Koordinate: [1,5 mm]
- Taste: ENTER
- Taste: TAB > X-Koordinate: [-1,5 mm]
- Taste: TAB > Y-Koordinate: [2,5 mm]
- Taste: ENTER
- Taste: ESC

Erzeugen Sie, beginnend im Punkt (P9) im oberen Teil der Skizzenkontur, zwei weitere Linien (L8) und (L9).

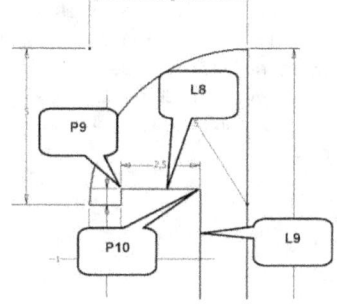

- Linie
- Startpunkt (P9) wählen
- Linie gerade nach rechts ziehen
- Länge eingeben: [2,5 mm]
- Taste: ENTER
- Linie gerade nach unten ziehen und auf den Punkt (S2) klicken
- Taste: ESC

- SKIZZEN und BAUTEILE -

Der untere Teil der Skizzengeometrie muss noch geschlossen werden. Erweitern Sie den Befehl **Linie** durch einen Klick auf das kleine Dreieck (12) und starten Sie den Befehl Spline Interpolation (13).

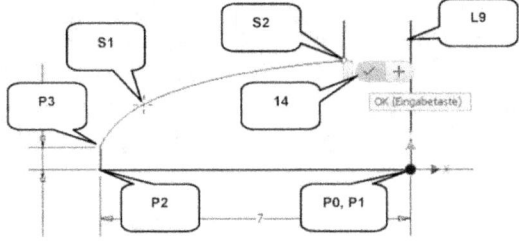

- Spline Interpolation (13)
- Punkt (P3) wählen
- Punkt (S1) wählen
- Punkt (S2) wählen
- OK (14)

Fehlende Bemaßungen sollen jetzt automatisch ergänzt werden.

- Automatisches Bemaßen (15)
- Einstellungen übernehmen (16)
- Anwenden
- Fertig

Die Basisskizze wurde um die letzten fehlenden Maße ergänzt und der Skizzenbereich kann geschlossen werden. Mit dem Befehl Skizze fertigstellen (17) wird der Skizzenbereich verlassen und das Programm wechselt in den Modellbereich.

- SKIZZEN und BAUTEILE -

6.1.6 Das Register 3D-MODELL im Überblick

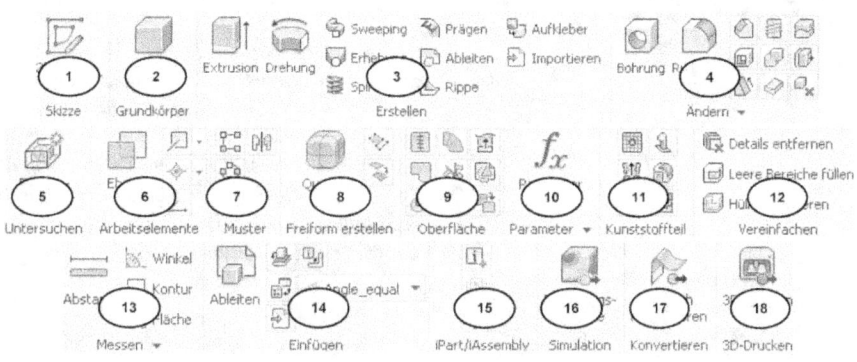

OPTIONEN

1) Neue 2D/ 3D-Skizzen erzeugen
2) Volumenkörper-Basiselemente erzeugen (Quader, Kugel, Zylinder...)
3) Volumen- oder Flächenkörper aus Skizzen erzeugen
4) Bearbeiten vorhandener Volumen- oder Flächenkörper
5) Formen-Generator
6) Arbeitsebenen, -achsen, -punkte
7) Rechteck/ polar anordnen, Spiegel
8) Freiformflächen erstellen/ bearbeiten
9) Flächen erstellen/ bearbeiten
10) Parametermanager
11) Kunststoffteile erzeugen
12) Konturen vereinfachen
13) Messwerkzeuge
14) Bauteile importieren/ exportieren
15) iPart/ iAssembly
16) Belastungsanalyse
17) Volumen in Blechkörper konvertieren
18) 3D-Drucken

6.1.7 Volumenkörper erzeugen

Nach dem Verlassen des Skizzenbereiches wechselt das Programm ins Register **3D-Modell**. Die soeben erzeugte Skizze (Skizze1) befindet sich links im Browser (1) und kann dort jederzeit geöffnet und bearbeitet werden (**rechte Maustaste** > **Skizze bearbeiten**). Die geschlossene 2D-Kontur aus dem Skizzenbereich soll jetzt in einen Volumenkörper konvertiert werden.

Starten Sie den Befehl **Drehung** (2) und erweitern Sie das Befehlsfenster (3).

- SKIZZEN und BAUTEILE -

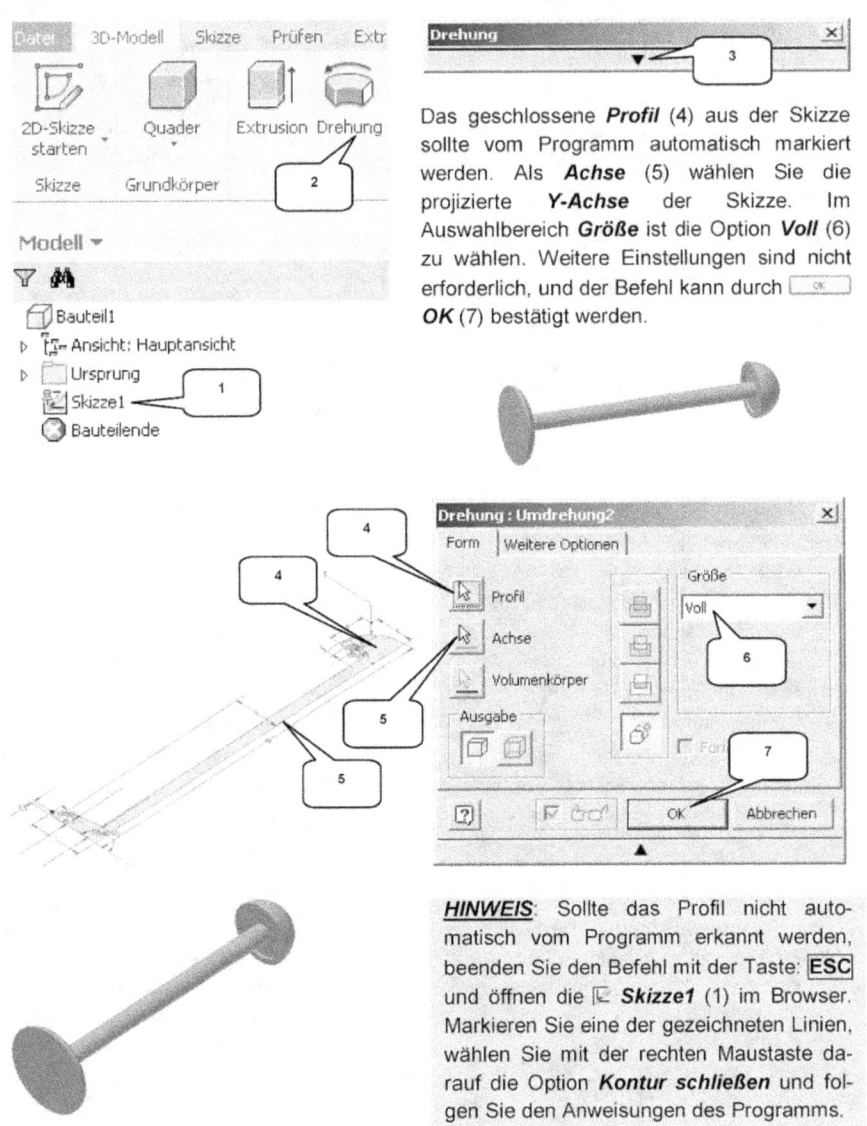

Das geschlossene *Profil* (4) aus der Skizze sollte vom Programm automatisch markiert werden. Als *Achse* (5) wählen Sie die projizierte *Y-Achse* der Skizze. Im Auswahlbereich *Größe* ist die Option *Voll* (6) zu wählen. Weitere Einstellungen sind nicht erforderlich, und der Befehl kann durch *OK* (7) bestätigt werden.

HINWEIS: Sollte das Profil nicht automatisch vom Programm erkannt werden, beenden Sie den Befehl mit der Taste: ESC und öffnen die *Skizze1* (1) im Browser. Markieren Sie eine der gezeichneten Linien, wählen Sie mit der rechten Maustaste darauf die Option *Kontur schließen* und folgen Sie den Anweisungen des Programms.

- SKIZZEN und BAUTEILE -

Die Skizze mit der Basisgeometrie wurde in den Befehl **Umdrehung** integriert (8). Um diesen Befehl bearbeiten zu können, muss mit der **rechten Maustaste** darauf geklickt und die Option **Element bearbeiten** gewählt werden. Zur Bearbeitung der Skizze1 ist die Option **Skizze bearbeiten** zu verwenden.

Das Bauteil kann jetzt **gespeichert** werden. Starten Sie den Befehl Speichern (9) und verwenden Sie die Bezeichnung **Ventil**. Achten Sie auf den korrekten Speicherort (Ordner **Übung-4-Takt-Motor-2017**).

6.2 Bauteil: Kurbelwelle-Riemenrad

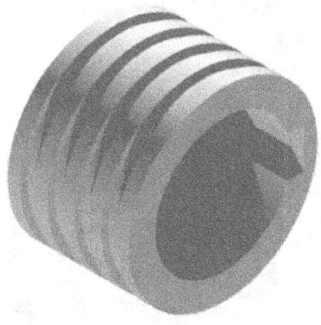

6.2.1 Erzeugen der Basisskizze

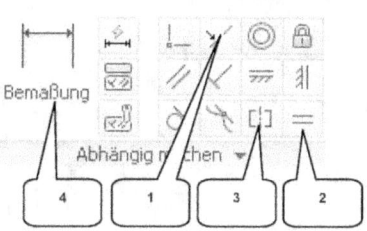

Die Vorgehensweise bei der Konstruktion dieses Bauteils ist der der Konstruktion des vorherigen Bauteils ähnlich. Erzeugen Sie eine neue Bauteildatei (Norm.ipt) und folgen Sie der Befehlskette:

- Neu
- Norm.ipt
- Erstellen **Erstellen**

- Unterbaugruppe: BG_Kolben -

7 BAUGRUPPEN

7.1 Unterbaugruppe: BG_Kolben

7.1.1 Erzeugen der ersten Baugruppe

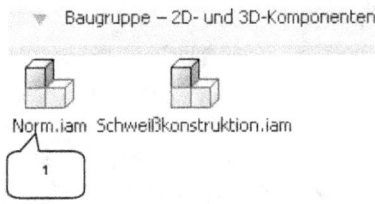

Erstellen Sie eine neue Baugruppe (Norm.iam) und **speichern** Sie sie unter der Bezeichnung **BG_Kolben**.

- Neu
- **Norm.iam** (1)
- Erstellen **Erstellen**
- Speichern [BG_Kolben]

7.1.2 Das Register ZUSAMMENFÜGEN im Überblick

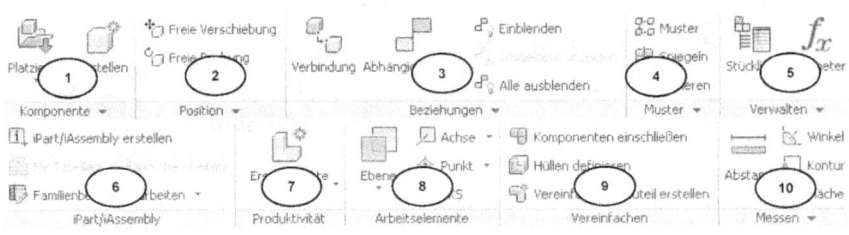

- Unterbaugruppe: BG_Kolben -

OPTIONEN

1) Bauteile, Baugruppen oder Normteile aus dem Inhaltscenter einfügen; neue Bauteile erstellen; vorhandene Bauteile kopieren/ anordnen oder ersetzen
2) Komponenten in Position/ Lage ändern
3) Abhängigkeiten/ Verbindungen setzen
4) Elemente anordnen, kopieren oder spiegel
5) Parametermanager
6) Teilefamilien (iParts/ iAssemblys)
7) Bauteilstrukturen organisieren
8) Ebenen, Achsen, Punkte erzeugen
9) Bauteile vereinfachen
10) Abstände, Winkel, Konturen, Flächeninhalte berechnen

7.1.3 Komponenten platzieren

Der Befehl **Platzieren** (1) fügt Bauteile oder (Unter-)Baugruppen in eine Baugruppe ein. Das erste Objekt, das in eine Baugruppe eingefügt wird, sollte möglichst eine statische Komponente ohne Freiheitsgrade sein, woran die folgenden Komponenten befestigt werden können. Und es sollte einzeln platziert werden. In den Anwendungsoptionen wurde das bereits so festgelegt, und das Programm übernimmt diese Vorgaben automatisch.

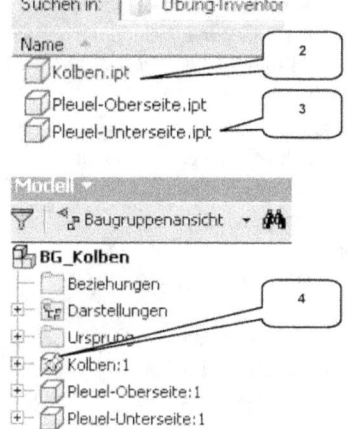

➤ **Platzieren** (1)
➤ Auswahl: Kolben (2)
➤ **Öffnen** *Öffnen*
➤ Taste: ESC

Der Kolben wurde vom Programm automatisch am Koordinatensystem der Baugruppe ausgerichtet und auch fixiert. Die Fixierung wird durch ein kleines *Pin-Symbol* (4) im Browser symbolisiert. Fügen Sie jetzt weitere Bauteile ein.

➤ **Platzieren** (1)
➤ Auswahl: Pleuel-Oberseite, Pleuel-Unterseite (3)
➤ **Öffnen** *Öffnen*
➤ Die Bauteile einmal mit der linken Maustaste frei ablegen
➤ Taste: ESC

- Unterbaugruppe: BG_Kolben -

7.1.4 Kolben und Pleueloberseite voneinander abhängig machen

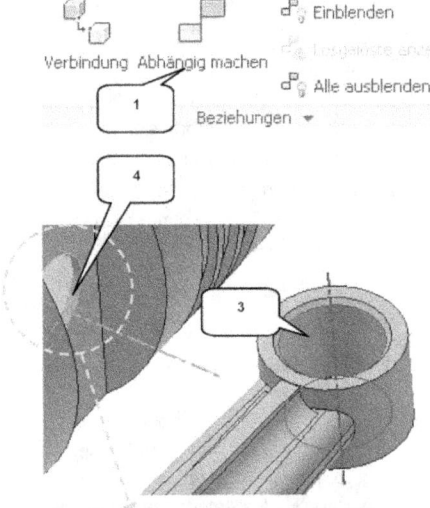

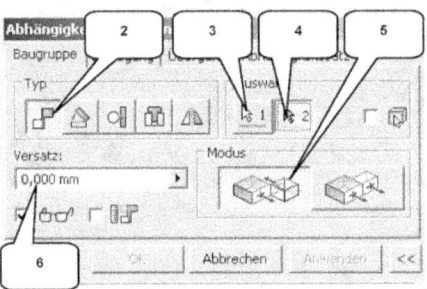

Der Befehl **Abhängig machen** (1) stellt Verbindungen zwischen Komponenten her, indem deren geometrische Elemente voneinander abhängig gemacht werden. Starten Sie den Befehl und verbinden Sie die Bauteile **Kolben** und **Pleuel-Oberseite** miteinander.

- **Abhängig machen** (1)
- Reiter: Baugruppe
- Typ: Passend (2)
- Auswahl 1: Markierte Zylinderfläche am Pleuel (3) (die dazugehörige Achse wird automatisch erkannt)
- Auswahl 2: Markierte Bohrungsfläche am Kolben (4) (die dazugehörige Achse wird automatisch erkannt)
- Modus: Passend (5)
- Versatz: [0 mm] (6)
- **OK**

HINWEIS: Die Achse einer Bohrung/ eines zylindrischen Elements können Sie wählen, indem Sie mit der linken Maustaste auf die dazugehörige zylindrische Fläche klicken. Bei manchen Elementen sind die zylindrischen Flächen sehr schmal (in unserem Fall die Querbohrung des Kolbens (4)). Dann ist es erforderlich, sehr nah an diesen Bereich heranzuzoomen, um die korrekte Fläche greifen zu können.

- Unterbaugruppe: BG_Kolben -

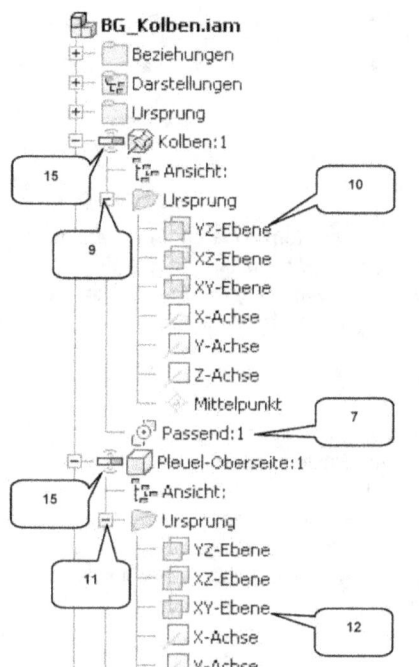

Die axiale Abhängigkeit wird jetzt den zugehörigen Komponenten im Browser zugeordnet. Werden im Browser die Bauteil **Kolben** oder **Pleuel-Oberseite** erweitert, findet man darin die soeben erzeugte Abhängigkeit **Passend** (7).

HINWEIS: Um eine Abhängigkeit zu bearbeiten, klicken Sie mit der **rechten Maustaste** darauf und wählen die Option **Bearbeiten**. Um sie zu löschen, wählen Sie die Option **Löschen**.

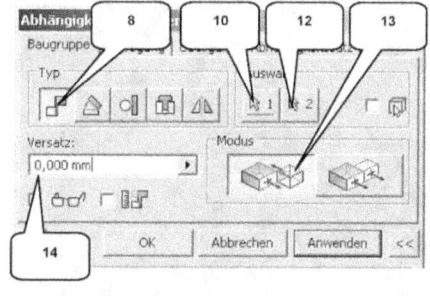

- **Abhängig machen**
- Reiter: Baugruppe
- Typ: Passend (8)
- Ordner **Ursprung** (Kolben) aufklappen (9)
- Auswahl 1: YZ-Ebene (Kolben) (10)
- Ordner **Ursprung** (Pleuel-Oberseite) aufklappen (11)
- Auswahl 2: XY-Ebene (Pleuel-Oberseite) (12)
- Modus: Passend (13)
- Versatz: 0 mm (14)
- OK

Das Programm kann Kollisionen zwischen Komponenten ohne weitere Vorgaben nicht automatisch erkennen. Das Pleuel kann im derzeitigen Zustand also problemlos durch den Kolben hindurchbewegt werden. Um diesen Fehler zu beheben, drehen Sie das Pleuel so, dass es nicht mit dem Kolben kollidiert. Klicken Sie dann mit der **rechten Maustaste** auf das Bauteil **Pleuel-Oberseite** und aktivieren Sie den **Kontaktsatz**. Übernehmen Sie diese Einstellung auch für den **Kolben**.

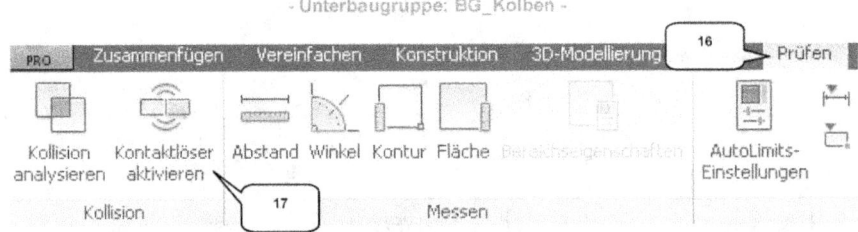

Bei beiden Komponenten wird jetzt im Browser das Symbol **Kontaktsatz** (15) angezeigt. Wechseln Sie ins Register **Prüfen** (16) und aktivieren Sie dort die Option **Kontaktlöser aktivieren** (17). Wenn Sie das Bauteil **Pleuel-Oberteil** jetzt bei gedrückter linker Maustaste bewegen, sollte die Bewegung begrenzt und eine Kollision verhindert werden.

7.1.5 Pleuelober- und -unterseite miteinander verbinden

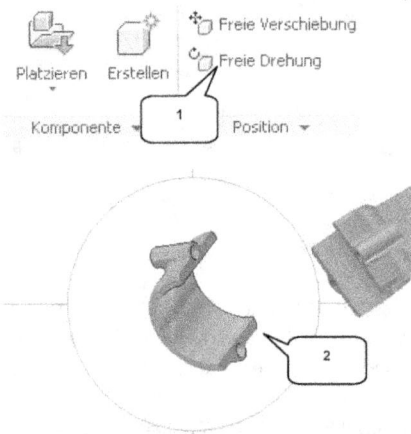

Im nächsten Schritt sollen Ober- und Unterseite des Pleuels miteinander verbunden werden. Um dies zu erleichtern, kann die Unterseite vorher etwas ausgerichtet werden. Der Befehl **Freie Drehung** (1) ermöglicht ein freies Drehen einzelner Komponenten einer Baugruppe (alternativ: Taste: G).

Markieren Sie die Unterseite des Pleuels (2), starten Sie den Befehl und drehen Sie die Pleuelunterseite bei gedrückter linker Maustaste, bis ihre Lage zur Pleueloberseite wie nebenstehend dargestellt erreicht wurde. Die Taste: ESC beendet den Befehl.

HINWEIS: Um das Setzen von Abhängigkeiten zu erleichtern, können die betreffenden Komponenten vorher mit dem Befehl **Freie Drehung** etwas aneinander ausgerichtet werden. Das verhindert oftmals eine fehlerhafte Positionierung durch das Programm.

Nachdem die Unterseite des Pleuels ausgerichtet wurde, kann mit dem Setzen der Abhängigkeiten begonnen werden. Folgen Sie der Befehlskette und verbinden Sie beide Bauteile miteinander.

- Unterbaugruppe: BG_Kolben -

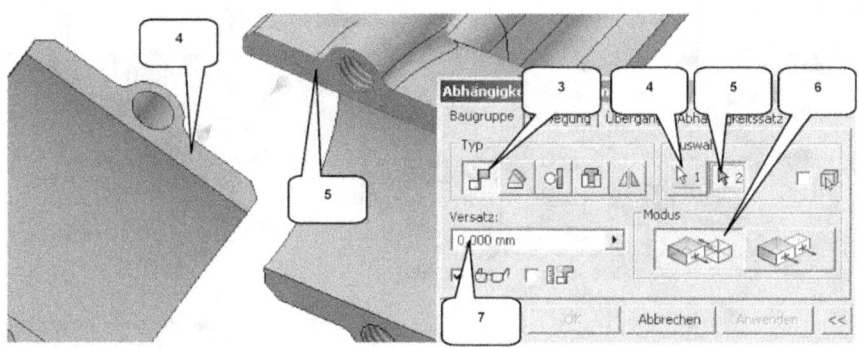

- ➤ **Abhängig machen**
- ➤ Reiter: Baugruppe
- ➤ Typ: Passend (3)
- ➤ Auswahl 1: Markierte Fläche (4)
- ➤ Auswahl 2: Markierte Fläche (5)
- ➤ Modus: Passend (6)
- ➤ Versatz: [0 mm] (7)
- ➤ **OK**

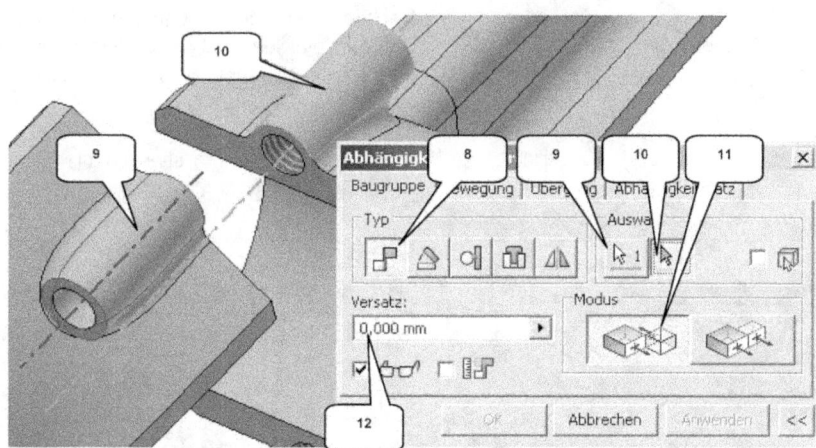

- ➤ **Abhängig machen**
- ➤ Reiter: Baugruppe
- ➤ Typ: Passend (8)
- ➤ Auswahl 1: Mark. Zylinderfläche (9)
- ➤ Auswahl 2: Mark. Zylinderfläche (10)
- ➤ Modus: Passend (11)
- ➤ Versatz: [0 mm] (12)
- ➤ **OK**

- Unterbaugruppe: BG_Kolben -

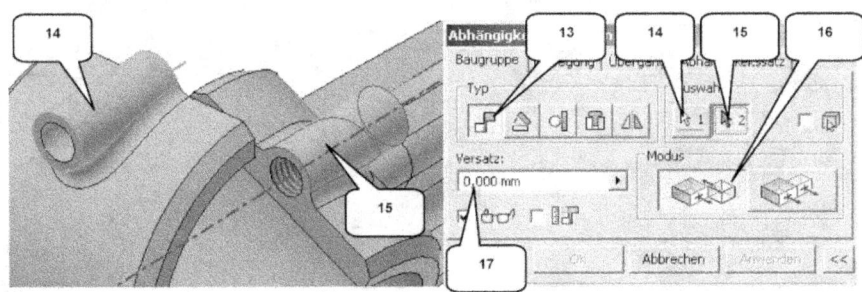

- ➢ Abhängig machen
- ➢ Reiter: Baugruppe
- ➢ Typ: Passend (13)
- ➢ Auswahl 1: Mark. Zylinderfläche (14)
- ➢ Auswahl 2: Mark. Zylinderfläche (15)
- ➢ Modus: Passend (16)
- ➢ Versatz: [0 mm] (17)
- ➢ OK

7.1.6 Schrauben aus dem Inhaltscenter platzieren

Nachdem alle zur Baugruppe gehörenden Bauteile platziert und ausgerichtet wurden, sollen zwei Schrauben aus dem Inhaltscenter die Baugruppe komplettieren.

- ➢ Befehl Platzieren erweitern (1)
- ➢ Aus Inhaltscenter platzieren (2)

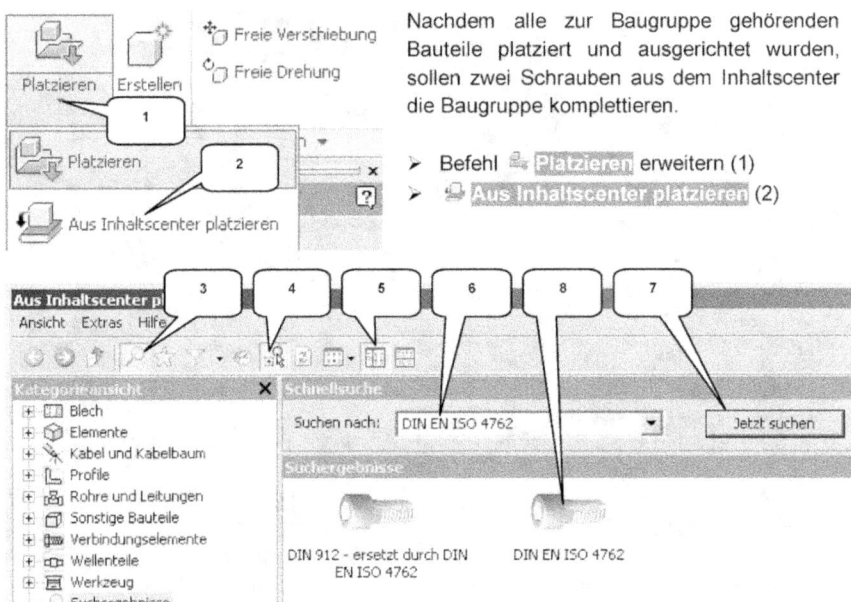

- Unterbaugruppe: BG_Kolben -

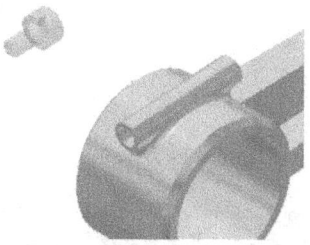

- Option: **Suchen** aktivieren (3)
- Option: **AutoDrop** aktivieren (4)
- Option: **Baumstrukturansicht** aktivieren (5)
- Suchen nach: [DIN EN ISO 4762] eingeben (6)
- **Jetzt suchen** (7)
- Markierte Schraube doppelklicken (8)

Die Schraube muss jetzt platziert werden.

HINWEIS: Sollte Ihr Inhaltscenter nicht verfügbar sein, platzieren Sie die Normteile aus dem Order **Normteile** (Projektordner) manuell. Die Schrauben müssen dann allerdings einzeln mit Abhängigkeiten platziert werden.

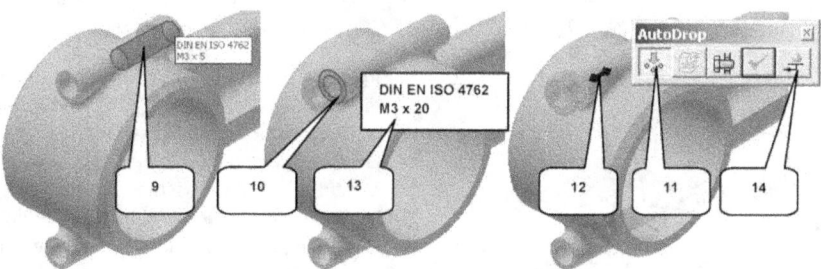

- Markierte Zylinderfläche anklicken, um die darin enthaltene Gewindebohrung zu wählen (9)
- Markierte Ringfläche wählen (10)

- **Mehrere einfügen** aktivieren (11)
- Am Doppelpfeil ziehen (12), bis die Länge (M3 x 20) angezeigt wird (13)
- **Anwenden** (14)

HINWEIS: **AutoDrop** ermöglicht eine teilautomatisierte Konfiguration von Komponenten aus dem Inhaltscenter. Geometrische Eigenschaften der Komponenten werden dabei anhand bereits vorhandener geometrischer Elemente ermittelt. Diese Option ist sehr praktikabel, funktioniert allerdings nur bei wenigen Normteilen aus dem Inhaltscenter.

7.1.7 Erstellen einer Komponente aus der Baugruppe heraus

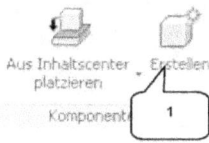

Bauteile und Baugruppen können auch direkt aus einer Baugruppe heraus erzeugt werden, wobei zusätzlich Adaptivitäten (geometrische Abhängigkeiten) zu anderen Komponenten der Baugruppe generiert werden.

- Öffnen der vorhandenen Zeichnungsvorlage -

8 ZEICHNUNGSABLEITUNGEN

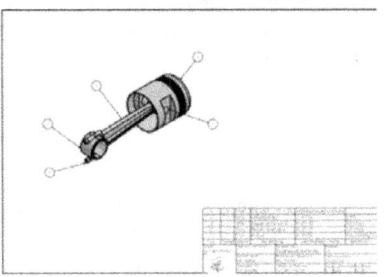

Bauteile werden im Skizzenbereich gezeichnet, im Modellbereich in Volumen- oder Flächenelemente konvertiert, dann in Baugruppen eingefügt und zum Schluss als Zeichnung abgeleitet. Ein vollständiger **Zeichnungssatz** besteht in der Regel aus der Baugruppenzeichnung samt Positionsnummern, der Stückliste und den Bauteilzeichnungen.

8.1 Öffnen der vorhandenen Zeichnungsvorlage

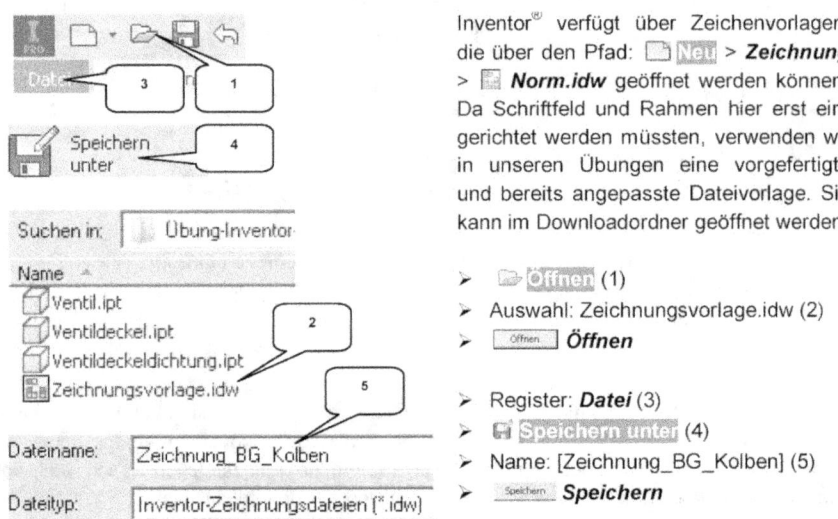

Inventor® verfügt über Zeichenvorlagen, die über den Pfad: 🗋 Neu > **Zeichnung** > 📄 **Norm.idw** geöffnet werden können. Da Schriftfeld und Rahmen hier erst eingerichtet werden müssten, verwenden wir in unseren Übungen eine vorgefertigte und bereits angepasste Dateivorlage. Sie kann im Downloadordner geöffnet werden.

➢ 📂 Öffnen (1)
➢ Auswahl: Zeichnungsvorlage.idw (2)
➢ Öffnen **Öffnen**

➢ Register: **Datei** (3)
➢ 💾 Speichern unter (4)
➢ Name: [Zeichnung_BG_Kolben] (5)
➢ Speichern **Speichern**

HINWEIS: Das **Speichern** der Zeichnung **unter** einer anderen Bezeichnung soll verhindern, dass die Zeichnungsvorlage ungewollt überschieben wird. Alternativ kann ein eigenes Template in Inventor erzeugt werden. Bei geöffneter Datei **Zeichnungsvorlage.idw** muss dafür der Pfad: **Hauptmenü** > **Kopie als Vorlage speichern** gewählt werden.

8.2 Das Register ANSICHTEN PLATZIEREN im Überblick

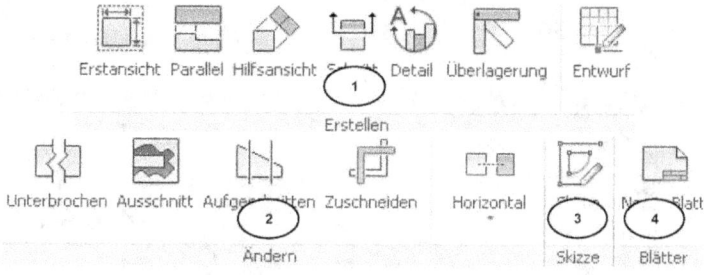

1) Erstellen neuer Ansichten
2) Bearbeiten vorhandener Ansichten
3) Erstellen einer 2D-Skizze
4) Erstellen weiterer Blätter

8.3 Das Register MIT ANMERKUNG VERSEHEN im Überblick

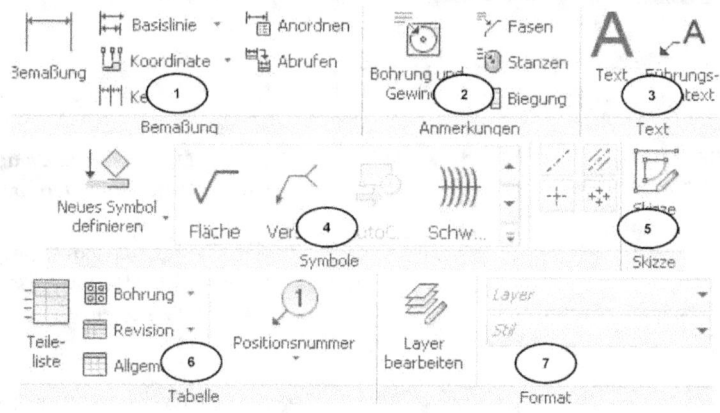

1) Bemaßungen erzeugen
2) Informationen von Bohrungen, Fasen, Biegungen abrufen
3) Textfelder einfügen
4) Symbole und Markierungen einfügen
5) 2D-Skizze erstellen
6) Tabellen und Positionsnummern
7) Linien, Texte, Layer einstellen

- Zeichnungsableitung der Baugruppe: BG_Kolben -

8.4 Zeichnungsableitung der Baugruppe: BG_Kolben
8.4.1 Blattformat und Schriftfeld bearbeiten

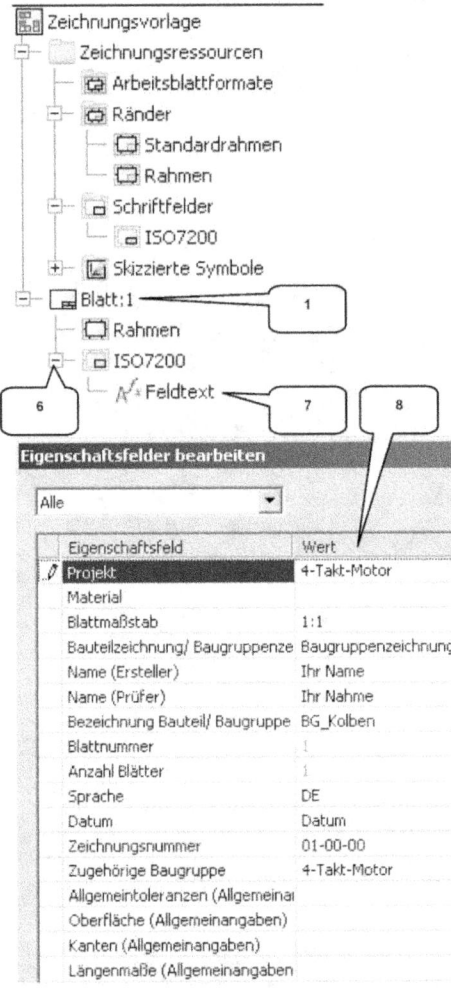

Das **Blattformat** DIN A4 soll auf das Blattformat DIN A3 vergrößert werden, um die Baugruppe **BG_Kolben** besser darstellen zu können.

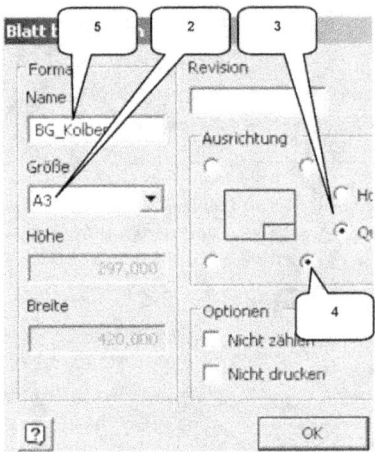

- ➢ **Rechte Maustaste** auf **Blatt:1** (1)
- ➢ Option: **Blatt bearbeiten** wählen
- ➢ Größe: A3 (2)
- ➢ Ausrichtung: Querformat (3)
- ➢ Position Schriftfeld: Unten rechts (4)
- ➢ Name: [BG_Kolben] (5)
- ➢ OK

Bearbeiten Sie jetzt das Schriftfeld:

- ➢ **ISO7200** erweitern (6)
- ➢ Doppelklick auf **Feldtext** (7)
- ➢ Eingaben der Spalte **Wert** übernehmen wie dargestellt (8)
- ➢ OK

- Zeichnungsableitung der Baugruppe: BG_Kolben -

8.4.2 Platzieren einer schattierten Ansicht

Als **Ansicht** wird die Abbildung einer Baugruppe/ eines Bauteils verstanden. Platzieren Sie eine **isometrische Erstansicht** der Baugruppe **BG_Kolben**.

> 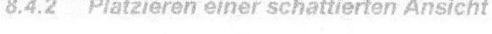 **Erstansicht** (1)
> Auswahl: BG_Kolben (2)
> **Öffnen**

Im Fenster **Zeichnungsansicht** können nun die folgenden Einstellungen übernommen werden.

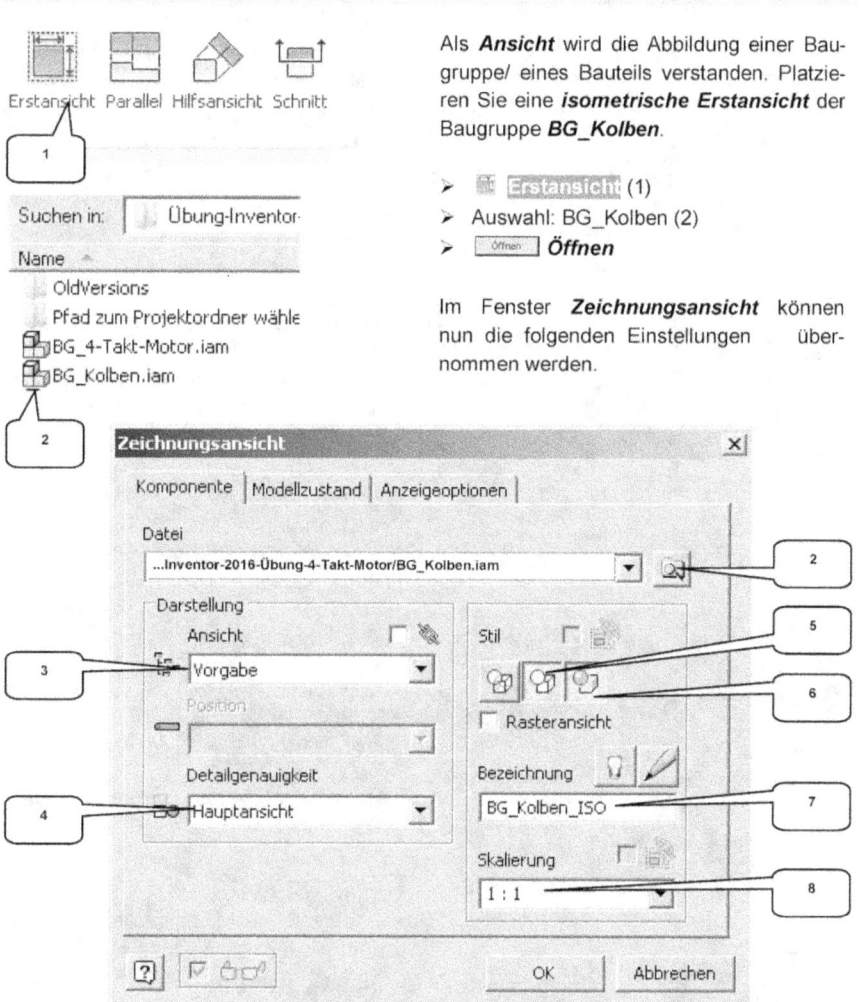

HINWEIS: Im Zeichenbereich sollte die Baugruppe **BG_Kolben** bereits zu sehen sein. Wenn nicht, sind die Anwendungsoptionen zu kontrollieren: *Register: Extras > Anwendungsoptionen > Reiter: Zeichnung > Vorschau anzeigen als: Alle Komponenten*.

- Zeichnungsableitung der Baugruppe: BG_Kolben -

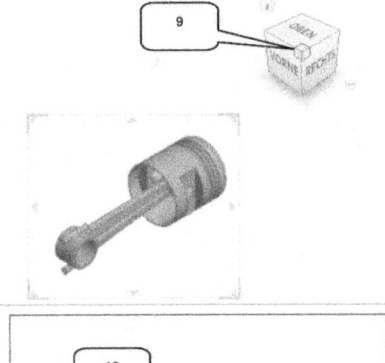

- Ansicht: Vorgabe (3)
- Detailgenauigkeit: Hauptansicht (4)
- Stil: Ohne verdeckte Linien (5) und Schattiert (6)
- Bezeichnung: [BG_Kolben_ISO] (7)
- Skalierung: 1:1 wählen (8)
- **ViewCube**-Ansicht: **ECKE** zwischen den Seiten VORNE, OBEN und RECHTS wählen (9)
- OK

Die Maus ist jetzt über die Ansicht zu schieben, bis eine rote Umrandung erscheint. Bei gedrückter linker Maustaste darauf kann diese Ansicht jetzt in die Mitte der Zeichnung geschoben werden (10).

HINWEIS: Eine Ansicht kann auch nachträglich bearbeitet werden: **Rechte Maustaste** im Browser auf die Ansicht > **Ansicht bearbeiten**.

8.4.3 Einfügen einer Teileliste (Stückliste)

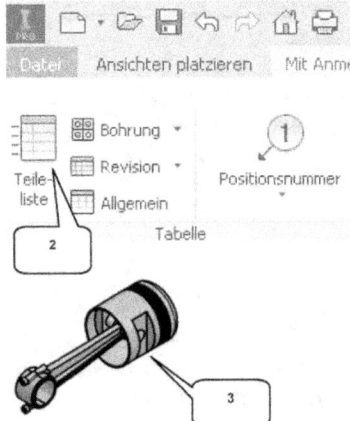

- Register: **Mit Anmerkungen versehen** (1)
- **Teileliste** (2)
- Quelle: BG_Kolben anklicken (3)
- Stücklistenansicht: Strukturiert (4)
- Ebene: Erste (wenn verfügbar) (5)
- Min. Stellen: 1 (wenn verfügbar) (6)
- Umbruchrichtung: Links (7)
- OK

- Zeichnungsableitung der Baugruppe: BG_Kolben -

HINWEIS: Die Quelle kann alternativ auch über das Ordnersymbol (8) gewählt werden.

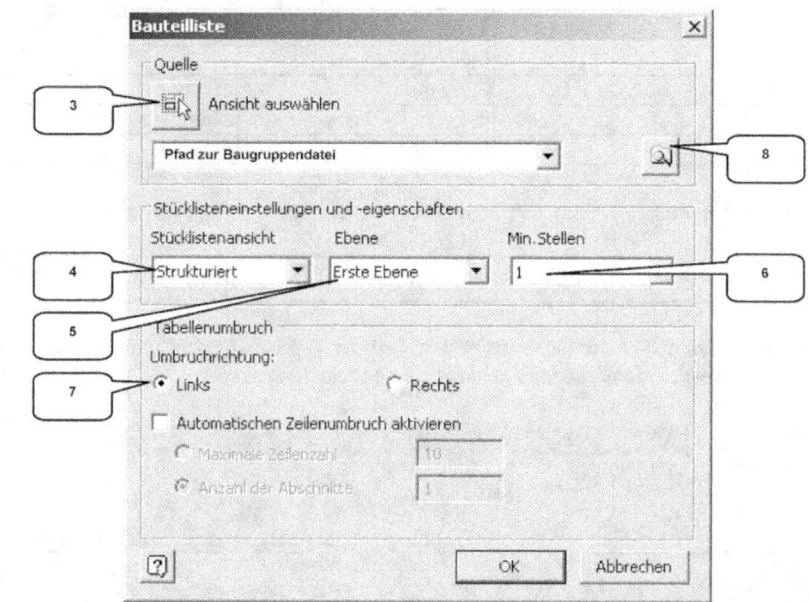

Legen Sie die Tabelle oberhalb des Schriftfeldes ab. Das eventuell erscheinende Hinweisfenster **Stücklistenansicht deaktiviert** kann mit OK (9) bestätigt werden. Legen Sie die Teileliste danach so im Zeichenbereich ab, dass diese auf dem Schriftfeld oben aufliegt und an ihrer rechten Seite an den Zeichnungsrahmen anschließt.

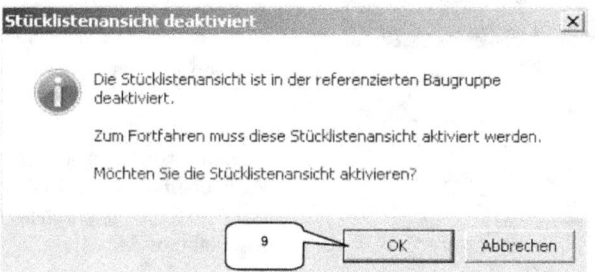

Die Teileliste ist jetzt in der Zeichnung hinterlegt, muss aber noch überarbeitet werden.

- Zeichnungsableitung der Baugruppe: BG_Kolben -

TEILELISTE			
OBJEKT	ANZAHL	BAUTEILNUMMER	BESCHREIBUNG
1	1	Kolben	
2	1	Pleuel-Oberseite	
3	1	Pleuel-Unterseite	
4	2	ISO 4762 - M3 x 20	Innensechskantschraube
5	1	Kolbenbolzen	

Projekt	Material/ Werkstoff	Dokumentenart	Maßstab		
4-Takt-Motor		Baugruppenzeichnung	1:1		
	Erstellt durch	Bezeichnung/ Benennung	Zeichnungsnummer		
	Ihr Name	BG_Kolben	01-00-00		
	Genehmigt von	Zugehörige Baugruppe	And.	Ausgabedatum	Spr.	Blatt
	Ihr Nahme	4-Takt-Motor	A	Datum	DE	1 / 1

Mit einem **Doppelklick** auf einen beliebigen Text der Teileliste gelangt man in ihren **Bearbeitungsbereich**. Nehmen Sie darin die folgenden Änderungen vor:

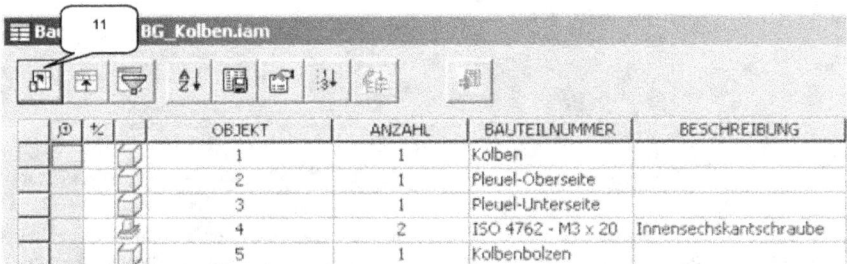

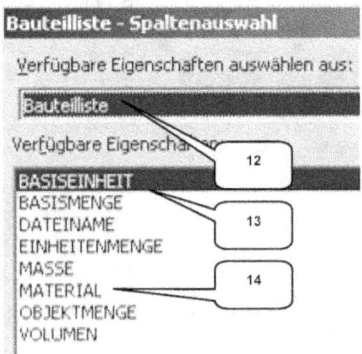

➢ Doppelklick auf den Text (10)

➢ Spaltenauswahl (11)

➢ Auswahl: Bauteilliste (12)

➢ Doppelklicken: Basiseinheit (13)

➢ Doppelklicken: Material (14)

Mit den beiden Optionen **Nach unten** und **Nach oben** kann die Reihenfolge im rechten Fenster (Ausgewählte Eigenschaften) bearbeitet werden.

- Zeichnungsableitung der Baugruppe: BG_Kolben -

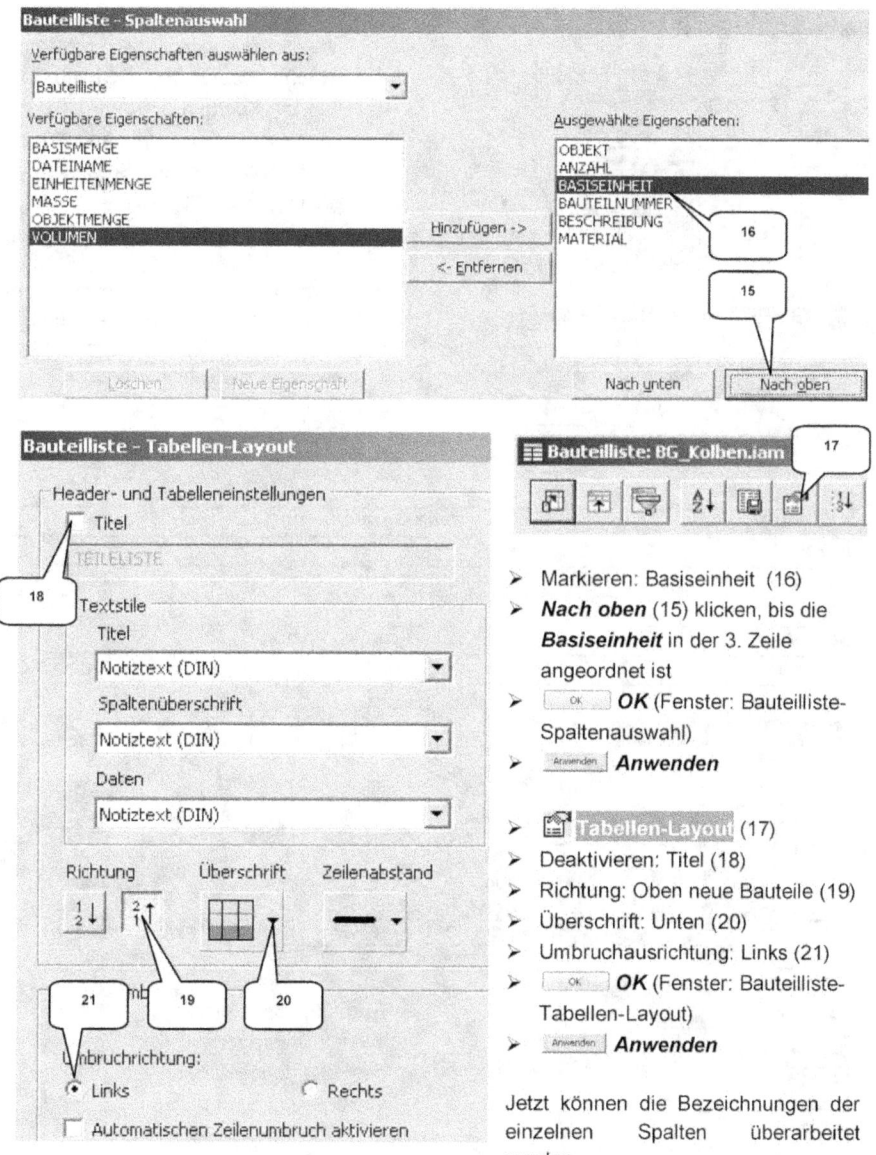

- Markieren: Basiseinheit (16)
- **Nach oben** (15) klicken, bis die **Basiseinheit** in der 3. Zeile angeordnet ist
- **OK** (Fenster: Bauteilliste-Spaltenauswahl)
- **Anwenden**

- Tabellen-Layout (17)
- Deaktivieren: Titel (18)
- Richtung: Oben neue Bauteile (19)
- Überschrift: Unten (20)
- Umbruchausrichtung: Links (21)
- **OK** (Fenster: Bauteilliste-Tabellen-Layout)
- **Anwenden**

Jetzt können die Bezeichnungen der einzelnen Spalten überarbeitet werden.

- Zeichnungsableitung der Baugruppe: BG_Kolben -

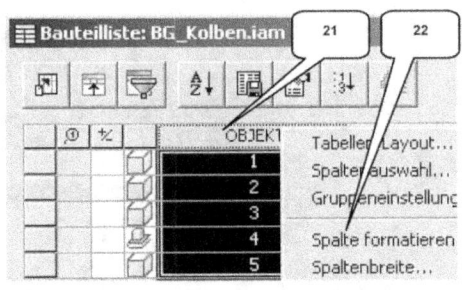

- Spaltenbezeichnung **Objekt** mit der linken Maustaste markieren (21)
- **Rechte Maustaste** auf **Objekt** (21)
- Option: **Spalte formatieren** (22)
- Überschrift: [Pos.] eintragen (23)
- **OK** (Fenster: Spalte formatieren)
- **Anwenden**

Ändern Sie auch die Bezeichnungen der restlichen fünf Spalten. Achten Sie darauf, jede Änderung durch **Anwenden** zu bestätigen.

Alte Bezeichnung	Neue Bezeichnung
Anzahl	Menge (24)
Basiseinheit	Einheit (25)
Bauteilnummer	Benennung (26)
Beschreibung	Sachnummer / Norm (27)
Material	Werkstoff (28)

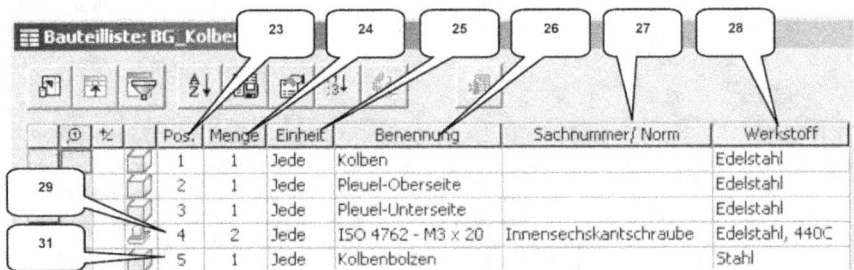

- Feld (29) doppelklicken
- Wert: [5] eintragen (30)
- Feld (31) doppelklicken
- Wert: [4] eintragen (32)

- Zeichnungsableitung der Baugruppe: BG_Kolben -

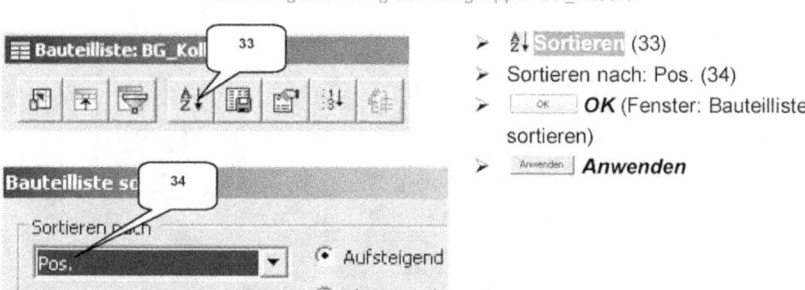

- ➢ **Sortieren** (33)
- ➢ Sortieren nach: Pos. (34)
- ➢ **OK** (Fenster: Bauteilliste sortieren)
- ➢ **Anwenden**

Überarbeiten Sie die Teileliste jetzt wie folgt: Per Doppelklick gelangen Sie in die jeweiligen Felder, und mit den Pfeiltasten wechseln Sie zwischen diesen.

		Pos.	Menge	Einheit	Benennung	Sachnummer/ Norm	Werkstoff
		1	1	Stck	Kolben	01-01-01	AlCu4Ni2Mg1,5
		2	1	Stck	Pleuel-Oberseite	01-01-02	42CrMo4
		3	1	Stck	Pleuel-Unterseite	01-01-03	42CrMo4
		4	1	Stck	Kolbenbolzen	01-01-04	E355
		5	2	Stck	ISO 4762 - M3 x 20	Innensechskantschraube	

Sobald alle Änderungen übernommen wurden, bestätigen Sie mit **Anwenden** und beenden die Bearbeitung der Teileliste abschließend mit **OK**.

5	2	Stck	ISO 4762 - M3 x 20	Innensechskantschraube	
4	1	Stck	Kolbenbolzen	01-01-04	E355
3	1	Stck	Pleuel-Unterseite	01-01-03	42CrMo4
2	1	Stck	Pleuel-Oberseite	01-01-02	42CrMo4
1	1	Stck	Kolben	01-01-01	AlCu4Ni2Mg1,5
Pos.	Menge	Einheit	Benennung	Sachnummer/ Norm	Werkstoff

Projekt 4-Takt-Motor	Material/ Werkstoff	Dokumentenart Baugruppenzeichnung	Maßstab 1:1		
	Erstellt durch Ihr Name	Bezeichnung/ Benennung BG_Kolben	Zeichnungsnummer 01-00-00		
	Genehmigt von Ihr Nahme	Zugehörige Baugruppe 4-Takt-Motor	Änd. A	Ausgabedatum Datum	Spr. DE	Blatt 1 / 1

Verschieben Sie die Teileliste bei <u>gedrückter linker Maustaste</u> so, dass diese passend oberhalb des Schriftfeldes angeordnet ist. Die Spaltenbreiten können geändert werden, indem die Trennlinien (z. B. 35) bei gedrückter linker Maustaste verschoben werden. **Speichern** Sie die Zeichnung, und lassen Sie sie noch geöffnet.

17 Index

* - A

1. Skizze ausblenden, Hauptachsen projizieren	40
2D-Skizze auf 1. Arbeitsebene erzeugen	43
2D-Skizze auf 2. Arbeitsebene erzeugen	42
2D-Skizze auf 3. Arbeitsebene erzeugen	39
2D-Skizze auf 4. Arbeitsebene erzeugen	37
2D-Skizze auf XY-Ebene erzeugen	44
2D-Skizze für Basiskörper zeichnen	50
2D-Skizze für Dachverstrebung zeichnen	61
2D-Skizze für das Schwert zeichnen	79
2D-Skizze für die Masthalterung zeichnen	81
2D-Skizze für Differenzkörper zeichnen	52
2D-Skizze für Fensteraussparungen erzeugen	64
2D-Skizze für Handgriff zeichnen, 3D-Skizze reaktivieren	122
2D-Skizze für Lüftungsöffnungen zeichnen	56
2D-Skizze für Materialschnitt zeichnen	69
2D-Skizze für Ruderhalterung zeichnen	76
2D-Skizze für Sitzecke zeichnen	71
2D-Skizze reaktivieren, Sitzbereich extrudieren	73
2D-Skizzen einblenden, Ebenen ausblenden	45
3D-Skizze für Anordnung erstellen	121
Achsen projizieren und als Konstruktionsobjekte definieren	37
Aktivierung von Autodesk® Inventor® 2018	11
Anforderungen an das Betriebssystem	9
Antriebswelle in Bohrung platzieren	114
Antriebswelle mittels Zylinder erzeugen	100
Anwendungsoptionen (empfohlene Einstellungen)	21
Arbeitsbereich	17
Aufbauten (Segelboot)	67
Aufbauten (Speedboot)	49
Aufbauten abrunden (konstante Rundung)	53
Aufbauten mit einer Wandstärke versehen	55
Aufbauten mit Wandstärke versehen	74
Ausrichtung der Schiffsschraube optimieren	114
Auszug aus dem Inventor-Grundlagenbuch	134

Basiskörper extrudieren	51
Basisrumpf	33
Basisskizze des Baums zeichnen	104
Basisskizze des Masts zeichnen	103
Basisskizze des Ruders zeichnen	86
Basisskizze des Segels zeichnen	106
Baugruppe „BG_Segelboot"	126
Baugruppe „BG_Speedboot"	109
Baugruppe „BG_Speedboot" erzeugen	110
Baugruppe als „BG_Segelboot" speichern	127
Baugruppe sichern	131
Bauteil „Mast_Baum_Segel" erstellen	102
Bauteil „Mast_Baum_Segel" und „Ruder" platzieren	129
Bauteil „Reling.ipt" aus der Baugruppe heraus erstellen	117
Bauteil „Ruder" erstellen	85
Bauteil „Rumpf_Segelboot" öffnen	68
Bauteil „Rumpf_Speedboot" erstellen	34
Bauteil „Schiffsschraube" erstellen	92
Bauteile platzieren	111
Bodenbereich der Sitzecke extrudieren	72
Bohrung für Antriebswelle in den Rumpf einbringen	112
Bohrung für Antriebswelle spiegeln	113
Browser	16
Bugspitze mit einer Kugel versehen	60
Bugspitze mit einer Kugel versehen	68
Dachverstrebung als Rippe erzeugen	62
Dachverstrebung spiegeln	63
Die ersten Schritte	18
Differenzkörper extrudieren	53
Download des Programms	9
Dritte 2D-Skizze zeichnen	96
Ebene für neue 2D-Skizze erzeugen	56
Ebene für neue 2D-Skizze erzeugen	61
Ebenen ausblenden, Datei speichern	66
Ebenen mit Versatz erzeugen	35
Ebenen mit Versatz erzeugen	93

E - P

Erste 2D-Skizze zeichnen	94
Erste 2D-Skizze zeichnen	118
Erstellen eines Einzelbenutzerprojekts	31
Erzeugen des Projektordners	7
Farben zuweisen	65
Farben zuweisen, Datei speichern	125
Farben zuweisen, Datei speichern und schließen	83
Farben zuweisen, Datei speichern und schließen	90
Farben zuweisen, Datei speichern und schließen	100
Farben zuweisen, Datei speichern und schließen	108
Fensteraussparungen extrudieren	65
Flügel der Schiffsschraube als Erhebung erzeugen	97
Flügel polar anordnen	98
Grundlegendes zum Buch	7
Handgriff sweepen	123
Hauptmenü	14
Installation von Autodesk® Inventor® 2018	8
Installation von Autodesk® Inventor® 2018	11
Installationsvoraussetzungen	10
Kopie der Datei als „Rumpf_Segelboot" speichern	55
Linienkonturen zeichnen, bemaßen und abhängig machen	40
Lüftungsöffnung einfügen	59
Mast extrudieren	104
Mast platzieren	129
Mast, Baum und Segel	101
Masthalterung als Drehobjekt erzeugen	83
Materialschnitt erzeugen	70
Multifunktionsleiste	15
Pinne abrunden	89
Pinne als Quader erzeugen	87

Pinne mit Gewinde versehen	89
Programmaufbau	13
Programmaufbau und Programmoberfläche	13
Programmhilfe und neue Funktionen	18
Reling spiegeln	124
Reling-Höhe bearbeiten	127
Rendern der Baugruppe	132
Ruder am Heck befestigen	130
Ruder extrudieren	87
Ruder und Pinne	84
Ruderblatt abrunden	90
Ruderblatt fasen	88
Ruderhalterung abrunden	78
Ruderhalterung extrudieren	78
„Rumpf_Speedboot" durch „Rumpf_Segelboot" ersetzen	128
„Rumpf_Speedboot" innerhalb der Baugruppe bearbeiten	112
Schiffsschraube	91
Schiffsschraube spiegeln	116
Schiffsschrauben aus Baugruppe entfernen	127
Schlusswort	133
Schnellzugriff-Werkzeuge	15
Schwert abrunden	80
Schwert extrudieren	80
Segel als Flächenelement (Umgrenzungsfläche) erzeugen	108
Sitzbereich abrunden	75
Startbildschirm	17
Strebe entlang der Rumpfkante anordnen	121
Sweepen der Strebe	120
Systemanforderungen	8
Trennebene erzeugen	54
Verjüngten Mastbaum extrudieren	105
Verschieben einer Fläche	74
Videos und Lernprogramme	19
Volumenkörper abrunden (variable Rundung)	46

V - Z

Volumenkörper als Erhebung erzeugen	45
Volumenkörper in zwei Hälften teilen	54
Volumenkörper spiegeln	48
XY-Ebene sichtbar machen	36
Zeichnen der ersten Linien mittels dynamischer Werteeingabe	38
Zentralen Kugelkopf erzeugen	99
Zielgruppe und Aufbau des Buches	7
Zusatzmodule (empfohlene Einstellungen)	20
Zweite 2D-Skizze zeichnen	95
Zweite 2D-Skizze zeichnen	119

www.ingramcontent.com/pod-product-compliance
Lightning Source LLC
Chambersburg PA
CBHW082328220526
45470CB00008B/2433